Die Symbole in den oberen Ecken stehen für bestimmte Bereiche in der Mathematik:

Zahlen und Variablen

Geometrie

Funktionen

Daten und Zufall

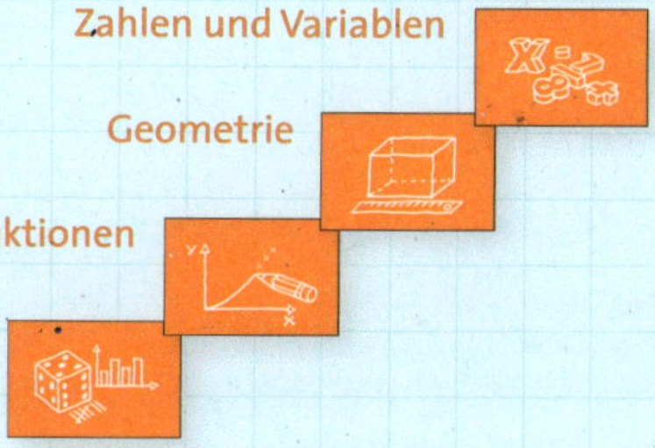

■ **Zusammenfassung**
Die Zusammenfassung am Ende eines Kapitels enthält die wichtigsten Merksätze zum Nachschlagen.

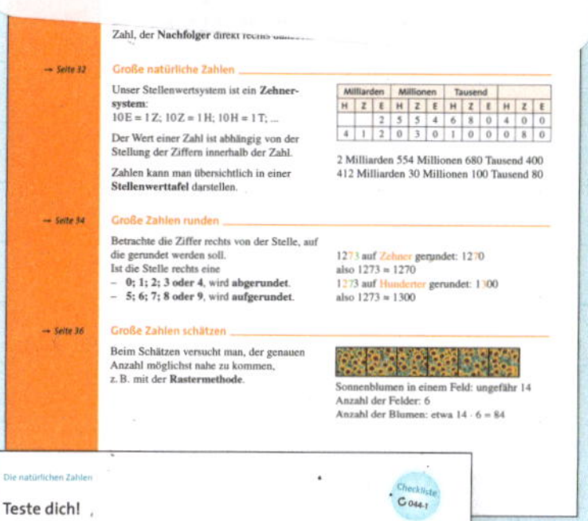

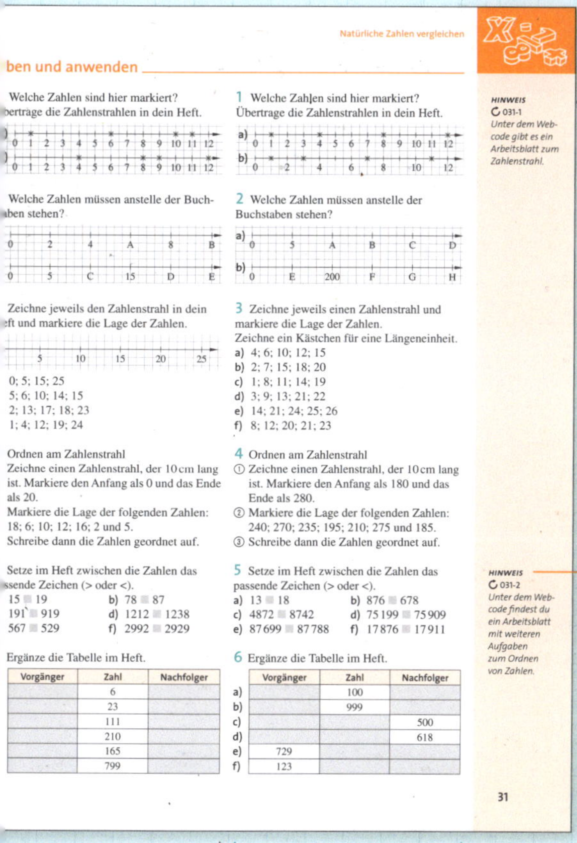

Natürliche Zahlen vergleichen

Üben und anwenden

1 Welche Zahlen sind hier markiert? Übertrage die Zahlenstrahlen in dein Heft.

2 Welche Zahlen müssen anstelle der Buchstaben stehen?

3 Zeichne jeweils einen Zahlenstrahl und markiere die Lage der Zahlen. Zeichne ein Kästchen für eine Längeneinheit.
a) 4; 6; 10; 12; 15
b) 2; 7; 15; 18; 20
c) 1; 8; 11; 14; 19
d) 3; 9; 13; 21; 22
e) 14; 21; 24; 25; 26
f) 8; 12; 20; 21; 23

4 Ordnen am Zahlenstrahl
① Zeichne einen Zahlenstrahl, der 10 cm lang ist. Markiere den Anfang als 180 und das Ende als 280.
② Markiere die Lage der folgenden Zahlen: 240; 270; 235; 195; 210; 275 und 185.
③ Schreibe dann die Zahlen geordnet auf.

5 Setze im Heft zwischen die Zahlen das passende Zeichen (> oder <).
a) 13 ▪ 18 b) 876 ▪ 678
c) 4872 ▪ 8742 d) 75 199 ▪ 75 909
e) 87 699 ▪ 87 788 f) 17 876 ▪ 17 911

6 Ergänze die Tabelle im Heft.

	Vorgänger	Zahl	Nachfolger
a)		100	
b)		999	
c)			500
d)			618
e)	729		
f)	123		

HINWEIS
031-1
Unter dem Webcode gibt es ein Arbeitsblatt zum Zahlenstrahl.

HINWEIS
031-2
Unter dem Webcode findest du ein Arbeitsblatt mit weiteren Aufgaben zum Ordnen von Zahlen.

31

■ **Üben und anwenden**
Die Aufgaben trainieren den neu gelernten Unterrichtsstoff.

In der Randspalte stehen zusätzliche Informationen, Aufgaben, Lösungshinweise und Webcodes.

ie linke Spalte
nthält leichtere
ufgaben.

Die rechte Spalte enthält schwierigere Aufgaben.

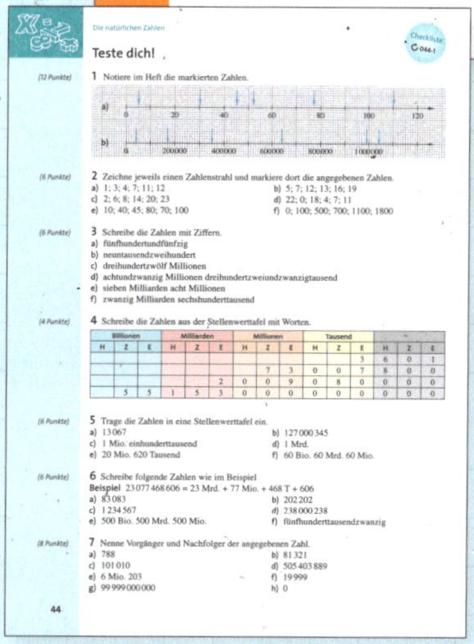

■ **Teste dich!**
Überprüfe zur Vorbereitung auf die Klassenarbeit dein Können. Die Lösungen zum Abschlusstest findest du im Anhang.

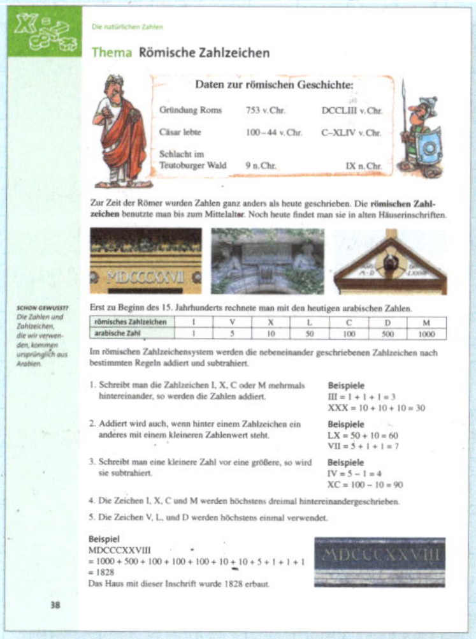

■ **Methode und Thema**
Auf den Methodenseiten werden die wichtigsten mathematischen Methoden vorgestellt und geübt. Die Themenseiten zeigen mathematische Inhalte aus verschiedenen Lebensbereichen.

031-1

Die **Webcodes** in der Randspalte verweisen auf zusätzliche Materialien im Internet.
1. Webseite aufrufen: **www.cornelsen.de/lernstufen-mathematik**
2. Buchkennung eingeben: **MLS042102**
3. Mediencode eingeben: z. B. **031-1**

5

Lernstufen Mathematik

Nordrhein-Westfalen

Berater
…el Greiwe, Rheine
… Köhn, Düsseldorf
…, Recklinghausen
Ute Liehr, Hückelhoven
Herbert Vergoßen, Bornheim

Cornelsen

Teile dieses Unterrichtswerkes basieren auf Inhalten bereits erschienener Lehrwerke.
Diese wurden herausgegeben von Prof. Dr. Manfred Leppig, Reinhold Koullen (†) und Udo Wennekers sowie erarbeitet von:
Helga Berkemeier, Ilona Gabriel, Wolfgang Hecht, Jeannine Heinrichs, Barbara Hoppert, Kurt Kalvelage (†), Ines Knospe, Reinhold Koullen (†), Manfred Leppig, Doris Ostrow, Hans-Helmut Paffen, Günther Reufsteck, Jutta Schaefer, Gabriele Schenk, Hermann Schneider, Willi Schmitz, Ingeborg Schönthaler, Helmut Spiering, Christine Sprehe, Wolfgang Stindl, Herbert Strohmayer, Herbert Vergoßen, Martina Verhoeven, Alfred Warthorst, Udo Wennekers, Ralf Wimmers, Rainer Zillgens

Redaktion: Sabrina Bühl

Bildrecherche: Peter Hartmann

Illustration: Roland Beier

Grafik: Christian Böhning, Ulrich Sengebusch (†)

Umschlaggestaltung und Layoutkonzept: Syberg | Kirstin Eichenberg

Layout und technische Umsetzung: CMS – Cross Media Solutions GmbH

Begleitmaterialien zum Lehrwerk

für Schülerinnen und Schüler

Arbeitsheft mit CD-ROM	978-3-06-042103-9

für Lehrerinnen und Lehrer

Lösungsheft	978-3-06-042105-3
Kopiervorlagen	978-3-06-042104-6
Lehrerfassung	978-3-06-042125-1

www.cornelsen.de

Unter der folgenden Adresse befinden sich multimediale Zusatzangebote für die Arbeit mit dem Schülerbuch:
www.cornelsen.de/lernstufen-mathematik
Die Buchkennung ist: **MLS042102**

Alle Drucke dieser Auflage sind inhaltlich unverändert und können im Unterricht nebeneinander verwendet werden.

Druck: Mohn Media Mohndruck, Gütersloh

1. Auflage, 2. Druck 2015
Schülerbuch
978-3-06-042102-2

1. Auflage, 1. Druck 2012
Lehrerfassung
978-3-06-042125-1

PEFC/04-31-1033

PEFC zertifiziert
Dieses Produkt stammt aus nachhaltig bewirtschafteten Wäldern und kontrollierten Quellen.

www.pefc.de

Inhalt

5 **Daten**

25 **Die natürlichen Zahlen**

47 **Grundbegriffe der Geometrie**

69 **Natürliche Zahlen addieren und subtrahieren**

93 Größen

117 Natürliche Zahlen multiplizieren und dividieren

143 Flächen

167 Bruchteile

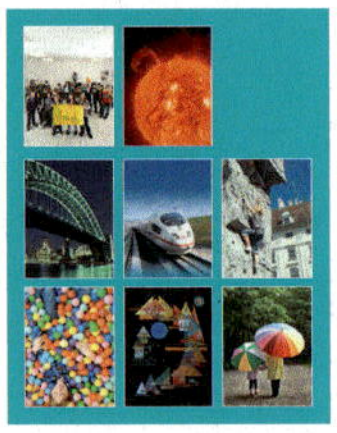

185 Sachrechnen

189 Anhang

Daten

Was weißt du schon über deine neue Klasse und deine neuen Mitschüler?
Was möchtest du gerne erfahren?
In diesem Kapitel lernst du, Daten zu sammeln und übersichtlich darzustellen.

Noch fit?

Einstieg

1 Halbieren und Verdoppeln
Wie viel ist …
a) die Hälfte von 10?
b) das Doppelte von 10?
c) die Hälfte von 200?
d) das Doppelte von 200?

2 Zahlen ordnen
Ordne die Zahlen der Größe nach.
Beginne mit der kleinsten.

12 5 21 6 17 44

Aufstieg

1 Halbieren und Verdoppeln
Wie viel ist …
a) die Hälfte von 300?
b) das Doppelte von 300?
c) die Hälfte von 1000?
d) das Doppelte von 1000?

2 Zahlen ordnen
Ordne die Zahlen der Größe nach.

11 55 2 45 15 20

3 Werte aus Tabellen ablesen
a) Wie viele Goldmedaillen hat Russland?
b) Welches Land hat die meisten Silbermedaillen?
c) Welches Land hat die meisten Medaillen?

Olympische Spiele Gesamtwertung			
	China	Russland	USA
Gold	51	23	36
Silber	21	21	38
Bronze	28	38	36

4 Kopfrechnen (Einstieg)
Schreibe Aufgabe und Ergebnis ins Heft.
a) 13 + 5   b) 86 – 12
c) 5 · 5   d) 24 : 6

4 Kopfrechnen (Aufstieg)
Schreibe Aufgabe und Ergebnis ins Heft.
a) 75 + 23   b) 59 – 26
c) 9 · 8   d) 120 : 4

5 Schulwege vergleichen
Einige Kinder einer Klasse haben aufgeschrieben, wie lange sie zur Schule laufen:

Jonas und Kevin	10 Minuten
Dorothee, Maria und Hasan	3 Minuten
Christina und David	5 Minuten
Max	15 Minuten
Luise und Mark	1 Minute

Einstieg:
a) Wie lange läuft Max zur Schule?
b) Wie lange läuft Hasan zur Schule?
c) Wer läuft länger zur Schule: Christina oder Dorothee?
d) Wer läuft zehn Minuten zur Schule?
e) Wer läuft kürzer zur Schule: David oder Mark?

Aufstieg:
a) Wie lange läuft Kevin zur Schule?
b) Wie viele Kinder laufen fünf Minuten zur Schule?
c) Wer läuft drei Minuten zur Schule?
d) Wer läuft am längsten zur Schule?
e) Wer läuft kürzer zur Schule als Jonas und Kevin?

6 Oberbegriffe
Welche Oberbegriffe und welche Beispiele gehören zusammen? Ordne richtig zu.

Sportart | Fallschirmspringen | gelb | violett | blau | grün | Ski | Tennis | **Lieblingsfarbe**

6 Oberbegriffe
Nenne jeweils vier Beispiele, die zu diesen Oberbegriffen passen.

a) Lieblingsessen
b) Popstars
c) Lieblingsmusik
d) Urlaubsland
e) Tier

7 Stundenplan
Das ist der Stundenplan der 5 b:

7 Stundenplan
Das ist der Stundenplan der 5 b:

	Montag	Dienstag	Mittwoch	Donnerstag	Freitag
1. Stunde	D	D	GS	Ku	E
2. Stunde	Rel/WE	M	E	NW	NW
3. Stunde	M	Sp	Sp	D	Ku
4. Stunde	GS	E		M	D
5. Stunde	NW	Rel/WE	M	E	M
6. Stunde		Mu	D	GS	FÖ

a) An welchem Tag haben die Schüler nur 5 Stunden?
b) Wie viele Stunden Unterricht haben die Schüler an den anderen Tagen?
c) In welcher Stunde hat die Klasse am Donnerstag Englisch?
d) Welches Fach hat die Klasse am Dienstag in der 2. Stunde?

a) An welchem Tag ist der Förderunterricht?
b) In welchen Stunden hat die Klasse NW?
c) Wie viel Stunden Musik haben die Schüler jede Woche?
d) In welcher Stunde hat die Klasse am Mittwoch Sport?
e) Wie viele Stunden haben die Schüler wöchentlich?

HINWEIS
zu Aufgabe 7 (lila und türkis):
D: Deutsch
M: Mathematik
E: Englisch
Ku: Kunst
Mu: Musik
GS: Gesellschaftslehre
NW: Naturwissenschaften
Re: Religion
WE: Werteerziehung
FÖ: Förderunterricht
Sp: Sport

8 Wichtige Angaben
Nenne vier Angaben, die auf einem Schülerausweis stehen.

8 Wichtige Angaben
Nenne vier Angaben, die auf einem Pass stehen.

9 Ergebnisse einer Abstimmung
Die Klasse 5 a hat über die Sitzordnung abgestimmt.
Für welche Sitzordnung haben die meisten Schüler gestimmt?

Abstimmung Sitzordnung

<table>
<tr><td>Vorschlag</td><td></td><td></td></tr>
<tr><td>6 er-Gruppentische</td><td>||||</td><td>4</td></tr>
<tr><td>4 er-Gruppentische</td><td>|||</td><td>3</td></tr>
<tr><td>großes „U“ mit 4 Tischen in der Mitte</td><td>|</td><td>1</td></tr>
<tr><td>4 Reihen mit Einzeltischen</td><td>𝍸 𝍸 ||</td><td>12</td></tr>
<tr><td>4 Reihen mit je 6 Tischen</td><td>||</td><td>2</td></tr>
<tr><td></td><td></td><td>22</td></tr>
</table>

Umfragen planen

Entdecken

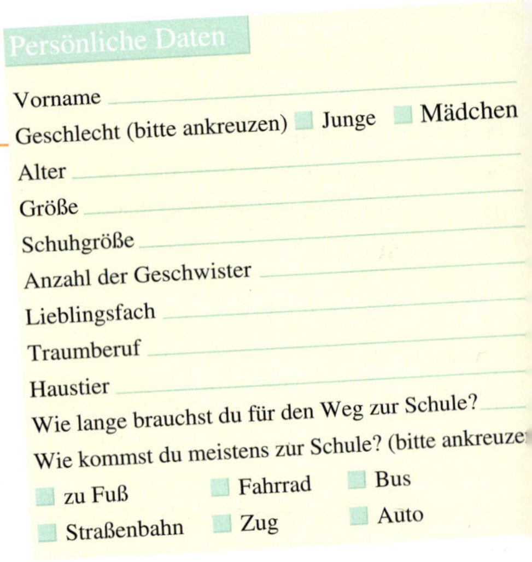
Persönliche Daten

Vorname ______
Geschlecht (bitte ankreuzen) ☐ Junge ☐ Mädchen
Alter ______
Größe ______
Schuhgröße ______
Anzahl der Geschwister ______
Lieblingsfach ______
Traumberuf ______
Haustier ______
Wie lange brauchst du für den Weg zur Schule? ______
Wie kommst du meistens zur Schule? (bitte ankreuze
☐ zu Fuß ☐ Fahrrad ☐ Bus
☐ Straßenbahn ☐ Zug ☐ Auto

1 Deine neue Klasse

a) Viele neue Kinder sind in deiner Klasse. Was möchtest du gern über sie wissen? Schreibe dazu einige Fragen auf.

b) Arbeitet nun zu zweit. Vergleicht eure Fragen. Gibt es Fragen, die euch beide interessieren? Stellt einen gemeinsamen Fragebogen auf. Das Bild rechts zeigt euch ein Beispiel.

c) Erstellt mit allen Kindern in der Klasse einen gemeinsamen Fragebogen. Führt die Befragung in eurer Klasse durch.

2 Eine eigene Umfrage

Plant eine eigene Umfrage zu einem interessanten Thema. Überlegt zunächst, wen ihr fragen wollt und wie mögliche Antworten aussehen könnten.

Verstehen

Tina und Kai lesen gerne. Sie möchten wissen, ob andere Kinder auch gerne lesen.

HINWEIS
Das „m" im Fragebogen steht für männlich, das „w" für weiblich.

Merke Ein **Fragebogen** enthält Fragen, auf die man gerne eine Antwort hätte. Der Befragte soll seine Antwort auf dem Fragebogen eintragen können.

Wie die Antwort eingetragen werden soll, wird im Fragebogen vorgegeben:

- Ist neben der Frage eine Linie, so kann z. B. ein beliebiges Wort eingetragen werden.
- Sind einige Antworten vorgegeben, so ist oft ein kleines Feld zum Ankreuzen dabei.

Tina und Kai verteilen ihren Fragebogen an mehrere Mitschüler und lassen ihn ausfüllen.

Merke Bei einer **Umfrage** (oder Datenerhebung) werden mehrere Antworten mit einem Fragebogen gesammelt.

Die Ergebnisse der Umfragen nennt man **Daten**.

Deshalb spricht man bei Umfragen auch oft von **Datenerhebungen**.

Beispiel 1

Fragebogen zum Thema „Lesen"

Fragebogen:
Liest du gerne?

Alter: ____ Jahre; Geschlecht: *m* ☐ *w* ☐

Liest du gerade? Ja ☐ Nein ☐

Was liest du? (Mehrfachnennungen möglich)

Bücher ☐ Comics ☐ Zeitschriften ☐

Zeitung ☐ Texte im Internet ☐ Sonstiges ☐

Dein Lieblingsbuch: ______________

Ungefähre Anzahl der gelesenen Bücher: ______

Was ist der Grund dafür, dass du gerne/nicht gerne liest?

____
____
____

Üben und anwenden

1 Schreibe jeweils drei mögliche Antworten zu den Fragen auf.
a) Was ist dein Lieblingsessen?
b) Welche Hobbys hast du?

2 Du sollst eine Umfrage zum Thema „Mein Schulweg“ machen.
a) Welche Fragen könnten interessant sein?
b) Schreibe einige mögliche Antworten dazu.

3 In einer 5. Klasse entstand folgender Fragebogen zum Thema „Lieblingsmusik“.
a) Welche Frage ist zum Thema „Lieblingsmusik“ nicht sinnvoll?
b) Was ist bei den restlichen Fragen falsch?

Fragebogen:
Meine Lieblingsmusik

1) Alter: 22 Jahre ☐ 3 Jahre ☐

2) Welche Musik hörst du gerne?
Volksmusik ☐ Klassik ☐

3) Wie oft hörst du Musik?
Ja ☐ Nein ☐

4) Was ist dein Lieblingsessen? ____________________
____

5) Wie viele CDs hast du? 17 ☐

4 Entwickle mit einem Mitschüler einen eigenen Fragebogen zum Thema „Meine Lieblingsmusik“.

1 Was möchtest du gern von deinen Mitschülern wissen?
a) Schreibe drei Fragen auf.
b) Schreibe einige mögliche Antworten dazu.

2 Du sollst eine Umfrage zum Thema „Straßenverkehr“ machen.
a) Welche Fragen könnten interessant sein?
b) Schreibe einige mögliche Antworten dazu.

3 In einer 5. Klasse entstand folgender Fragebogen zum Thema „Familie“.
a) Was fehlt bei der Frage 1 und 2?
b) Welche Frage ist zum Thema „Familie“ nicht sinnvoll?

Fragebogen:
Meine Familie

1) Wie heißt du?

2) Wie alt bist du?

3) Wie viele Geschwister hast du?
____

4) Was ist deine Lieblingsfarbe?
____

5) Haben deine Eltern den gleichen Nachnamen?
Ja ☐ Nein ☐

4 Entwickle mit einem Mitschüler einen eigenen Fragebogen zum Thema „Meine Familie“.

Daten sammeln

Entdecken

1 In einer 5. Klasse wurden alle Kinder nach ihrem Alter und ihrem Hobby gefragt.

a) Wie viele Mädchen gibt es in dieser Klasse?

b) Wie viele Kinder sind 10 Jahre alt?
Wie viele Kinder sind 11 Jahre alt?
Wie viele Kinder sind 12 Jahre alt?

c) Wie viele Kinder haben das gleiche Hobby?

2 Wie alt sind die Schüler der Klasse 5 d?

a) Wie viele Kinder sind zehn Jahre alt?

b) Wie viele Schülerinnen und Schüler hat die Klasse 5 d?

c) Legt gemeinsam eine eigene Tabelle für das Alter in eurer Klasse an.

Alter	Strichliste	Häufigkeit
9	卌 III	8
10	卌 卌 II	12
11	卌 I	6
12	I	1
		27

Verstehen

Für die Auswertung einer Umfrage werden alle Ergebnisse zusammengetragen. Diese erste Übersicht heißt **Urliste**.

HINWEIS
Die Urliste gibt Antworten zum Fragebogen von Seite 8 Beispiel 1 wieder.

Beispiel 1

Alter	m/w	Liest du gerne?	Was liest du?	Anzahl der gelesenen Bücher
11	m	ja	Bücher, Comics	30
10	w	nein	Comics, Zeitschriften	9
10	w	ja	Bücher, Sonstiges	...
9	m	...	...	...

Dann kann man die Daten auswerten, indem man z. B. die Antworten zu einer bestimmten Frage zählt.

Merke Zum einfachen Zählen der Ergebnisse hilft eine **Strichliste**.
Man bündelt immer 5 Striche zu einem Päckchen, um schneller zählen zu können.

Die Anzahl der Striche gibt die **Häufigkeit** an, mit der eine Antwort gegeben wurde.

Beispiel 2

Anzahl der Antworten zu „Liest du gerne?“
Strichliste und Häufigkeitstabelle

Liest du gerne?	Strichliste	Häufigkeit
ja	卌 卌 III	13
nein	卌 IIII	9

Üben und anwenden

1 Zähle die Striche bei der Klassensprecherwahl und trage die Häufigkeit im Heft ein.

Name	Strichliste	Häufigkeit
Tahira	IIII	
Toni	𝍸 𝍸	
Daniel	𝍸 II	
Georgius	𝍸 𝍸 𝍸	
Lucia	𝍸 III	

1 Übertrage und ergänze die Tabelle im Heft.

Hobbys	Strichliste	Häufigkeit
Fußball	𝍸 𝍸 III	
Lesen	𝍸 𝍸	
Computer	IIII	
Tanzen		11
Handball		4
Reiten		2

2 Würfele 15-mal. Zeichne für jeden Wurf einen Strich in deiner Tabelle im Heft.

⚀	⚁	⚂	⚃	⚄	⚅

2 Würfele 20-mal.
Übertrage und ergänze die Strichliste.

⚀	⚁	⚂	⚃	⚄	⚅

3 Wirf 20-mal zwei Würfel gleichzeitig.
Beispiel ⚀ ⚄ Augensumme 6
Wie häufig ist die Augensumme …
a) gleich 4?
b) gleich 6?
c) gleich 8?

3 Wirf 20-mal zwei Würfel gleichzeitig und berechne jeweils die Augensumme.
Wie häufig ist die Augensumme …
a) gleich 3?
b) gleich 7?
c) gleich 10?

HINWEIS
„Augen" nennt man die Punkte auf dem Würfel.

4 Glück im Lotto?
Wie oft wurden die Zahlen angekreuzt?

4	9
13	16
19	24
34	39

4 Glück im Lotto?
Welche Zahl wurde wie oft angekreuzt?

5 Umfrage: „Meine neue Klasse"
Bisher wurden 5 Kinder befragt und die Antworten in die Urliste eingetragen.

Alter	m/w	Schuhgröße	Hast du ein Haustier?	Lieblingsessen
11	m	39	ja	Pizza
10	w	37	nein	Nudeln, Pizza
11	m	37	ja	Döner, Pommes
12	m	40	ja	Pommes
10	w	39	nein	Nudeln, Pizza

Beantworte die folgenden Fragen mit einer Strichliste und gib die Häufigkeit an.
a) Wie viele Kinder sind 10 Jahre (11 Jahre, 12 Jahre) alt?
b) Wie viele Jungen wurden befragt?
c) Wie viele Kinder haben ein Haustier?
d) Was essen die Kinder am liebsten?
e) Wie viele Jungen haben ein Haustier?
f) Denke dir eigene Fragen aus.
Stelle sie deinen Mitschülern und trage die Ergebnisse in eine Tabelle ein.

Daten in Tabellen

Entdecken

1 Fünf Kinder aus der Klasse 5 c spielen Fußball im Verein.

Name	Alter	Tore	gelbe Karten	rote Karten
Sergej	10	15	2	1
Anne	12	7	1	1
Ben	11	4	0	0
Fatma	10	6	3	1
Tom	9	12	4	0

a) Wie alt ist Fatma?
b) Wer bekam die meisten gelben Karten?
c) Wer schoss die meisten Tore?
d) Wie viele gelbe Karten bekam der Spieler mit den meisten Toren?
e) Erfinde drei eigene Fragen und stelle sie deinen Mitschülern.

HINWEIS
Beispiel zu Aufgabe 2:

Mädchen	Jungen
37; 34; …	36; 39; …

2 Schuhgrößen von Jungen und Mädchen
Es soll untersucht werden, ob es einen Unterschied bei den Schuhgrößen zwischen Jungen und Mädchen gibt.
a) Schreibt alle eure Schuhgrößen an die Tafel, die Mädchen links, die Jungen rechts.
b) Jeder zeichnet in sein Heft eine Tabelle, aus der man ablesen kann, wie viele Mädchen und wie viele Jungen welche Schuhgröße haben.
Überlege zuerst, wie groß deine Tabelle sein muss.
c) Hat in eurer Klasse ein Mädchen oder ein Junge die größten Füße?

Verstehen

In Inas Klasse wurde eine Umfrage zum Thema „Fußball" durchgeführt.
Die Ergebnisse wurden in einer Tabelle zusammengefasst.

Beispiel 1

Name	Fußball finde ich	Lieblingsverein	Lieblingsspieler	Spielst du im Verein?	eigene Tore
Svetlana	cool	FC Schalke 04	Lukas P.	ja	7
Sven	blöd	–	–	nein	0
Eric	cool	Bayern München	Uwe S.	ja	11
Thomas	cool	VfB Stuttgart	Lukas P.	nein	5

Den Lieblingsspieler von Eric findet man dort, wo sich die Zeile „Eric" und die Spalte „Lieblingsspieler" treffen.

HINWEIS
Zeilen *verlaufen von links nach rechts.*
Spalten *verlaufen von oben nach unten.*

Merke **Tabellen** fassen Angaben geordnet zusammen.
Sie bestehen aus **Zeilen** und **Spalten**.
Überschriften stehen oft in der ersten Zeile oder in der ersten Spalte.

Üben und anwenden

1 Zeichne die Tabelle in dein Heft und ergänze die Überschriften aus der Randspalte.

Maurice	18. Februar	Wassermann
Eva	6. Oktober	Waage

1 Ergänze sinnvolle Überschriften im Heft.

Robert	Reiten	Fische
Elli	Tennis	Katze
Maik	Handball	Hund

HINWEIS
Überschriften zu Aufgabe 1 (lila): Geburtstag; Sternzeichen; Name

2 Befrage zwei Mitschüler.
Übertrage die Tabelle und fülle sie aus.

Name	Lieblingsessen	Lieblingsgetränk

2 Befrage zwei Mitschüler.
Übertrage die Tabelle und fülle sie aus.

Name	Lieblingsfach	Augenfarbe

3 Erstelle eine Tabelle mit Zeitangaben zu Annes Tagesablauf.

3 Erstelle eine Tabelle mit Zeitangaben zu deinem eigenen Tagesablauf.

4 Berühmte Sportler – Wer ist wer?

4 Berühmte Sportler – Wer ist wer?

Name	geboren	Heimatland	Sportart
Steffi Graf	14.06.1969	Deutschland	Tennis
Tiger Woods	30.12.1975	USA	Golf
David Beckham	02.05.1975	England	Fußball
Michael Jordan	17.02.1963	USA	Basketball
Muhammad Ali	17.01.1942	USA	Boxen
Michael Schumacher	03.01.1969	Deutschland	Formel 1
Franz Beckenbauer	11.09.1945	Deutschland	Fußball

a) Wann wurde Tiger Woods geboren?
b) Aus welchem Land stammt David Beckham?
c) Welche Sportart übt Michael Schumacher aus?
d) Wie heißt der Basketballer?

a) Wann wurde Steffi Graf geboren?
b) Welche Sportart übte Muhammad Ali aus?
c) Aus welchem Land stammt Michael Jordan?
d) Wer stammt aus England?
e) Wie heißt der Golfspieler?

5 Zeichne die Tabelle in dein Heft.
Trage die Angaben aus der Randspalte ein.

Name	Haustier	Name des Haustiers

5 Zeichne eine Tabelle und fasse folgende Angaben über den Schulweg zusammen.
– Julian braucht 20 Minuten mit dem Fahrrad zur Schule.
– Jil kann zu Fuß zur Schule gehen. Es dauert nur 5 Minuten.
– Pit fährt jeden Morgen 35 Minuten mit dem Schulbus.

HINWEIS
Angaben zu Aufgabe 5 (lila):
– Umut hat eine Katze. Sie heißt Garfield.
– Sabrinas Hund heißt Peppels.
– Bugs Bunny heißt das Kaninchen von Jan.
– Rübe ist der Hamster von Leon.

Daten in Diagrammen

Entdecken

1 Dieses Schaubild zeigt, wie viel Taschengeld Marie jeden Monat ausgegeben hat.

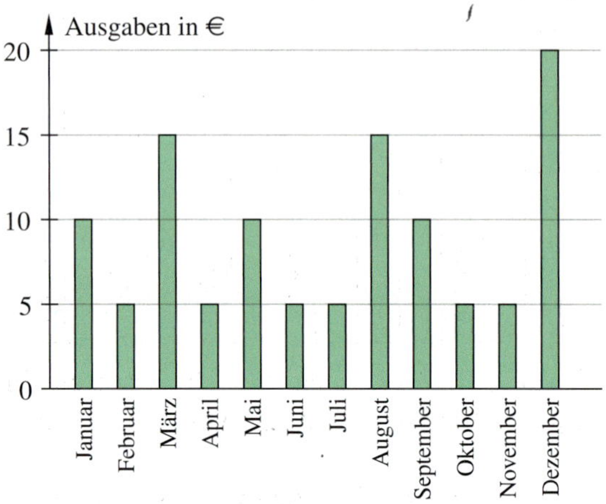

a) Wann hat Marie am meisten Geld ausgegeben?
Wie viel Geld war es?
Kannst du erklären, warum sie in diesem Monat das meiste Geld ausgegeben hat?

b) Wie viel Taschengeld hat sie im August ausgegeben?

c) Wie viel hat sie im Juni ausgegeben?

d) Wann hat Marie genauso viel Geld ausgegeben wie im Mai?

e) Erzähle eine Geschichte zu dem Schaubild.

HINWEIS
Natürlich wird nicht jeder Löwe genau 35 Jahre alt, ein paar Löwen werden nicht so alt und ein paar sogar älter. Aber im Durchschnitt werden sie ungefähr 35 Jahre alt.

2

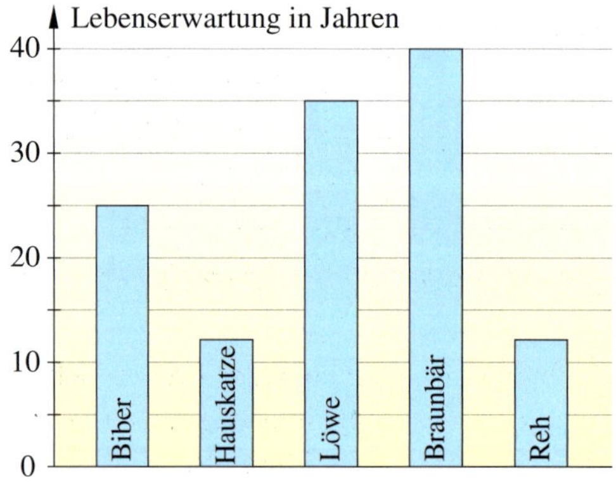

Lebenserwartung von Tieren

a) Richtig oder falsch?
Entscheide mithilfe der Abbildung.
① Ein Braunbär hat eine Lebenserwartung von 35 Jahren.
② Ein Biber wird in den meisten Fällen älter als ein Löwe.
③ Das Reh und die Hauskatze werden etwa gleich alt.

b) Schreibe noch zwei falsche und zwei richtige Aussagen auf.

Verstehen

Ina möchte die Umfrageergebnisse zum Thema „Fußball" übersichtlich darstellen.

In Schaubildern können Zahlen und Größen übersichtlich dargestellt werden.
Statt Schaubild sagt man auch **Diagramm**.

Ina hat sich für ein Säulendiagramm entschieden.

Merke Diagramme mit Säulen heißen **Säulendiagramme**.
Hier werden Zahlen durch unterschiedlich hohe Säulen dargestellt.

HINWEIS
Wie man Säulendiagramme zeichnet, erfährst du auf Seite 16.

Beispiel 1

Fußball finde ich ...	Strichliste	Häufigkeit
„cool"	𝍸 𝍸 III	13
„egal"	𝍸 III	8
„blöd"	IIII	4

zu Beispiel 1

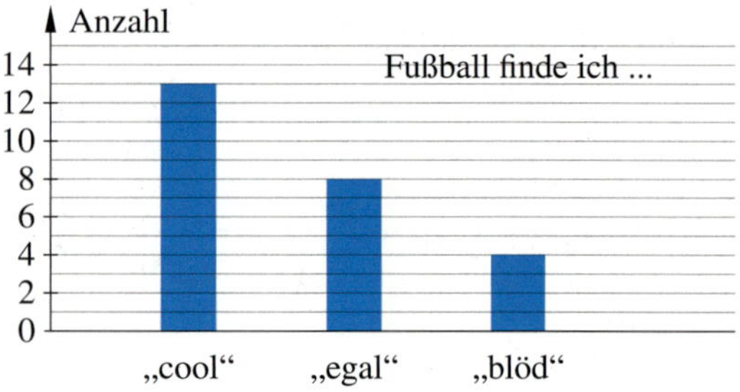

Üben und anwenden

1 Getränkeverbrauch im Lehrerzimmer

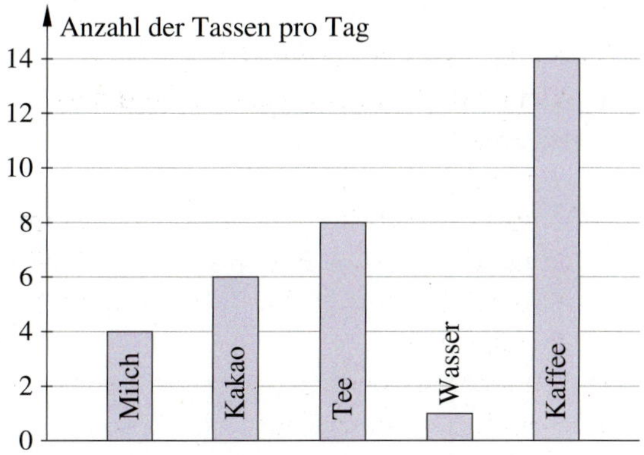

Welches Getränk wird am meisten getrunken? Welches am seltensten?

2 Übertrage die Tabelle in dein Heft. Ergänze die Anzahl für jedes Getränk aus Aufgabe 1.

Getränke	Tassen pro Tag
Milch	
Kakao	
Tee	
Wasser	
Kaffee	

1 Höchstgeschwindigkeit von Tieren

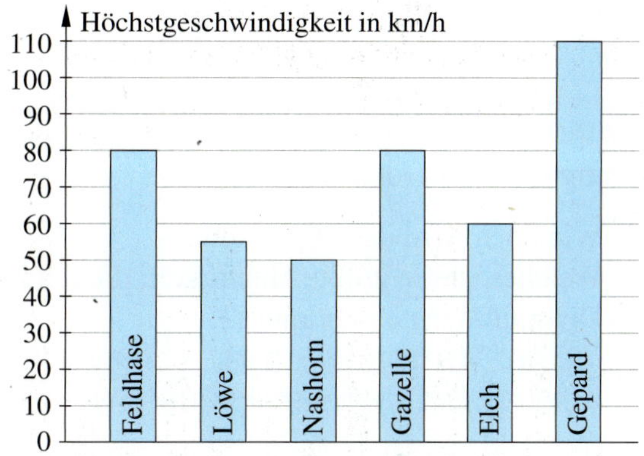

Sortiere die Tiere nach ihrer Höchstgeschwindigkeit. Beginne mit dem langsamsten Tier.

2 Übertrage die Tabelle in dein Heft und ergänze jeweils die Höchstgeschwindigkeiten der Tiere aus Aufgabe 1.

Tierart	Höchstgeschwindigkeit in km/h

3 Richtig oder falsch?

a) Der Hirsch hat die längste Lebenserwartung.

b) Der Fuchs hat die kürzeste Lebenserwartung.

c) Das Kaninchen hat eine Lebenserwartung von 6 Jahren.

d) Der Igel hat eine Lebenserwartung von 6 Jahren.

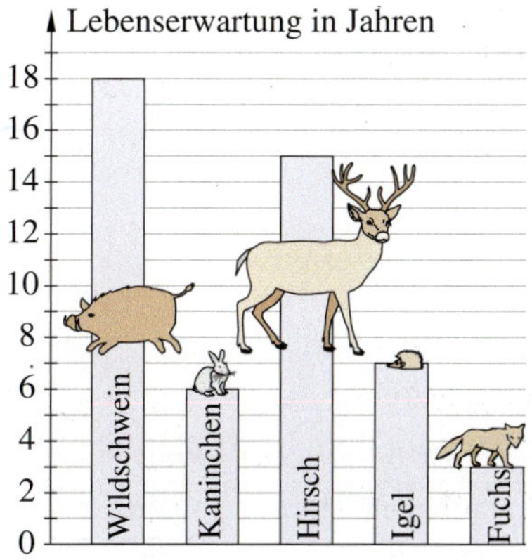

3 Richtig oder falsch?

a) Igel werden etwa sieben Jahre alt.

b) Füchse werden etwa doppelt so alt wie Kaninchen.

c) Der Hirsch ist das gefährlichste Tier von allen.

d) Wildschweine werden etwa dreimal so alt wie Kaninchen.

4 In diesen Diagrammen sind Fehler versteckt. Zeichne die Diagramme richtig und vollständig ins Heft. Vergleiche dann mit einem Mitschüler und notiert in eurem Merkheft wichtige Regeln beim Zeichnen eines Säulendiagramms.

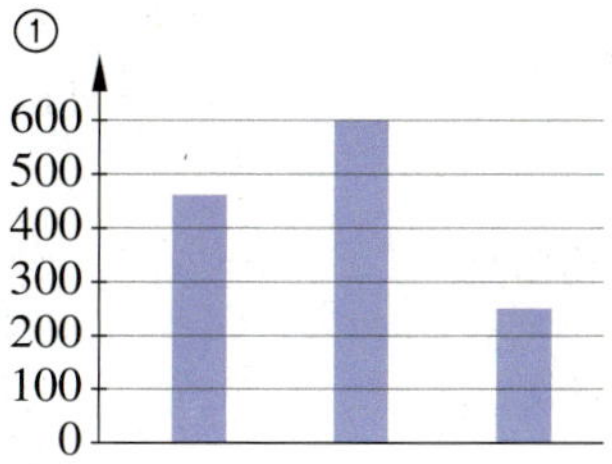

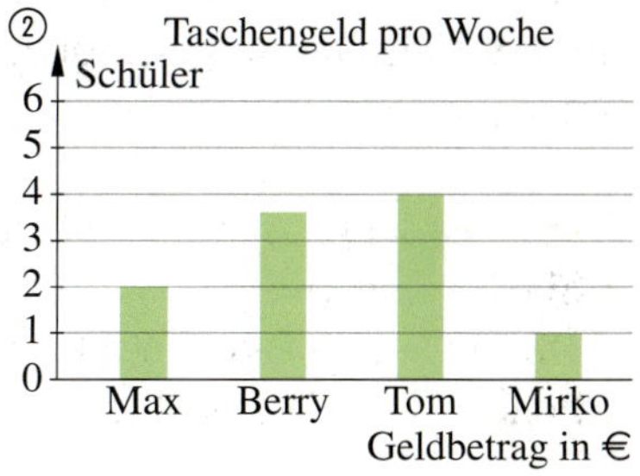

ZUM WEITERARBEITEN
Könnt ihr gemeinsam auch den Fehler in diesem Säulendiagramm finden?

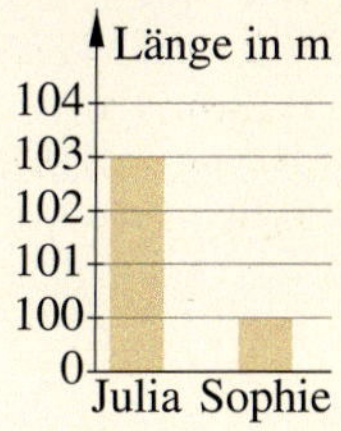

Methode Diagramme zeichnen

HINWEIS
Materialliste:
- *kariertes Papier*
- *Lineal oder Geodreieck*
- *spitzer Bleistift*
- *evtl. Buntstifte*

Jenny will die Lieblingsfarben ihrer Mitschüler mit einem **Säulendiagramm** darstellen.
Zuerst hat sie eine Häufigkeitstabelle erstellt.

Lieblingsfarbe	Strichliste	Häufigkeit (Anzahl)
rot	||||	4
blau	𝍸 ||	7
grün	|||	3
gelb	|	1

Jenny stellt sich folgende Fragen:

1. Wie hoch wird das Diagramm?
   Welches ist die größte Häufigkeit, die ich im Diagramm darstellen muss?
   Die größte Häufigkeit ist 7, da 7 Schüler blau als Lieblingsfarbe nannten.

   Was schreibe ich an die Hochachse?
   Ich beschrifte die Hochachse mit „Anzahl" und trage die Werte 1 bis 7 ein.

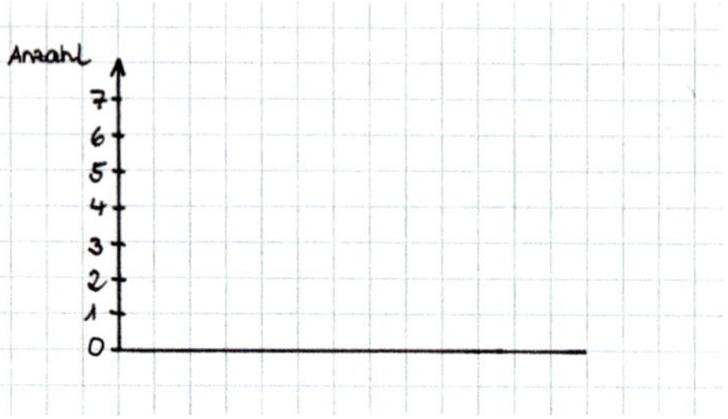

HINWEIS
Die Säulen sollten alle gleich breit sein und auf das Blatt passen.

2. Wie breit wird mein Diagramm?
   Es gibt vier Lieblingsfarben, also vier Säulen.
   Jede Säule zeichne ich zwei Kästchen breit, zwischen ihnen lasse ich ein Kästchen Platz.

   Was schreibe ich an die Rechtsachse?
   Ich beschrifte die Rechtsachse mit „Lieblingsfarbe".

   Wie hoch muss ich die erste Säule zeichnen?
   Ich zeichne die erste Säule 4 Kästchen hoch. Für jede Angabe zeichne ich eine weitere Säule.

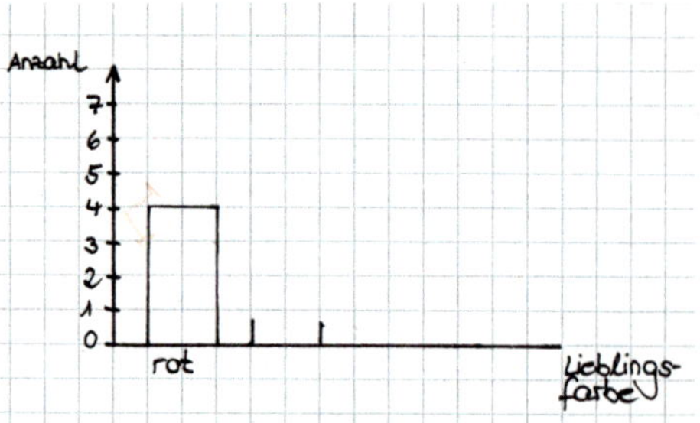

3. Welche Überschrift passt zu meinem Diagramm?
   Meine Überschrift lautet: „Lieblingsfarbe meiner Mitschüler".

1 Zeichne zu folgenden Häufigkeitstabellen die Säulendiagramme in dein Heft.

a)

Lieblingssportart	Häufigkeit (Anzahl)
Tischtennis	7
Trampolin springen	3
Inline Skating	12
Schwimmen	10

b)

Was würdest du mit 1000 € Euro tun?	Häufigkeit (Anzahl)
einen Star treffen	13
sparen	2
Spielzeug kaufen	9
Haustier anschaffen	11

c)

Alter der Schüler	Häufigkeit (Anzahl)
9 Jahre	8
10 Jahre	12
11 Jahre	7

d)

Anzahl der Geschwister	Häufigkeit (Anzahl)
0	4
1	9
2	6

Methode Diagramme mit dem Computer erstellen

Diagramme lassen sich auch mit dem Computer erstellen.
Dazu wird ein Tabellenkalkulationsprogramm benötigt, z. B. „Excel".

① Zuerst müssen die Ausgangsdaten in eine Excel-Tabelle übertragen werden.

Ausgangstabelle:

Gebäude	Höhe in m
Berliner Fernsehturm	368
Eiffelturm	325
Taipei 101	508
Empire State Building	443

Tabelle in Excel:

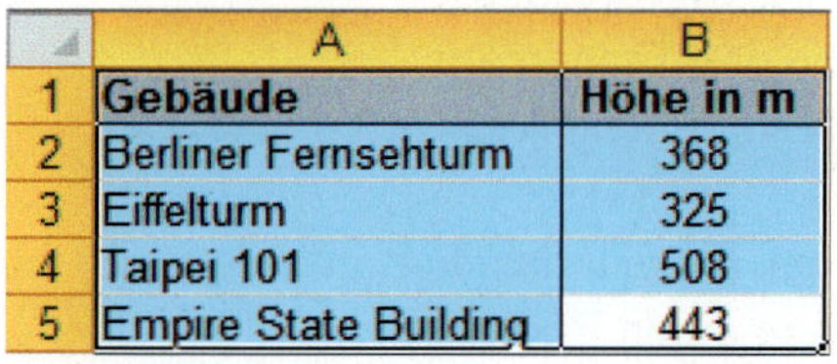

	A	B
1	Gebäude	Höhe in m
2	Berliner Fernsehturm	368
3	Eiffelturm	325
4	Taipei 101	508
5	Empire State Building	443

② Markiere alle Daten in der Excel-Tabelle: Halte die linke Maustaste gedrückt und ziehe den Mauszeiger von A1 bis B5; die Tabelle wird dabei bläulich.
Nun klicke oben in der Menüleiste auf „**Einfügen**".
Dann wähle den Diagrammtyp, z. B. **Säulendiagramm**.

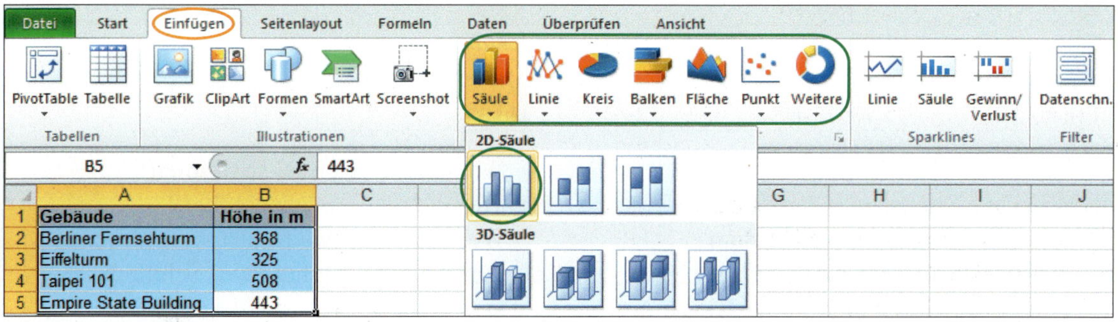

③ Sobald du einen Diagrammtyp ausgewählt hast, wird das Diagramm angezeigt.

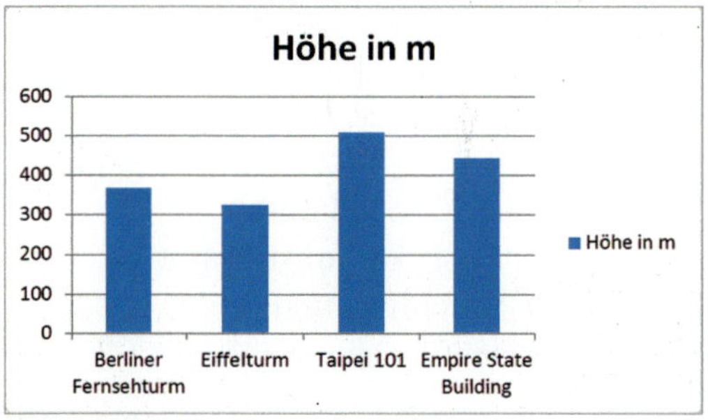

④ Klicke auf den Diagrammtitel und schreibe eine passende Überschrift hinein.

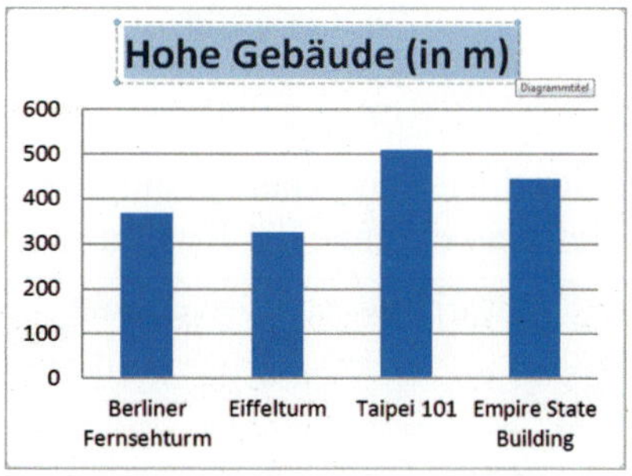

⑤ Du kannst das Diagramm weiter bearbeiten.
Du kannst z. B. ein **Diagrammlayout mit Achsenbeschriftung** auswählen. Probiere weitere Gestaltungsmöglichkeiten über die **drei Menübänder von „Diagrammtools"**.

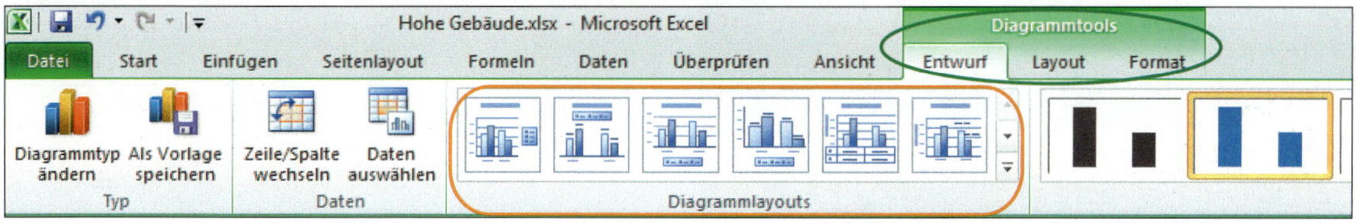

HINWEIS

017-1

Unter diesem Webcode findest du die vorbereitete Tabelle „Hohe Gebäude" in Excel, mit dem du alle auf dieser Seite gezeigten Schritte nachvollziehen kannst.

HINWEIS

017-2

Auf dieser Seite wird das Vorgehen beim Programm „Microsoft Excel 2010" beschrieben. Es gibt auch andere Programme. Unter dem Webcode findest du eine Linkliste zu diesen Programmen.

Klar so weit?

→ Seite 8

Umfragen planen

1 Die Klasse 5 c möchte ein Klassenfest feiern.
Die Schüler sollen vorher nach ihren Wünschen gefragt werden.
a) Schreibe drei Fragen auf.
b) Schreibe mögliche Antworten auf.

2 Wähle ein Thema, das dich interessiert. Gestalte dazu einen Fragebogen.

1 Die Klasse 5 b will ihren Klassenraum neu gestalten.
Die Schüler sollen vorher nach ihren Wünschen gefragt werden.
a) Schreibe drei Fragen auf.
b) Schreibe mögliche Antworten auf.

2 Wähle ein Thema, das dich interessiert. Gestalte dazu einen Fragebogen.

→ Seite 10

Daten sammeln

3 Ergebnis der Klassensprecherwahl:

Name	Strichliste
Sabine	|||
Thomas	𝍸 ||
Erkan	𝍸 𝍸 𝍸 |
	26

a) Wie viele Stimmen bekam Thomas?
Wie viel Stimmen bekam Erkan?
b) Wer wurde Klassensprecher?
c) Wie viele Schüler sind in der Klasse?

4 Die Klasse 5 d wurde nach ihrem Traumreiseziel befragt. Das ist das Ergebnis:

6 Türkei 3 Niederlande
5 Hawaii 2 Rom
1 Schweiz 4 Mallorca

Übertrage die Strichliste und Häufigkeitstabelle in dein Heft und ergänze die Ergebnisse.

Traumreiseziel	Strichliste	Häufigkeit
Mallorca		

3 Ergebnis der Klassensprecherwahl:

Name	Strichliste
Jennifer	𝍸 ||
Marcel	𝍸 𝍸
Dilek	𝍸 |||

a) Wer bekam wie viele Stimmen?
b) Wer wurde Klassensprecher?
Wer hatte die zweitmeisten Stimmen?
c) Am Wahltag fehlten zwei Schüler.
Wie viele Schüler sind in der Klasse?

4 Was für Haustiere gibt es in deiner Klasse und wie viele von jeder Art?
a) Erstelle einen Fragebogen für eine solche Umfrage.
b) Ergebnis in der Klasse 5 a:
5 Hunde 7 Katzen
5 Vögel 8 Hamster
12 Fische 3 Sonstiges
Wie sah die Strichliste und die Häufigkeitstabelle dazu aus?

Daten in Tabellen

→ Seite 12

5 Wer hat wie viele Geschwister?

5 Wer hat wie viele Geschwister?

Lisa, 11 Jahre
5. Klasse
2 Brüder

Tonia, 13 Jahre
6. Klasse
1 Schwester

Nesrin, 12 Jahre
5. Klasse
2 Schwestern,
2 Brüder

Mark, 11 Jahre
5. Klasse
Einzelkind

Felix, 12 Jahre
5. Klasse
1 Bruder,
1 Schwester

a) Zeichne eine Tabelle mit 5 Spalten und 5 Zeilen. Fülle die Tabelle mit den Angaben über die Geschwister aus.

b) Beantworte folgende Fragen in deinem Heft:
① Wie viele Kinder sind 12 Jahre alt?
② Wie heißt das Kind aus der 6. Klasse?
③ Wie viele Kinder haben keinen Bruder?

a) Zeichne eine Tabelle und fülle sie aus. Überlege zuerst, wie viele Spalten die Tabelle hat.

b) Beantworte folgende Fragen:
① Wie heißt das Einzelkind?
② Wie viele Kinder haben keine Schwester?
③ Wie viele Kinder sind älter als 11 Jahre?

Daten in Diagrammen

→ Seite 14

6 Was zeigt das Säulendiagramm?

a) Wie viele Mitschüler sind 9 Jahre alt?

b) Wie viele Mitschüler sind 11 Jahre alt?

c) Wie viele Kinder sind jünger als 11 Jahre?

d) Wie viele Kinder sind in der Klasse?

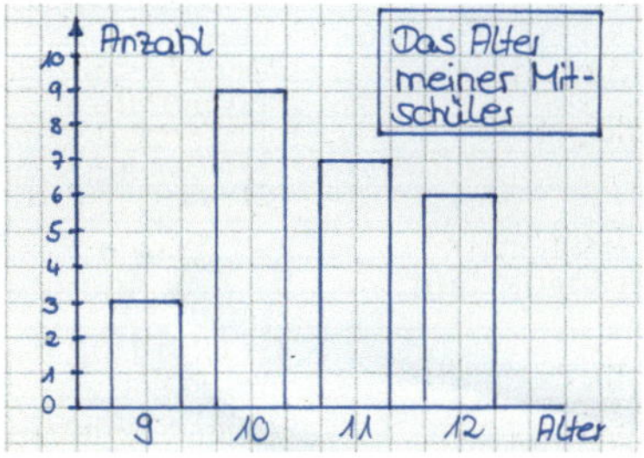

6 Was zeigt das Säulendiagramm?

a) Wie viele Mitschüler sind 12 Jahre alt?

b) Wie viele Mitschüler sind älter als 10 Jahre?

c) Wie viele Kinder gibt es in dieser Klasse?

d) Wie alt sind die Kinder in deiner Klasse?

7 Zeichne das Säulendiagramm in dein Heft und vervollständige es.

Lieblingsfach	Anzahl der Stimmen
Mathematik	7
Sport	8
Deutsch	5
Sonstiges	6

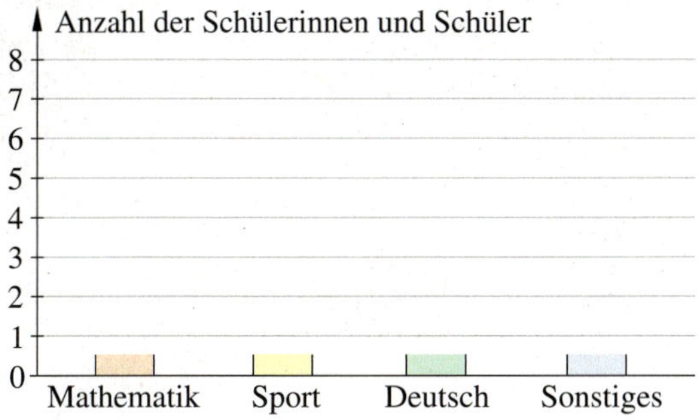

7 Vier Kinder haben gezählt, wie viele Paar Schuhe sie besitzen:
Jana: 6 Paar Schuhe
Silas: 2 Paar Schuhe
Toni: 5 Paar Schuhe
Maja: 4 Paar Schuhe
Zeichne ein passendes Säulendiagramm.

Vermischte Übungen

1 Du sollst eine Umfrage zum Thema „Frühstück“ machen. Schreibe dazu drei Fragen und mögliche Antworten auf. Präsentiere deine Umfrage vor der Klasse.

1 Finde heraus, wie viele Serien, Tierfilme und Wettervorhersagen heute auf deinem Lieblingssender zu sehen sind. Präsentiere deine Ergebnisse vor der Klasse.

2 Würfele 20-mal mit einem Würfel. Übertrage und ergänze die Tabelle im Heft.

Würfelergebnis	Strichliste	Häufigkeit
⚁		
⚃		
⚅		
ungerade (⚀ ⚂ oder ⚄)		
größer als 4 (⚄ oder ⚅)		
kleiner als 3 (⚀ oder ⚁)		

2 Würfele 20-mal mit einem Würfel. Übertrage und ergänze die Tabelle im Heft.

Die Augenzahl ist	Strichliste	Häufigkeit
gleich 1		
gleich 3		
gleich 5		
gerade		
größer als 3		
kleiner als 4		

3 Mehrere Schüler üben sich im Dauerlauf auf einem Sportplatz.

Anzahl der Runden	Häufigkeit
5	4
6	7
7	8
8	3

Übertrage das Säulendiagramm in dein Heft. Beschrifte es und zeichne die Säulen ein.

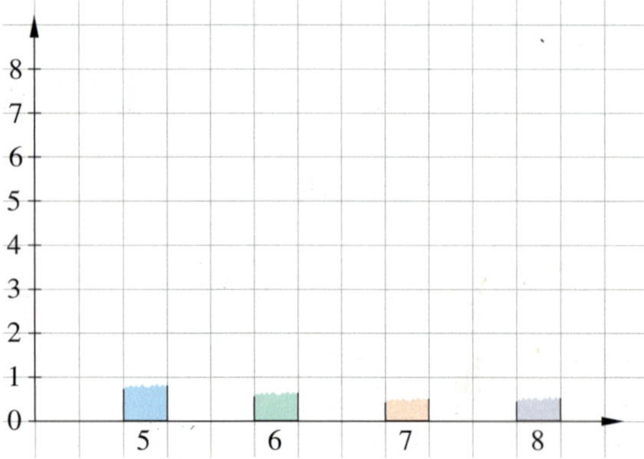

3 Zeichne jeweils ein Säulendiagramm.

a) Lieblingsfarben der Kunst-AG:

Lieblingsfarbe	Anzahl der Stimmen
blau	3
rot	2
grün	7
violett	5
gelb	0

b) Lieblingsfarben aller Kinder der fünften Klassen:

Lieblingsfarbe	Anzahl der Stimmen
blau	21
rot	15
grün	12
violett	18
gelb	5

4 Futterverbrauch von Haustieren pro Monat
a) Wie viel Futter verbrauchen die Tiere jeweils?
b) Katja hat eine Katze und einen Hasen.
Wie viel Futter muss sie monatlich kaufen?
c) Stelle deinen Mitschülern eigene Fragen zum Diagramm.

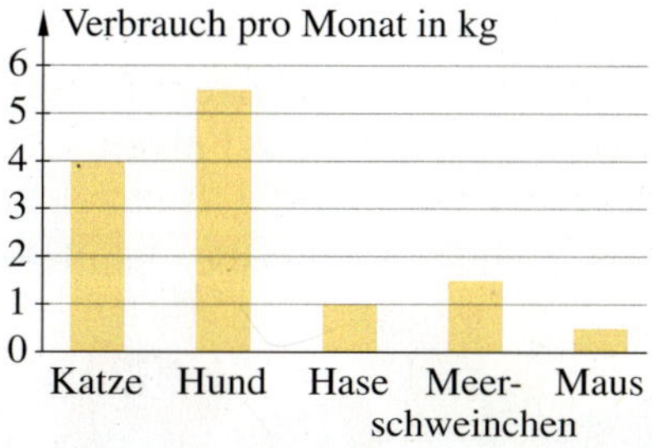

4 Futterverbrauch von Haustieren pro Monat
a) Katja hat einen Hund und ein Meerschweinchen.
Wie viel Futter muss sie monatlich kaufen?
b) Wie viel Futter verbrauchen alle Tiere zusammen?
c) Stelle deinen Mitschülern eigene Fragen zum Diagramm.

5 Ergebnisse beim Sportfest

5 Ergebnisse beim Sportfest

Disziplin	Max	Svenja	Lea	Mark	Yasmin	Marek	Jennifer
Seilspringen (Sprünge)	13	7	15	6	12	2	8
Sprünge auf einem Bein	9	11	18	15	14	3	5
Liegestütze	10	8	5	10	8	13	9

a) Wie viele Liegestütze schaffte Marek?
b) Wie sah die Strichliste zu Leas Ergebnissen beim Sportfest aus?
c) Zeichne zu einer Disziplin deiner Wahl ein Säulendiagramm. Präsentiere dein Säulendiagramm vor der Klasse.

a) Wer war der beste im Seilspringen?
b) Trage die Ergebnisse von Thabea und Jan aus der Randspalte in einer Tabelle ein.
c) Zeichne zu jeder Disziplin ein Säulendiagramm. Präsentiere deine Säulendiagramme vor der Klasse.

HINWEIS
zu Aufgabe 5 (türkis):
Thabeas Ergebnisse
– Seilsprünge: 16
– Liegestütze: 2
– Sprünge auf einem Bein: 8
Jan schaffte jeweils doppelt so viele wie Thabea.

6 Verkauf auf dem Klassenfest
a) Ergänze die Tabelle in deinem Heft.
Nutze dazu das Säulendiagramm.
b) Übertrage das Diagramm in dein Heft.
Zeichne die fehlenden Säulen ein.

6 Verkauf auf dem Klassenfest
Ergänze Tabelle und Diagramm im Heft.
Ein Stück Kuchen kostet 1 €,
ein Stück Torte 2 €.
Wie viel hat die Klasse eingenommen?

	Verkäufe
Marmorkuchen	
Zitronenkuchen	10
Käse-Sahne-Torte	9
Schokoladentorte	

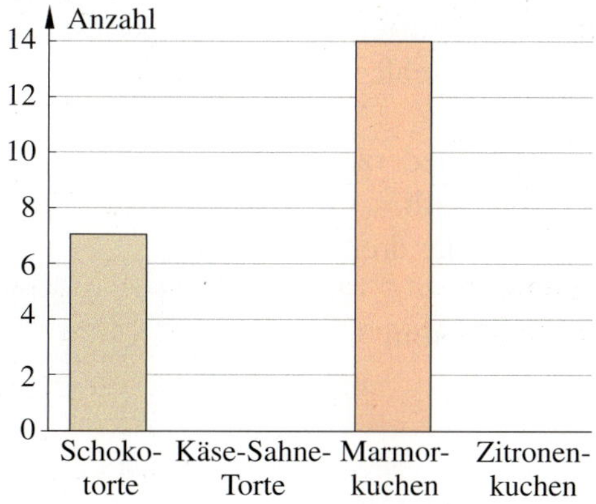

7 Aus der Zeitung
Die Schlagzeile lautet:
„Das monatliche Taschengeld für 16-Jährige hat sich von 2007 auf 2009 fast verdreifacht."
Was sagt ihr dazu?
Diskutiert in der Klasse darüber.
Woran liegt es, dass dieser Eindruck entsteht?

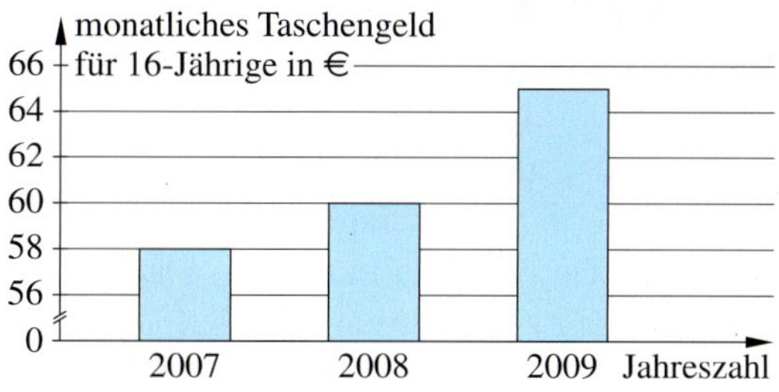

Checkliste
022-1

Teste dich!

(10 Punkte)

1 Ein Fernsehsender macht in der Fußgängerzone eine Umfrage.

a) Schreibe drei Fragen auf, die auf dem Umfragebogen stehen könnten.

b) Nenne auch einige mögliche Antworten auf diese Fragen.

(12 Punkte)

2 In der deutschen Sprache kommen einige Buchstaben häufiger vor als andere.

Wie häufig kommen die kleinen Buchstaben a, e, n und v im ersten Satz dieser Aufgabe vor? Fertige eine Tabelle mit einer Strichliste an und trage die Häufigkeiten ein.

(10 Punkte)

3 Brötchenbestellung für das Schulcafé:

Brötchensorte	Mo	Di	Mi	Do	Fr
Körnerbrötchen	20	20	30	20	20
Weizenbrötchen	50	40	50	50	40
Schokobrötchen	60	60	60	60	60
Mohnbrötchen	20	15	20	15	15

a) Wie viele Mohnbrötchen werden montags bestellt?

b) Wie viele Brötchen werden montags insgesamt bestellt?

c) Wie viele Körnerbrötchen werden pro Woche bestellt?

d) Welche Sorte verkauft sich am besten?

e) Welche Sorte verkauft sich am schlechtesten?

(8 Punkte)

4 Ein Sportverein hat seine Mitgliederzahlen in einem Säulendiagramm dargestellt.

a) Wie viele Mitglieder hat jede der drei Sportabteilungen des Vereins?

b) Wie viele Mitglieder hat der Verein insgesamt?

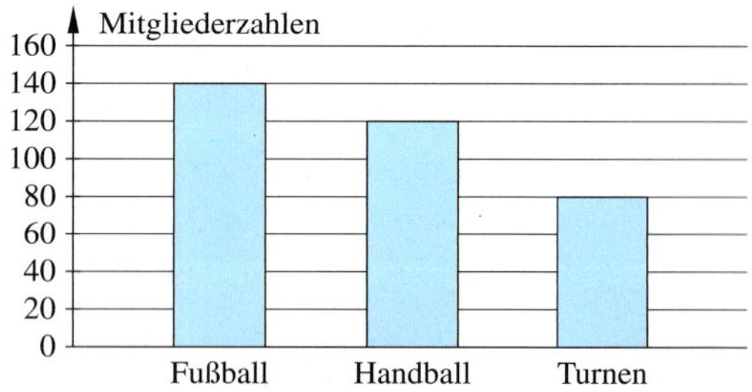

(10 Punkte)

5 So schwer etwa werden folgende Tiere:

Schäferhund:	40 kg
Reh:	30 kg
Hauskatze:	10 kg
Puma:	60 kg

a) Zeichne ein Säulendiagramm. Zeichne für je 10 kg eine 1 cm hohe Säule.

b) Gibt es Tiere, die du in deinem Säulendiagramm nicht darstellen könntest? Begründe deine Antwort.

6 Betrachte die Säulendiagramme. *(10 Punkte)*
Erfinde jeweils eine Situation, die zu dem Säulendiagramm passt.

a)
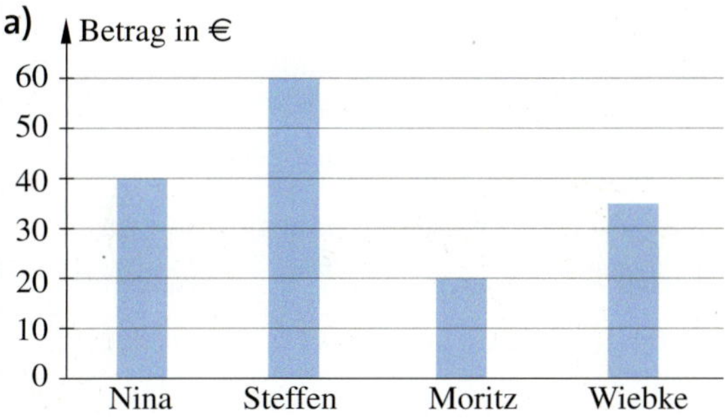

b)
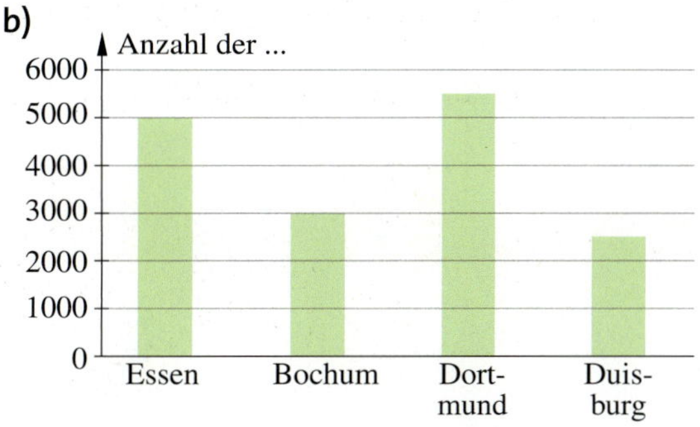

7 Das Bild zeigt die Höchsttemperaturen für einige Städte an einem Oktobertag. *(15 Punkte)*

a) Übertrage die Städtenamen mit den zugehörigen Temperaturwerten in eine Tabelle.
b) Welche war die höchste gemessene Temperatur? In welcher Stadt wurde sie gemessen?
c) Welche war die niedrigste Temperatur? Wo wurde sie gemessen?
d) Wie groß war der Unterschied zwischen der niedrigsten und der höchsten Temperatur?
e) Wähle fünf Städte aus und zeichne für diese Städte ein Säulendiagramm.

8 Beim Seilspringen gab es folgende Ergebnisse: *(15 Punkte)*

Schüler	Max	Svenja	Lea	Mark	Yasmin	Marek	Jennifer
Wiederholungen	卌 |||	卌 卌 |	||	||||	卌 ||||	卌 |	卌 卌 ||||

a) Wer hatte die meisten Wiederholungen, wer die wenigsten?
b) Wie groß ist der Unterschied zwischen dem besten und dem schlechtesten Ergebnis?
c) Zeichne ein passendes Säulendiagramm.

9 Beschreibe den Inhalt des Säulendiagramms mit Worten. *(10 Punkte)*
Zeichne eine Tabelle mit den Häufigkeiten der Noten.

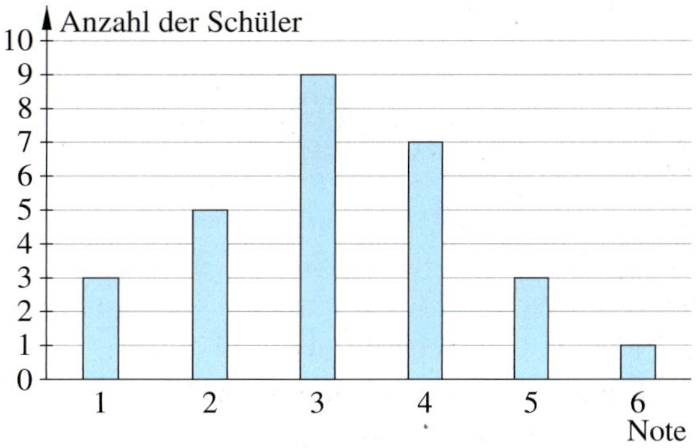

Gold: 94–100 Punkte, Silber: 77–93 Punkte, Bronze: 60–76 Punkte

Zusammenfassung

→ Seite 8

Umfragen planen

Um Daten zu sammeln, kann man eine Umfrage durchführen.
Dazu benötigt man einen **Fragebogen**, den der Befragte ausfüllen soll.

Fragebogen

Alter: ____ Jahre; Geschlecht: *m* ☐ *w* ☐

Liest du gerade? Ja ☐ Nein ☐

Was liest du? (Mehrfachnennungen möglich)

Bücher ☐ Comics ☐ Zeitschriften ☐

Zeitung ☐ Texte im Internet ☐ sonstiges ☐

→ Seite 10

Daten sammeln

Für eine erste Übersicht über die Ergebnisse stellt man dann die Daten in einer sogenannten **Urliste** zusammen.

Alter	Liest du gerne?	Was liest du?
11	ja	Bücher, Comics
10	nein	…
11	ja	Zeitschriften

Zur Auswertung der Urliste wird eine **Strichliste** mit **Häufigkeitstabelle** angelegt.

Liest du gerne?	Strichliste	Häufigkeit
ja	卌 卌 ǀǀǀ	13
nein	卌 ǀǀǀǀ	9

→ Seite 12

Daten in Tabellen

Tabellen fassen Angaben geordnet zusammen.
Sie bestehen aus **Zeilen** und **Spalten**. Die Überschriften stehen oft in der ersten Zeile oder in der ersten Spalte.

Name	Fußball finde ich	Lieblingsverein
Svetlana	cool	Borussia Dortmund
Sven	blöd	–
Eric	cool	Hannover 96
Thomas	cool	1. FC Köln
Lisa	egal	–

→ Seite 14

Daten in Diagrammen

Diagramme mit Säulen heißen **Säulendiagramme**.
Hier werden Daten durch unterschiedlich hohe Säulen dargestellt.
Kläre die folgenden Fragen, bevor du ein Säulendiagramm zeichnest:

1. Wie hoch wird die höchste Säule?
2. Wie breit soll das Diagramm werden?
3. Wie beschrifte ich die beiden Achsen?
4. Welche Überschrift bekommt das Diagramm?

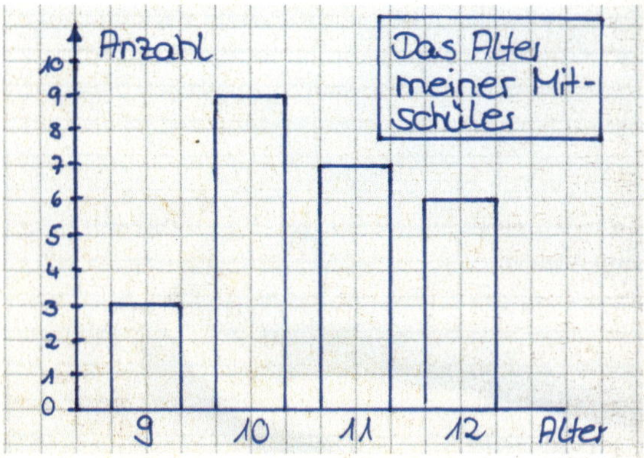

Die natürlichen Zahlen

Die Sonne ist ein gewaltiger Himmelskörper mit einem Durchmesser von etwa einer Million vierhunderttausend Kilometern. In ihrem Inneren herrschen Temperaturen bis zu fünfzehn Millionen Grad Celsius, an der Oberfläche sind es immer noch sechstausend Grad Celsius. Immer wieder kommt es zu gewaltigen Gasausbrüchen, die wie helle Fackeln aufleuchten.

1 400 000
15 000 000
6000

Noch fit?

Einstieg

1 Zahlen ordnen

Ordne die Zahlen der Größe nach.

Beginne mit: 9 → … → …

300 9 400 70

2 Im Kopf addieren

Übertrage die Aufgaben. Rechne im Kopf.

a) 6 + 2 b) 23 + 3
c) 2 + 5 d) 11 + 8
e) 20 + 10 f) 80 + 40
g) 25 + 30 h) 40 + 23

3 Zahlenreihen ergänzen

Ergänze die fehlenden Zahlen im Heft.

a) 1; 2; 3; ☐; ☐; 6; 7
b) 54; ☐; 56; ☐; 58; ☐; 60; ☐
c) 2; 4; 6; ☐; ☐; 12; 14; 16

4 Schwalben abzählen

a) Wie viele Schwalben sitzen auf der oberen Stromleitung?
b) Wie viele Schwalben sitzen auf der unteren?
c) Wie viele Schwalben sind auf dem Foto insgesamt zu sehen?

5 Im Kopf subtrahieren

Schreibe Aufgabe und Ergebnis ins Heft.

a) 10 – 6 b) 100 – 30
c) 28 – 8 d) 87 – 4
e) 123 – 11 f) 96 – 25
g) 295 – 150 h) 74 – 6

Aufstieg

1 Zahlen ordnen

Ordne die Zahlen der Größe nach.

17 110 5000 300 90 1500

2 Im Kopf addieren

Übertrage die Aufgaben. Rechne im Kopf.

a) 12 + 3 b) 15 + 4
c) 28 + 5 d) 25 + 6
e) 70 + 20 f) 90 + 60
g) 51 + 10 h) 67 + 30

3 Zahlenreihen ergänzen

Ergänze die fehlenden Zahlen im Heft.

a) 1; 2; 3; 4; …; 8; 9; 10
b) 39; …; 37; 36; 35
c) 3; 6; 9; …; 24

4 Mosaiksteine abzählen

a) Zähle die weißen Mosaiksteine …
– im Buchstaben Z.
– im Buchstaben H.
b) Wie viele weiße Steine wurden für diese beiden Buchstaben insgesamt gebraucht?

5 Im Kopf subtrahieren

Schreibe Aufgabe und Ergebnis ins Heft.

a) 100 – 40 b) 500 – 250
c) 85 – 5 d) 90 – 7
e) 200 – 80 f) 26 – 16
g) 122 – 9 h) 431 – 120

6 Weiterzählen

Vervollständige die Zahlenreihen im Heft.

a) 710; 720; 730; … (bis 800)
b) 702; 704; 706; … (bis 730)
c) 705; 710; 715; … (bis 780)
d) 400; 425; 450; … (bis 700)

7 Zahlen mit Zeichen schreiben

Schreibe die Zahlen mit den Zeichen aus der Randspalte.

Beispiel 124: 

a) 136 b) 247 c) 327
d) 615 e) 488 f) 505

8 Zahlen mit Zeichen lesen

Welche Zahl ist hier dargestellt? Ordne richtig zu.

a) 72 b) 309 c) 461 d) 235

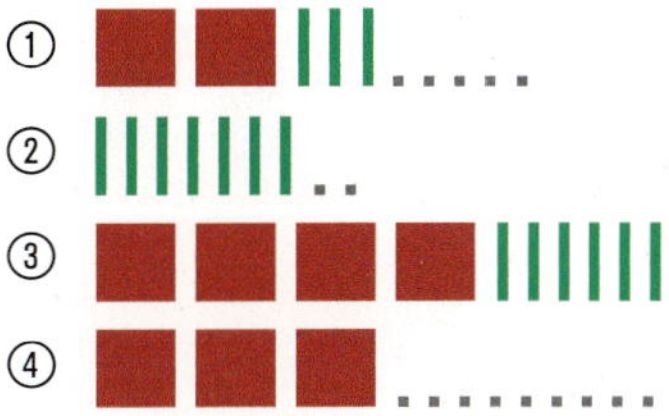

9 Große Zahlen

Schreibe die passenden Paare ins Heft.

einhundertdreißig
sechstausend
siebenundneunzig
einhunderttausend
vierzigtausend

97
130
6000
40 000
100 000

10 Zahlendiktat

Lege mit den Kärtchen die Zahlen.

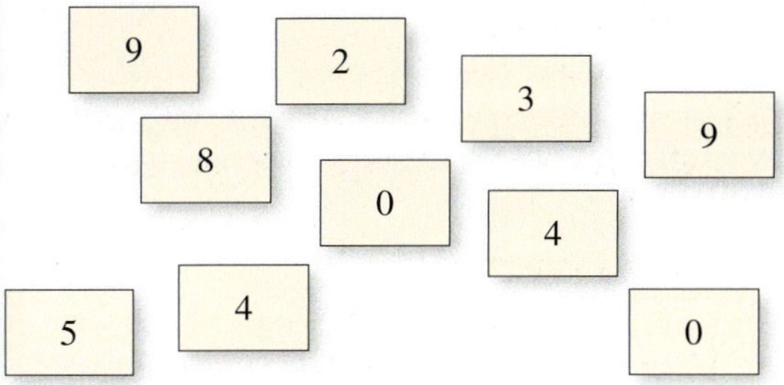

a) dreihundertachtundvierzig
b) neunhundertneunzig
c) viertausendfünfhundertzwanzig

6 Weiterzählen

Vervollständige die Zahlenreihen im Heft.

a) 315; 320; 325; … (bis 400)
b) 603; 606; 609; … (bis 630)
c) 300; 370; 440; … (bis 650)
d) 880; 875; 870; … (bis 850)

7 Zahlen mit Zeichen schreiben

Schreibe die Zahlen mit den Zeichen aus der Randspalte.

a)	b)	c)
237	578	603
732	587	306
372	857	630

8 Zahlen mit Zeichen lesen

Welche Zahl ist hier dargestellt?

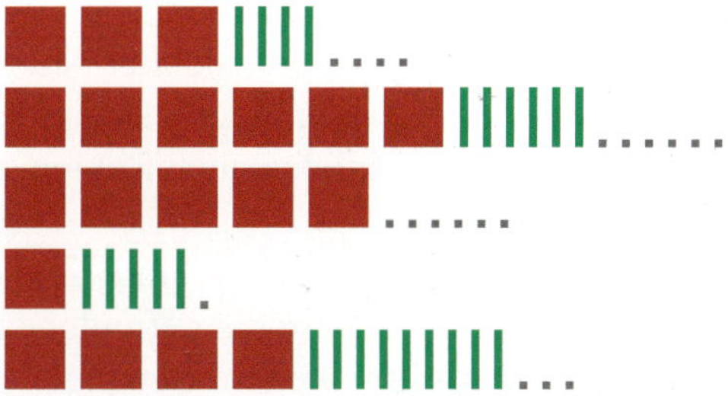

9 Große Zahlen

Schreibe die passenden Paare ins Heft.

dreihundertachtzig
siebenhunderttausend
zwei Millionen
sechstausendfünfhundert
fünfzigtausend

2 000 000
50 000
380
700 000
6500

10 Zahlendiktat

Schreibe die Zahlen mit Ziffern in dein Heft.

a) achthundertachtzig
b) achthundertundacht
c) dreihundert-dreiunddreißig
d) viertausend-fünfhundertein-undzwanzig
e) siebentausend-zweihundertund-fünf
f) zweihunderttausend

HINWEIS
zu Aufgabe 7 (lila und türkis):
Einer ·
Zehner |
Hunderter ■

Natürliche Zahlen ordnen

Entdecken

1 Zahlen kommen in verschiedenen Zusammenhängen vor.

a) Die „29“ auf dem Abreißkalender bedeutet: der 29. Tag des Monats. Welche anderen Zahlen in den Beispielen legen eine Reihenfolge fest?

b) Es gibt in den Beispielen auch Zahlen, die die Anzahl oder ein Messergebnis angeben. Welche sind das?

c) Nach welchen Merkmalen könnte man die Zahlen noch sortieren? Vergleicht in der Klasse die gefundenen Merkmale. Ergänzt jeweils drei weitere Beispiele.

Verstehen

Auf einer Geburtstagsparty wird ein Spiel gespielt: Teebeutel-Weitwurf. Der Rekord liegt bei 13 Metern. Der erste Platz gewinnt 2 Eintrittskarten für das Kino.

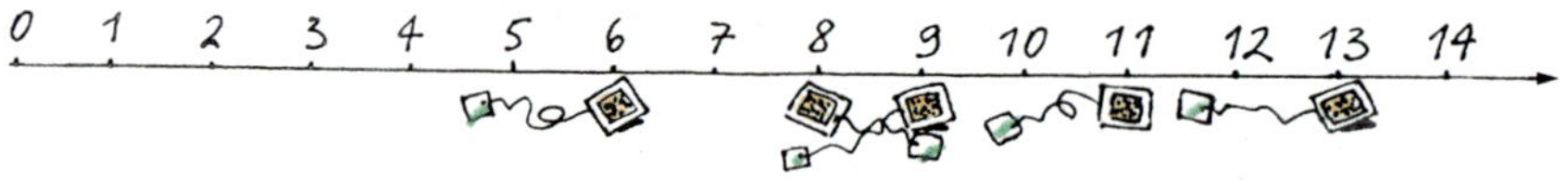

Überall im Alltag kommen Zahlen vor.

Beispiel 1

Mit Zahlen kann man Längen angeben: 13 Meter
Mit Zahlen kann man Reihenfolgen festlegen: erster Platz, zweiter Platz, …
Mit Zahlen kann man eine Anzahl angeben: 2 Eintrittskarten

Zum Abzählen werden die Zahlen 1; 2; 3; 4; 5; … verwendet.
Auch die Zahl **Null** gehört zu den natürlichen Zahlen.

> **Merke** Die **Menge der natürlichen Zahlen** wird mit $\mathbb{N}$ bezeichnet.
> $\mathbb{N} = \{0; 1; 2; 3; 4; \ldots\}$

Üben und anwenden

1 Wo findest du Zahlen bei dir im Klassenraum?

1 Wo begegnen dir zu Hause Zahlen? Vergleicht eure „Fundorte“ für Zahlen.

2 Arbeitet in Gruppen.
Wo begegnen euch Zahlen im Leben?
Gestaltet dazu ein interessantes Plakat und präsentiert es vor eurer Klasse.

Unsere Zahlen

Das bin ich:
Daniel
11 Jahre alt
143 cm groß
Schuhgröße 38
2 Geschwister

Pfannkuchen:
Zutaten für 5 Personen:
250 g Mehl 5 Eier
300 ml Milch 75 g Butter
125 ml Mineralwasser
In der Pfanne jede Seite 4 Minuten backen.

HINWEIS
Für euer Plakat könnt ihr Texte schreiben, malen oder Bilder aus Zeitschriften und Zeitungen ausschneiden.

3 Beende die Sätze im Heft.
- „Zahlen helfen mir beim Lesen der Uhr.“
- „Zahlen helfen mir …“
- „Zahlen helfen mir …“

3 „Zahlen helfen mir bei der Angabe der Uhrzeit.“
Schreibe zwei ähnliche Sätze mit dem gleichen Satzanfang.

4 Einladung zum Geburtstag:
Liebe Lisa,
am 12. November werde ich 11 Jahre alt.
Ich lade dich herzlich zu meiner Geburtstagsfeier im Sandweg 7 ein. Wir beginnen um 15 Uhr. Um 19 Uhr können deine Eltern dich wieder abholen.
Sag Bescheid, ob du kommst.
Dein Julian.

Welche Zahlen kommen vor?

4 Im Restaurant:
Gast: *„Guten Tag, ich möchte einen Tisch für den 19. Februar reservieren.“*
Kellner: *„Für wie viele Personen?“*
Gast: *„Wir sind elf Freunde.“*
Kellner: *„Kein Problem. Ich reserviere Ihnen einen Tisch für drei Stunden.“*
Gast: *„Vielen Dank.“*

Welche Zahlen hat der Gast, welche Zahlen hat der Kellner verwendet?

5 Schreibe die Sätze in dein Heft. Setze die passenden Zahlen aus der Randspalte ein.
a) Eine Mathestunde dauert ☐ Minuten.
b) Eine Woche hat ☐ Tage.
c) Ich bin ☐ Jahre alt.
d) Die Tür des Klassenzimmers ist ungefähr ☐ Meter hoch.
e) Erfinde eigene Sätze mit Zahlen.

5 Welche Zahlen passen zu folgenden Angaben?
a) Dauer einer Unterrichtsstunde
b) Inhalt eines Wassereimers
c) Spielzeit beim Fußball
d) Anzahl der Tage im Jahr
e) Länge der Tafel
f) Anzahl deiner Geschwister

HINWEIS
Lösungen zu Aufgabe 5 (lila):

6 Welche Zahlen müssen in den Kästchen stehen? Übertrage in dein Heft und setze ein.
a) ℕ = {0; 1; 2; 3; ☐; ☐; 6; 7; …}
b) ℕ = {0; ☐; 2; ☐; 4; ☐; 6; 7; …}
c) ℕ = {☐; 1; 2; 3; ☐; 5; ☐; 7; …}

6 Welche Zahlen werden jeweils durch die drei Punkte ersetzt?
a) ℕ = {0; 1; 2; 3; …}
b) ℕ = {…; 2; 3; 4; …; 8; …}
c) ℕ = {0; 1; …; 777; 778; 779; …}

Natürliche Zahlen vergleichen

Entdecken

1 Aus dem Kreuzworträtselheft

a) Setze die Zeichenfolgen im Heft fort.
① ✲✲●●●✲✲●●●✲✲●●● …
② ○●■■○●■■○●■■○●■■○ …
③ ⊙⊙⊙□□○⊙⊙⊙□□○ …

b) Schreibe die nächsten 7 Zahlen ins Heft.
① 2; 4; 6; 8; 10; 12; …
② 36; 33; 30; 27; 24; 21; …
③ 11; 16; 21; 26; 31; 36; 41; …

c) Erfinde eigene Zahlenfolgen.
Arbeitet dann zu zweit.
Einer schreibt den Anfang einer Zahlenfolge auf, der andere setzt die Folge fort.

Verstehen

HINWEIS
Der Zahlenstrahl ist wie ein Sonnenstrahl: Er hat einen Anfang, aber kein Ende.

Wer hat am weitesten geworfen?

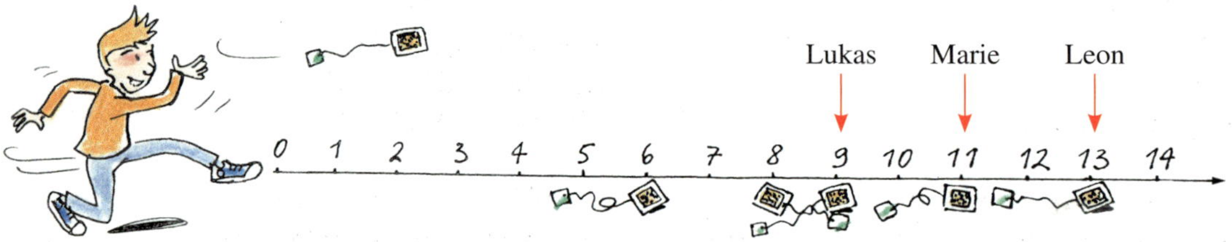

Merke Am **Zahlenstrahl** kann man Zahlen gut miteinander vergleichen.
Der Zahlenstrahl beginnt bei Null. Eine größte Zahl gibt es nicht.
Die Abstände zwischen den Zahlen sind überall gleich groß.
Die kleinere Zahl steht immer links von der größeren Zahl.

HINWEIS
> oder <?
In die größere Öffnung passt mehr, daher steht dort die größere Zahl:
12 > 3

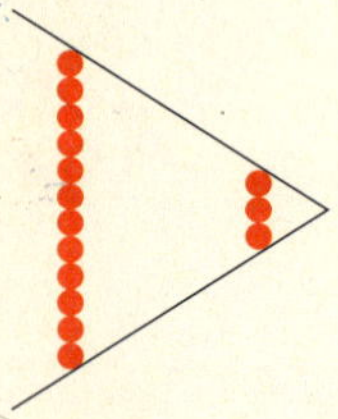

Beispiel 1

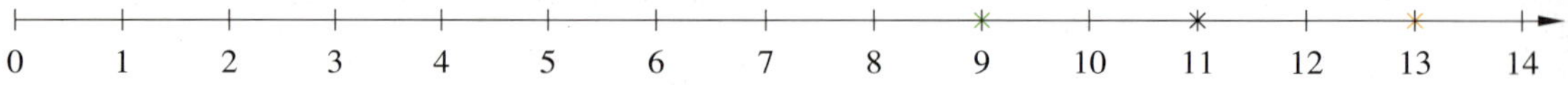

Daher gilt: 9 liegt links von 11
9 ist kleiner als 11
$9 < 11$

Daher gilt: 13 liegt rechts von 11
13 ist größer als 11
$13 > 11$

Merke Der **Vorgänger** einer natürlichen Zahl steht direkt links neben ihr.
Der **Nachfolger** einer natürlichen Zahl steht direkt rechts neben ihr.

Beispiel 2

Der Vorgänger von 9 ist 8,
da 8 direkt links neben der 9 steht.

Der Nachfolger von 9 ist 10,
da 10 direkt rechts neben der 9 steht.

Üben und anwenden

1 Welche Zahlen sind hier markiert?
Übertrage die Zahlenstrahlen in dein Heft.

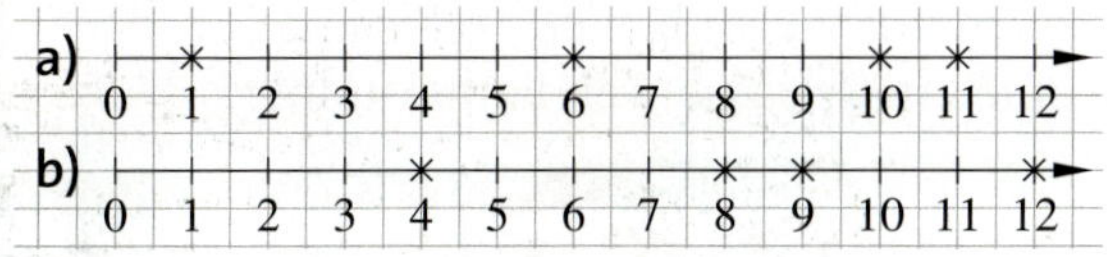

2 Welche Zahlen müssen anstelle der Buchstaben stehen?

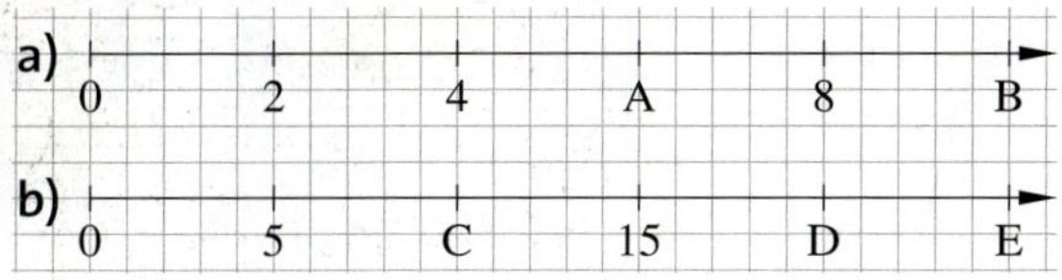

3 Zeichne jeweils den Zahlenstrahl in dein Heft und markiere die Lage der Zahlen.

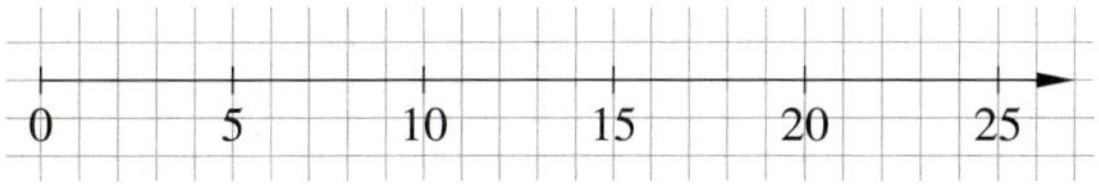

a) 0; 5; 15; 25
b) 5; 6; 10; 14; 15
c) 2; 13; 17; 18; 23
d) 1; 4; 12; 19; 24

4 Ordnen am Zahlenstrahl
① Zeichne einen Zahlenstrahl, der 10 cm lang ist. Markiere den Anfang als 0 und das Ende als 20.
② Markiere die Lage der folgenden Zahlen: 18; 6; 10; 12; 16; 2 und 5.
③ Schreibe dann die Zahlen geordnet auf.

5 Setze im Heft zwischen die Zahlen das passende Zeichen (> oder <).

a) 15 ▢ 19 b) 78 ▢ 87
c) 191 ▢ 919 d) 1212 ▢ 1238
e) 567 ▢ 529 f) 2992 ▢ 2929

6 Ergänze die Tabelle im Heft.

	Vorgänger	Zahl	Nachfolger
a)		6	
b)		23	
c)		111	
d)		210	
e)		165	
f)		799	

1 Welche Zahlen sind hier markiert?
Übertrage die Zahlenstrahlen in dein Heft.

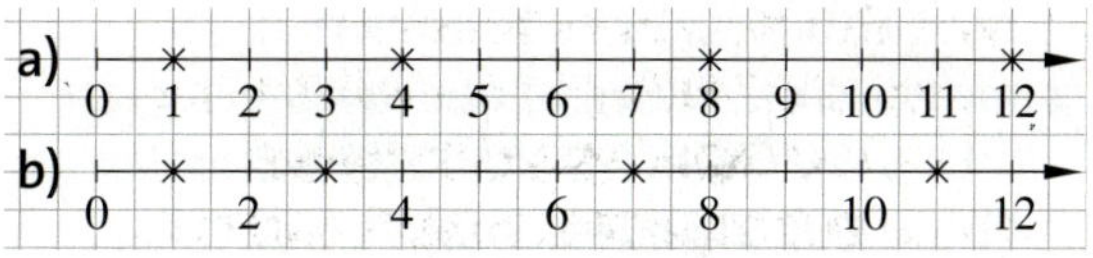

2 Welche Zahlen müssen anstelle der Buchstaben stehen?

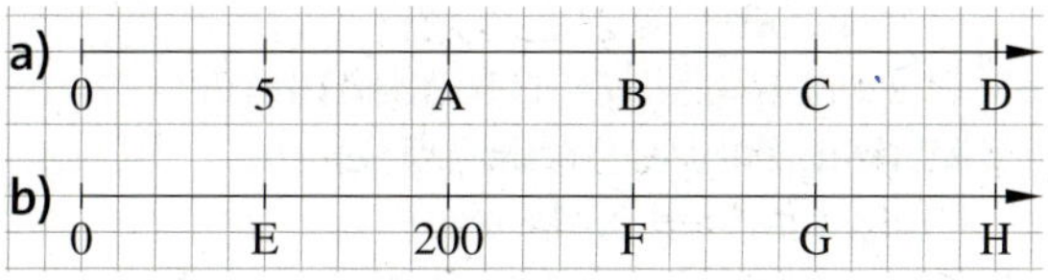

3 Zeichne jeweils einen Zahlenstrahl und markiere die Lage der Zahlen.
Zeichne ein Kästchen für eine Längeneinheit.

a) 4; 6; 10; 12; 15
b) 2; 7; 15; 18; 20
c) 1; 8; 11; 14; 19
d) 3; 9; 13; 21; 22
e) 14; 21; 24; 25; 26
f) 8; 12; 20; 21; 23

4 Ordnen am Zahlenstrahl
① Zeichne einen Zahlenstrahl, der 10 cm lang ist. Markiere den Anfang als 180 und das Ende als 280.
② Markiere die Lage der folgenden Zahlen: 240; 270; 235; 195; 210; 275 und 185.
③ Schreibe dann die Zahlen geordnet auf.

5 Setze im Heft zwischen die Zahlen das passende Zeichen (> oder <).

a) 13 ▢ 18 b) 876 ▢ 678
c) 4872 ▢ 8742 d) 75 199 ▢ 75 909
e) 87 699 ▢ 87 788 f) 17 876 ▢ 17 911

6 Ergänze die Tabelle im Heft.

	Vorgänger	Zahl	Nachfolger
a)		100	
b)		999	
c)			500
d)			618
e)	729		
f)	123		

HINWEIS
031-1
Unter dem Webcode gibt es ein Arbeitsblatt zum Zahlenstrahl.

HINWEIS
031-2
Unter dem Webcode findest du ein Arbeitsblatt mit weiteren Aufgaben zum Ordnen von Zahlen.

Große natürliche Zahlen

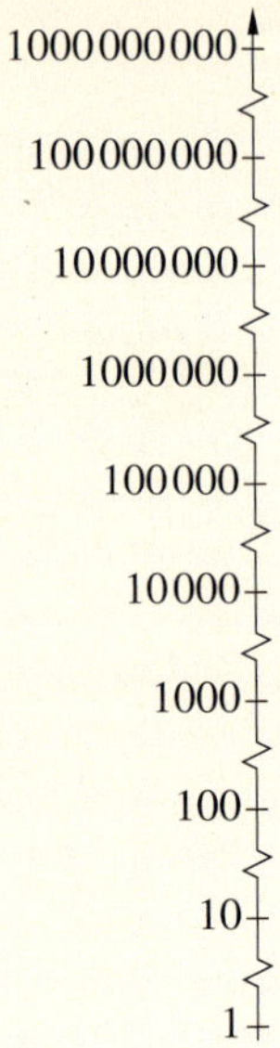

Entdecken

1 In der Randspalte stehen übereinander einige Zahlen mit vielen Nullen.
Kannst du alle Zahlen in der Randspalte lesen? Beginne unten. Wie weit kommst du?

2 Große und kleine Zahlen

a) In welcher Reihenfolge müssen sich die Kinder aufstellen, um die größte Zahl mit den Karten zu legen? Lies die Zahl vor.
b) Wie müssen sich die Kinder für die kleinste Zahl aufstellen? Lies die Zahl vor.
c) Bilde aus zwei Nullen und drei anderen Ziffern die kleinste und die größte mögliche Zahl. Könnte man die Nullen auch einfach weglassen?

Verstehen

Die Sonne	Durchmesser:	1 400 000 km
	Entfernung von der Erde:	150 000 000 km

Zur Beschreibung unseres Sonnensystems sind sehr große Zahlen notwendig. Für die ersten zehn Zahlen gibt es eine Ziffer: 0; 1; 2; 3; 4; 5; 6; 7; 8; 9. Aber auch alle anderen Zahlen werden mit diesen Ziffern gebildet.

Beispiel 1

432 ist eine Zahl mit drei Stellen.

H	Z	E
4	3	2

Ziffernwert	Stellenwert	
2	2 Einer (E), also	2
3	3 Zehner (Z), also	30
4	4 Hunderter (H), also	400

SCHON GEWUSST?
So geht es weiter: Million, Milliarde, Billion, Billiarde …

Merke Unser Stellenwertsystem ist ein **Zehnersystem** (Dezimalsystem).
Jeweils 10 Einheiten werden zu einer neuen, größeren Einheit gebündelt.

1 E	**10** E = 1 Z	**10** Z = 1 H	**10** H = 1 T	**10** T = 1 ZT …
1	10	100	1000	10 000 …

Zahlen kann man übersichtlich in einer **Stellenwerttafel** darstellen.

Beispiel 2

Billionen			Milliarden			Millionen			Tausend					
H	Z	E	H	Z	E	H	Z	E	H	Z	E	H	Z	E
		5	1	2	3	4	5	6	7	8	9	0	1	2
					5	9	0	0	0	0	0	0	0	0

Lies:	5 Billionen	123 Milliarden	465 Millionen	789 Tausend	12
		5 Milliarden	900 Millionen		

Üben und anwenden

1 Arbeitet zu zweit.
Einer liest die Zahl leise vor.
Der andere schreibt auf,
was er gehört hat (ohne die
Zahl zu sehen).
1000
18 000
220 520
3 000 000
500 700 000
813 100 010
Vergleicht dann mit dem Buch.
Tauscht auch eure Rollen.

2 Schreibe die Zahlen mit Ziffern.
Wie viele Nullen haben die Zahlen?
a) vierhundert
b) hunderttausend
c) eine Millionen
d) fünf Milliarden
e) zehn Milliarden
f) drei Billionen

3 Lies die Zahlen in der Stellenwerttafel.

Milliarden			Millionen			Tausend					
H	Z	E	H	Z	E	H	Z	E	H	Z	E
								4	1	2	3
						7	5	0	3	0	0
					8	4	2	0	1	0	0
	1	4	8	0	0	6	0	0	0	0	0

4 Zeichne eine Stellenwerttafel bis Hundertmilliarden ins Heft und trage die Zahlen ein.
a) 1579 b) 12 036 c) 637 824
d) 5 542 100 e) 57 829 764 f) 238 373 591

5 Ordne die Zahlwörter den Zahlen zu.
① 30 017 000 ② 5 105 800
③ 17 413 ④ 1 753 000
a) siebzehntausendvierhundertdreizehn
b) eine Million siebenhundertdreiundfünfzigtausend
c) dreißig Millionen siebzehntausend
d) fünf Millionen einhundertfünftausendachthundert

6 Zerlege die Zahlen in der Stellenwerttafel aus Aufgabe 3 wie im Beispiel.
Beispiel 52 396 425 = 52 Mio. + 396 T + 425

1 Arbeitet zu zweit.
Einer liest die Zahl leise vor.
Der andere schreibt auf,
was er gehört hat (ohne die
Zahl zu sehen).
1969
15 800
111 520
2 444 050
212 012 012
999 990 990
Vergleicht dann mit dem Buch.
Tauscht auch eure Rollen.

2 Wie viele Nullen haben die Zahlen?
a) dreihundert
b) fünfzehntausend
c) zwei Milliarden
d) sechzig Millionen
e) sieben Billionen
f) vierhundertachtzig Milliarden

3 Lies die Zahlen in der Stellenwerttafel.

Milliarden			Millionen			Tausend					
H	Z	E	H	Z	E	H	Z	E	H	Z	E
							1	1	8	8	9
						5	4	0	6	7	8
					9	9	8	7	3	4	7
1	1	1	5	0	3	0	0	2	3	8	6

4 Zeichne eine Stellenwerttafel in dein Heft und trage die Zahlen ein.
a) 59 007 b) 567 426 c) 8 090 259
d) 40 007 239 e) 40 Mio. f) 391 Mrd.

5 Schreibe die Zahlen mit Ziffern.
a) dreihundert Milliarden fünfhunderttausendeinhundertzwanzig
b) sieben Milliarden dreihundert Millionen vierhundertvierzigtausend
c) einundvierzig Millionen zehntausendfünfhundert
d) sieben Milliarden drei Millionen vierhunderttausendvierhundert

6 Zerlege die Zahlen in der Stellenwerttafel aus Aufgabe 3 wie im Beispiel.
Beispiel 52 396 425 = 52 Mio. + 396 T + 425

SCHON GEWUSST?
*Abkürzungen für große Zahlen:
Mio. steht für Millionen,
Mrd. steht für Milliarde,
Bio. steht für Billionen.*

HINWEIS
033-1
Unter dem Webcode gibt es ein Arbeitsblatt mit leeren Stellenwerttafeln und weiteren Aufgaben.

Große Zahlen runden

Entdecken

1 Fußball-Länderspiel

63 714 Zuschauer können sich vor Begeisterung kaum noch auf ihren Plätzen halten.

Über 60 000 Zuschauer jubeln den Fußballspielern zu.

Fast 64 000 Zuschauer warten gespannt auf den Anpfiff.

Was meint ihr:
Welche Stadionansage ist sinnvoll?
Diskutiert in der Klasse.

Verstehen

63 714 Zuschauer sind im Stadion.
Aber manchmal ist die genaue Anzahl nicht wichtig.
Es reicht, wenn man weiß, wie viele Fans ungefähr da sind.
Das kann man sich auch besser merken.

Merke Beim **Runden von Zahlen** betrachtet man die Ziffer rechts von der Stelle, auf die gerundet werden soll.
Ist die Ziffer eine **0; 1; 2; 3 oder 4**, dann wird **abgerundet**.
Ist die Ziffer eine **5; 6; 7; 8 oder 9**, dann wird **aufgerundet**.
Beim Runden verwendet man das Zeichen „≈". Man sagt: „ist ungefähr gleich".

Beispiel 1

Runden auf Zehner:

230 231 232 233 234 → ≈ 230 (abrunden)

235 236 237 238 239 → ≈ 240 (aufrunden)

Beispiel 2

HINWEIS
Die Rundungsziffer bestimmt, ob auf- oder abgerundet wird.

Die Zahl 5769 soll auf Hunderter gerundet werden.

① Markiere den Hunderter.

T	H	Z	E
5	7	6	9

② Die Stelle rechts davon ist die Rundungsziffer: 6 an der Zehnerstelle. Sie gibt an, wie man rundet.

T	H	Z	E
5	7	6	9

③ Die Rundungsziffer ist 6. Es wird also aufgerundet: 7 Hunderter werden um 1 Hunderter erhöht: 8 H. Alle Ziffern rechts davon werden durch Nullen ersetzt.

T	H	Z	E
5	8	0	0

Üben und anwenden

1 Runde die Zahlen auf Zehner.

	T	H	Z	E
a)		1	4	3
b)		1	4	7
c)		5	6	2
d)		5	6	8
e)	7	3	4	2
f)	6	4	7	8

2 Runde die Zahlen auf Hunderter.
a) 3452 b) 3431
c) 3490 d) 3498
e) 72 431 f) 81 870

3 Runde die Zahlen auf Zehner, Hunderter, Tausender, Zehntausender, Hunderttausender.
a) 1 234 567 b) 134 578
c) 758 003 d) 65 378 536

4 Welche Zahl solltest du runden? Auf welche Stelle soll gerundet werden? Begründe.
a) 6 Kaugummis b) 48,56 €
c) 1342 Zuschauer d) 270 560 Einwohner
e) 13 800 l Milch f) 57 900 000 km

5 Jede Zahl links wurde auf Zehner gerundet und dann ins rechte Feld geschrieben. Schreibe die passenden Paare ins Heft.

32, 16, 55, 99, 119, 61	60, 120, 30, 20, 100, 60

6 Runde die Beträge auf volle Euro.

1 Runde die Zahlen …
a) auf Zehner: 712; 536; 1089; 8753
b) auf Hunderter: 3456; 9624; 64 304; 9999

2 Runde die Zahlen auf Tausender.
a) 16 255 b) 78 643
c) 550 787 d) 1 245 001

3 Runde im Heft und vergleiche die gerundeten Zahlen.
Was fällt dir auf?

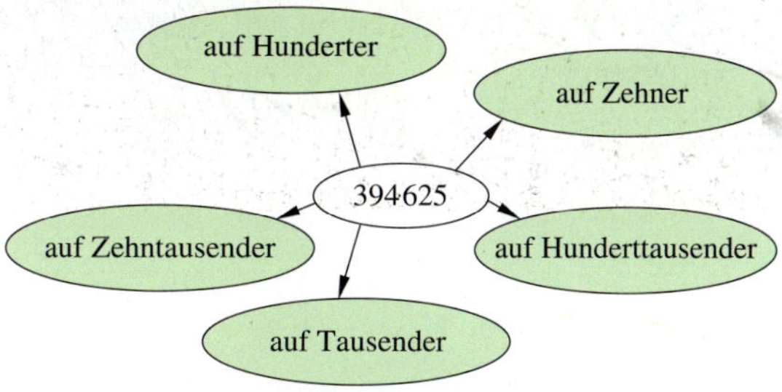

4 Ergänze im Heft mit deinen Angaben. Verwende genaue oder gerundete Zahlen.
a) Mein Schulweg ist ___ km lang.
b) Ich wurde am ___ geboren.
c) Mein Heimatort hat ___ Einwohner.
d) Meine Postleitzahl lautet ___.

5 Jede Zahl links wurde auf Zehner gerundet und dann ins rechte Feld geschrieben. Schreibe die passenden Paare ins Heft.

84, 99, 1111, 13, 64, 1009	80, 60, 1010, 100, 10, 1110

6 Runde die Summe aller Münzen auf volle Euro.

NACHGEDACHT
Wurde hier richtig auf Hunderter gerundet?
1347 ≈ 1400
2349 ≈ 2300
1999 ≈ 3000
Erkläre die Fehler und berichtige sie.

HINWEIS
Das sind die Lösungen von Aufgabe 2 (lila):

Große Zahlen schätzen

Entdecken

1 Das Foto zeigt die Gardeeinheit der britischen Armee. Sie begleitet oft wichtige Paraden oder die englische Königsfamilie.
a) Beschreibe, wie die Soldaten sich aufgestellt haben.
b) Überlegt gemeinsam, wie man die Anzahl der Soldaten möglichst genau abschätzen kann.
c) Zähle die Soldaten, die auf dem Foto zu sehen sind und vergleiche mit eurem Schätzwert.

2 Schätze die Anzahl der Regenschirme auf dem Foto.
a) Fällt dir hier das Schätzen leichter oder schwerer als im oberen Bild?
b) Woran könnte das liegen?
c) Überlegt gemeinsam, wie man die Anzahl hier abschätzen kann.

Verstehen

Wie viele Zuschauer sind hier ungefähr zu sehen?
Das Abzählen ist schwierig, weil die Menschen ungeordnet zusammen stehen.

Eine Möglichkeit, die Anzahl zu bestimmen, ist das **Schätzen**.

HINWEIS
Anders als beim Runden kennt man die genaue Anzahl beim Schätzen nicht. Deswegen gibt es beim Schätzen auch nicht so strenge Regeln wie beim Runden.

Merke Beim **Schätzen** versucht man, der genauen Anzahl möglichst nah zu kommen. Dabei kann beispielsweise die **Rastermethode** helfen.

Beispiel 1
Die Rastermethode
① Man unterteilt das Bild in gleich große Felder (Raster).
② Man zählt die Zuschauer in einem Feld: ungefähr 8
③ Man zählt die Anzahl der Felder: 15
④ Man rechnet: $8 \cdot 15 = 120$
Es sind etwa 120 Zuschauer.

Üben und anwenden

1 Wie viele Container siehst du im Bild? Schreibe eine passende Rechnung in dein Heft.

2 Schätze die Anzahl der Sonnenblumen. Benutze dazu die Rastermethode:

① Wie viele Sonnenblumen sind im ersten Feld?
② In wie viele Felder ist das Bild unterteilt?
③ Schreibe die Rechnung auf.

1 Schätze die Anzahl der Schokolinsen. Das Raster ist schon eingezeichnet.

2 Wie viele Erdbeeren sind zu sehen? Beachte den Hinweis in der Randspalte.

HINWEIS
037-1
Unter dem Webcode gibt es ein Arbeitsblatt zum Schätzen großer Zahlen.

HINWEIS
Zeichne auf eine Folie ein Raster und lege es über das Bild.

3 Schätze die Anzahl der Reißzwecken. Beschreibe, wie du dabei vorgehst. Beachte dabei den Hinweis in der Randspalte.

Thema Römische Zahlzeichen

Daten zur römischen Geschichte:

Gründung Roms	753 v. Chr.	DCCLIII v. Chr.
Cäsar lebte	100 – 44 v. Chr.	C–XLIV v. Chr.
Schlacht im Teutoburger Wald	9 n. Chr.	IX n. Chr.

Zur Zeit der Römer wurden Zahlen ganz anders als heute geschrieben. Die **römischen Zahlzeichen** benutzte man bis zum Mittelalter. Noch heute findet man sie in alten Häuserinschriften.

SCHON GEWUSST?
Die Zahlen und Zahlzeichen, die wir verwenden, kommen ursprünglich aus Arabien.

Erst zu Beginn des 15. Jahrhunderts rechnete man mit den heutigen arabischen Zahlen.

römisches Zahlzeichen	I	V	X	L	C	D	M
arabische Zahl	1	5	10	50	100	500	1000

Im römischen Zahlzeichensystem werden die nebeneinander geschriebenen Zahlzeichen nach bestimmten Regeln addiert und subtrahiert.

1. Schreibt man die Zahlzeichen I, X, C oder M mehrmals hintereinander, so werden die Zahlen addiert.

   Beispiele
   III = 1 + 1 + 1 = 3
   XXX = 10 + 10 + 10 = 30

2. Addiert wird auch, wenn hinter einem Zahlzeichen ein anderes mit einem kleineren Zahlenwert steht.

   Beispiele
   LX = 50 + 10 = 60
   VII = 5 + 1 + 1 = 7

3. Schreibt man eine kleinere Zahl vor eine größere, so wird sie subtrahiert.

   Beispiele
   IV = 5 − 1 = 4
   XC = 100 − 10 = 90

4. Die Zeichen I, X, C und M werden höchstens dreimal hintereinandergeschrieben.
5. Die Zeichen V, L, und D werden höchstens einmal verwendet.

Beispiel
MDCCCXXVIII
= 1000 + 500 + 100 + 100 + 100 + 10 + 10 + 5 + 1 + 1 + 1
= 1828
Das Haus mit dieser Inschrift wurde 1828 erbaut.

1 Notiere im Heft die römischen Zahlzeichen für die Zahlen von 1 bis 25.
a) Welche Zahl ist größer, IX oder XI? Erkläre, warum das so ist.
b) Nenne weitere Beispiele, bei denen du die Reihenfolge der Zeichen veränderst.

2 Der Text auf dem Denkmal heißt übersetzt: „Errichtet durch die dankbare römische Bürgerschaft im Jahre MDCCXI. Der Sockel wurde wieder aufgebaut im Jahre MDCCCXXXI.“
Wie lauten die Zahlen auf dem Denkmal in unserem Zehnersystem?

3 Schreibe im Zehnersystem.
a) XX
b) XXXIII
c) MCC
d) CCXXXII
e) MMCCXXII
f) MCCCXXI
g) MCCX
h) MMMCCCXXXII

4 Schreibe die Zahlen in römischen Zahlzeichen.
a) 51
b) 96
c) 136
d) 249
e) 850
f) 962
g) 1250
h) 1280

---

5 Schreibe dein Geburtsdatum und das heutige Datum mit römischen Zahlzeichen.

6 Schreibe die Jahreszahlen 2000; 2001; 2005 und 2009 mit römischen Zahlzeichen.

7 Auf Uhren mit römischen Zahlzeichen ist fast immer ein Zeichen falsch.
Finde das Zahlzeichen und nenne die Regel, die verletzt wird.

8 Lege ein Streichholz um und die Aufgabe wird richtig.

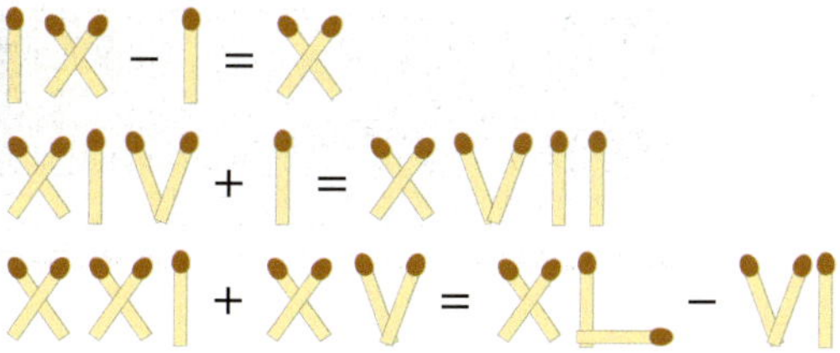

9 Löse das Rätsel.

10 Kannst du römisch rechnen?
a) XV + VI = ☐
b) III + C = ☐
c) LVI + CLX = ☐
d) MCXI + MCXI = ☐

HINWEIS
039-1
Der Webcode führt auf eine Linkliste zu Internetseiten mit vielen Informationen und Aufgaben zu römischen Zahlzeichen.

Klar so weit?

→ Seite 28

Natürliche Zahlen ordnen

1 Zähle vorwärts und schreibe die Zahlen ins Heft.
a) von 2 bis 18
b) von 17 bis 24
c) von 896 bis 901
d) von 5999 bis 6005

1 Zähle in Zweierschritten vorwärts und schreibe die Zahlen ins Heft.
a) von 20 bis 36
b) von 204 bis 226
c) von 2005 bis 2019
d) von 992 bis 1018

2 Welche Zahlen müssen in den Kästchen stehen? Übertrage in dein Heft und setze ein.
a) ℕ = {0; 1; 2; 3; 4; □; 6; 7; …}
b) ℕ = {0; □; 2; □; □; □; 6; 7; …}
c) ℕ = {□; 1; 2; 3; □; 5; □; □; 8; …}
d) ℕ = {□; 1; 2; 3; 4; 5; 6; 7; 8; □; □; □; …}

2 Welche Zahlen werden durch die drei Punkte ersetzt?
a) ℕ = {0; 1; 2; ...; 5; …}
b) ℕ = {…; 3; 4; 5; …; 8; …}
c) ℕ = {0; 1; …; 102; 103; …}
d) ℕ = {…; 6000; …}

→ Seite 30

Natürliche Zahlen vergleichen

3 Welche Zahlen sind hier markiert?

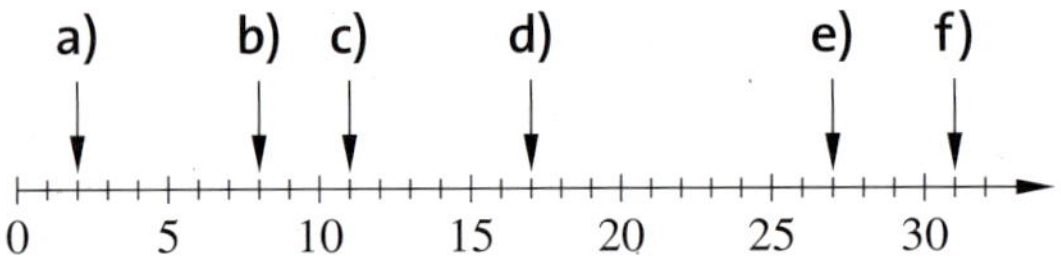

3 Welche Zahlen sind hier markiert?

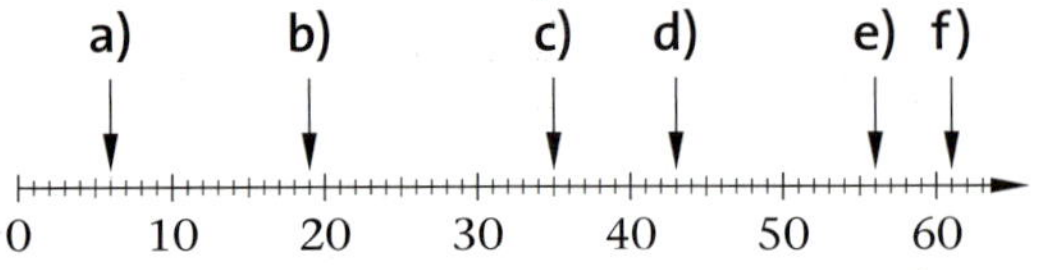

4 Zeichne jeweils einen Zahlenstrahl von 0 bis 25 in dein Heft.
Markiere die Zahlen durch ein Kreuzchen.
a) 3; 6; 14; 19; 23; 21
b) 24; 7; 0; 2; 25; 11

4 Zeichne jeweils einen Zahlenstrahl und markiere die Lage der Zahlen.
a) 13; 7; 2; 17; 11; 5
b) 4; 14; 19; 22; 28
c) 8; 16; 24; 27; 29; 31

5 Übertrage ins Heft und setze die richtigen Zeichen ein (=, > oder <).
a) 19 □ 11
b) 20 □ 20
c) 850 □ 805
d) 100 000 □ 110 000
e) 99 999 □ 111 111

5 Verwende die Zahlen 345; 543; 453; 454 und 544.
a) Wie heißt die kleinste Zahl?
b) Ordne die Zahlen von der kleinsten bis zur größten. Benutze dazu das Zeichen <.
c) Gib zu jeder Zahl den Vorgänger und den Nachfolger an.

→ Seite 32

Große natürliche Zahlen

6 Schreibe die Zahlen mit Ziffern.
a) neuntausend
b) elftausendeinhundert
c) drei Millionen
d) zweihunderttausendzweihundert

6 Schreibe die Zahlen mit Ziffern.
a) dreißigtausend
b) fünfundfünfzigtausendfünfhundert
c) zehn Millionen
d) einhundertfünftausendfünfhundert

7 Trage die Zahlen in eine Stellenwerttafel ein. Wie viele Nullen haben die Zahlen?

a) achthundert b) eintausend
c) dreizehntausend d) fünf Millionen

7 Trage die Zahlen in eine Stellenwerttafel ein. Wie viele Nullen haben die Zahlen?

a) sechshundert b) elftausend
c) zwanzigtausend d) fünfzig Millionen

8 Schreibe die Zahlen aus der Stellenwerttafel wie in dem Beispiel in dein Heft.

Beispiel 50 100 380 200 = 50 Mrd. + 100 Mio. + 380 T + 200

Milliarden			Millionen			Tausend					
H	Z	E	H	Z	E	H	Z	E	H	Z	E
	5	0	1	0	0	3	8	0	2	0	0
						6	1	6	0	3	3
				7	0	9	6	0	1	0	0
		2	5	0	0	4	5	0	9	9	1

Milliarden			Millionen			Tausend					
H	Z	E	H	Z	E	H	Z	E	H	Z	E
							7	7	3	2	0
					3	4	3	1	0	0	2
			7	0	1	4	4	0	0	8	0
9	9	9	0	0	0	6	6	6	0	0	9

Große Zahlen runden

→ Seite 34

9 Berge im Schwarzwald

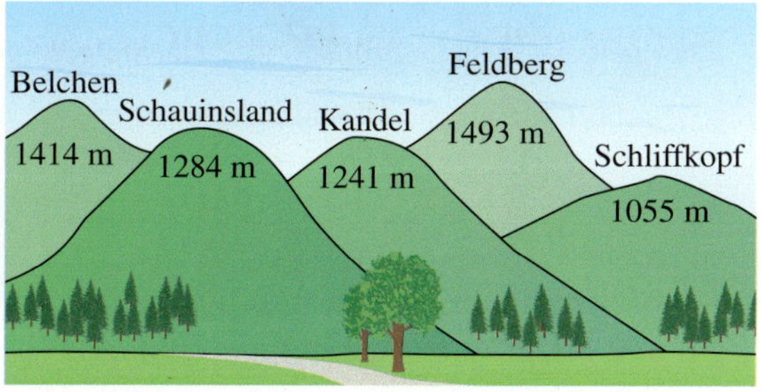

a) Runde die Höhen auf die Zehnerstelle.
b) Runde auf die Hunderterstelle.

9 Flugentfernungen ab Frankfurt/Main:

Moskau	2022 km
Athen	1808 km
Rio	9564 km
Kairo	2919 km
Tel Aviv	2953 km
Las Palmas	3181 km
New York	6188 km
Tokio	13 095 km

a) Runde auf die Hunderterstelle.
b) Runde auf die Tausenderstelle.

Große Zahlen schätzen

→ Seite 36

10 Viele bunte Schokolinsen

a) In wie viele Felder ist das Bild eingeteilt?
b) Schätze mithilfe der Rastermethode, wie viele Schokolinsen es sind.

10 Wie viele Flamingos sind es? Begründe deine Schätzung mit einer Rechnung.

Vermischte Übungen

1 Schreibe die Zahlen nur mit Ziffern.
a) zweiundsiebzig
b) achttausendundsechshundertundzwei
c) 90 Millionen
d) vierhunderttausendundeins
e) drei Millionen

2 Welche Zahlen sind hier markiert?

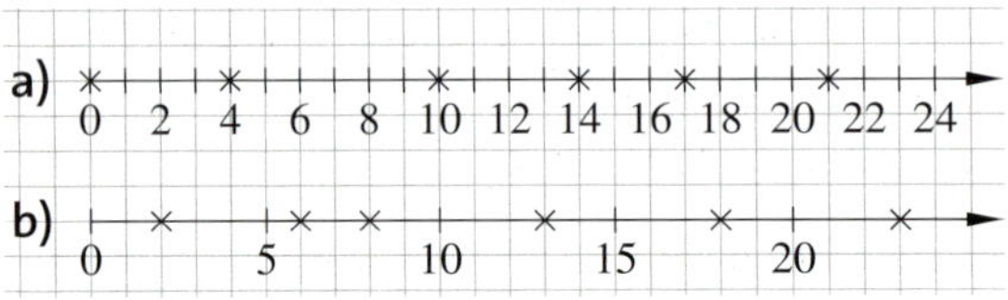

3 Ordne die Zahlen der Größe nach. Beginne mit der kleinsten Zahl.
124; 4008; 80 004; 421; 4; 84; 408 804

NACHGEDACHT
Stimmt das? Begründe deine Antwort.
- *Jede natürliche Zahl hat einen Vorgänger.*
- *Es gibt eine kleinste natürliche Zahl.*
- *Es gibt eine größte natürliche Zahl.*

4 Übertrage und ergänze die Tabelle im Heft.

Vorgänger	Zahl	Nachfolger
	22	
	365	
	9999	

5 Schreibe mit den Ziffern 1; 2; 3; 4; 5 die kleinste und die größte fünfstellige Zahl.

6 Welche Zahl ist größer?
Setze im Heft das richtige Zeichen (< oder >).
a) 45 ▢ 55
b) 790 ▢ 970
c) 680 ▢ 608
d) 523 ▢ 5230
e) 10 001 ▢ 10 010
f) 76 843 ▢ 67 834

7 Schätze die Anzahl der Pinguine mithilfe der Rastermethode.

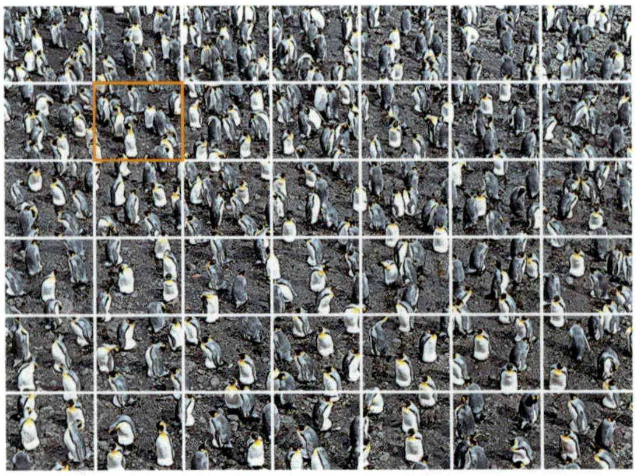

1 Schreibe die Zahlen nur mit Ziffern.
a) dreihundertvierundzwanzig
b) 17 Millionen
c) 20 Milliarden
d) zwanzigtausendundzwanzig
e) acht Milliarden achttausend

2 Welche Zahlen sind hier markiert?

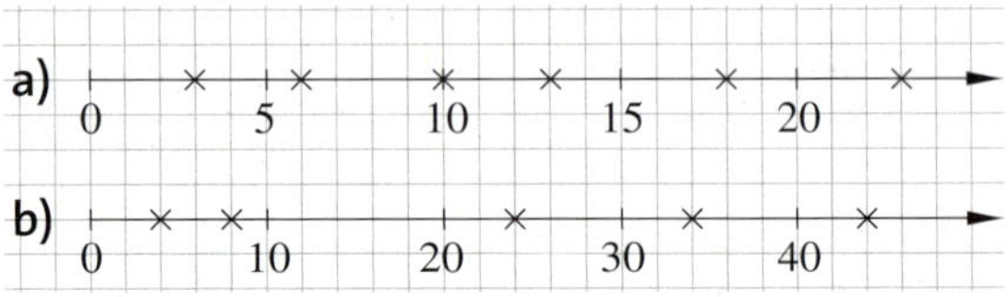

3 Ordne die Zahlen der Größe nach.
a) 3500; 3005; 5030; 3050; 5003
b) 45 465; 65 445; 46 554; 45 564

4 Übertrage und ergänze die Tabelle im Heft.

Vorgänger	Zahl	Nachfolger
	18	
	1 800	
	1 800 000	

5 Schreibe die kleinste dreistellige natürliche Zahl und die größte sechsstellige Zahl auf.

6 Setze im Heft zwischen die Zahlen das richtige Zeichen (>, <, =).
a) 2134 ▢ 1234
b) 20 008 ▢ 8002
c) 4596 ▢ 4569
d) 99 199 ▢ 91 999
e) 90 099 ▢ 99 099
f) 91 298 ▢ 91 298

7 Wie viele Bienen sind hier versammelt? Kann man hier die Rastermethode anwenden?

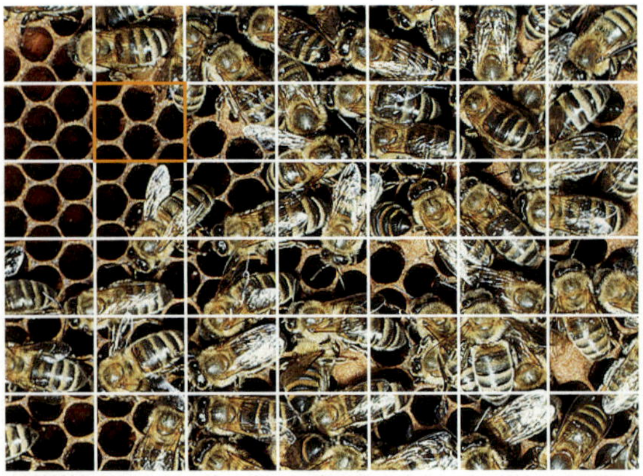

8 Lies den Zeitungsartikel. Trage die Zahlen in eine Stellenwerttafel ein.

Das Berliner Naturkundemuseum

Im Berliner Naturkundemuseum steht das größte Saurierskelett der Welt.

Gerade erst wurden die wertvollen Dinosaurierskelette und Räume für rund 18 Millionen Euro erneuert.

Mit etwa 30 Millionen Ausstellungsstücken gehört das Haus zu den fünf größten Naturkundemuseen der Welt.

Herzstück der neuen Dauerausstellung ist das rund 150 Millionen Jahre alte Brachiosaurus-Skelett.

9 Die Zahlen in der Randspalte wurden an der Zehnerstelle gerundet. Das sind die gerundeten Ergebnisse: 3060; 3070; 3080; 3700
Ordne die Zahlen in der Randspalte richtig zu.

10 Welche Zahl solltest du runden, welche besser nicht? Begründe deine Antwort.
a) die Telefonnummer 658 99 01
b) Entfernung des Planeten Pluto von der Sonne: 5 946 660 000 km
c) Abfahrtszeit 14.56 Uhr

11

2	67	103	14	8

Lege mit den Kärtchen eine Zahl, die …
a) … möglichst groß (möglichst klein) ist.
b) … fünfstellig und möglichst klein ist.
c) Wie ändern sich deine Ergebnisse aus a) und b), wenn du Kärtchen auch mehrmals benutzen kannst?

12 Welche Fahrzeugart kam bei der Verkehrszählung am häufigsten vor? Welche kam am seltensten vor? Ordne nach der Größe.

Fahrzeugart	*Anzahl der Fahrzeuge*
Pkw	卌 卌 卌 卌 卌 卌 ||
Motorräder	卌 卌 卌 卌 |
Lkw	卌 卌 卌 卌 ||||

9 Zwei Zahlen auf den Segeln in der Randspalte wurden auf 3060 gerundet.
Welche Zahlen sind gemeint?
An welcher Stelle wurde gerundet?

10 Schreibe den Satz ab und runde – falls möglich – an einer sinnvollen Stelle.
a) Der Elefant im Zoo wiegt 3149 kg.
b) Ben hat 39 Punkte im Mathematiktest.
c) Lisa hat Schuhgröße 35.
d) Tokyo ist 8924 km von Berlin entfernt.

11

2	67	103	14	8

Lege mit den Kärtchen eine Zahl, die …
a) … möglichst groß ist.
b) … neunstellig und möglichst klein ist.
c) … sechsstellig und kleiner als 200 000 ist.

12 Ordne die Nachbarländer Deutschlands nach der Einwohnerzahl.

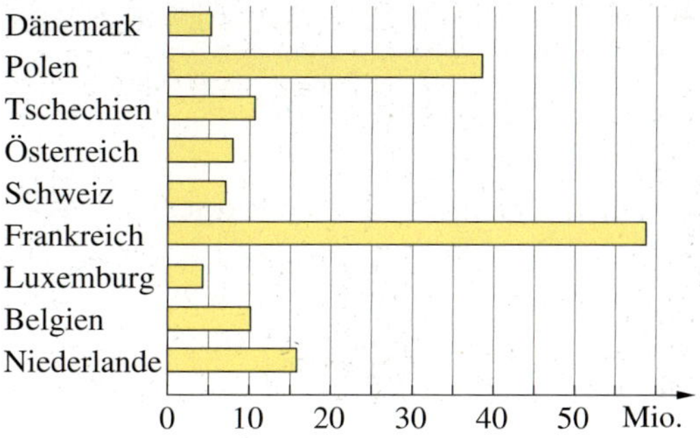

HINWEIS
zu Aufgabe 9 (lila und türkis):

Checkliste
044-1

Teste dich!

(12 Punkte)

1 Notiere im Heft die markierten Zahlen.

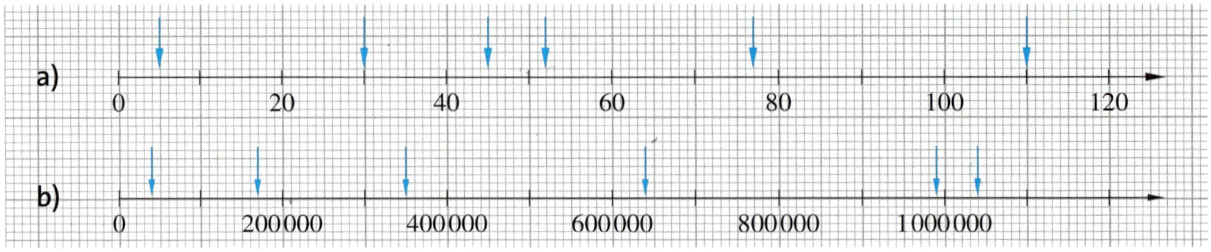

(6 Punkte)

2 Zeichne jeweils einen Zahlenstrahl und markiere dort die angegebenen Zahlen.

a) 1; 3; 4; 7; 11; 12
b) 5; 7; 12; 13; 16; 19
c) 2; 6; 8; 14; 20; 23
d) 22; 0; 18; 4; 7; 11
e) 10; 40; 45; 80; 70; 100
f) 0; 100; 500; 700; 1100; 1800

(6 Punkte)

3 Schreibe die Zahlen mit Ziffern.

a) fünfhundertundfünfzig
b) neuntausendzweihundert
c) dreihundertzwölf Millionen
d) achtundzwanzig Millionen dreihundertzweiundzwanzigtausend
e) sieben Milliarden acht Millionen
f) zwanzig Milliarden sechshunderttausend

(4 Punkte)

4 Schreibe die Zahlen aus der Stellenwerttafel mit Worten.

Billionen			Milliarden			Millionen			Tausend					
H	Z	E	H	Z	E	H	Z	E	H	Z	E	H	Z	E
											3	6	0	1
							7	3	0	0	7	8	0	0
					2	0	0	9	0	8	0	0	0	0
	5	5	1	5	3	0	0	0	0	0	0	0	0	0

(6 Punkte)

5 Trage die Zahlen in eine Stellenwerttafel ein.

a) 13 067
b) 127 000 345
c) 1 Mio. einhunderttausend
d) 1 Mrd.
e) 20 Mio. 620 Tausend
f) 60 Bio. 60 Mrd. 60 Mio.

(6 Punkte)

6 Schreibe folgende Zahlen wie im Beispiel

Beispiel 23 077 468 606 = 23 Mrd. + 77 Mio. + 468 T + 606

a) 83 083
b) 202 202
c) 1 234 567
d) 238 000 238
e) 500 Bio. 500 Mrd. 500 Mio.
f) fünfhunderttausendzwanzig

(8 Punkte)

7 Nenne Vorgänger und Nachfolger der angegebenen Zahl.

a) 788
b) 81 321
c) 101 010
d) 505 403 889
e) 6 Mio. 203
f) 19 999
g) 99 999 000 000
h) 0

8 Welche der beiden Zahlen ist die größere? Setze das richtige Zeichen ein (<, > oder =). *(6 Punkte)*

a) 7056 ☐ 5607
b) 101 101 ☐ 101 010
c) 999 ☐ 111 000
d) 246 357 ☐ 2 463 577
e) 32 467 865 ☐ 32 467 865
f) 123 789 670 000 ☐ 123 789 760 000

9 Runde die folgenden Zahlen jeweils auf Zehner, auf Tausender und auf Hunderttausender. *(18 Punkte)*

a) 123 456
b) 654 321
c) 3 731 545
d) 14 526 809
e) 111 999 111
f) 999 999

10 Ordne die Zahlenangaben, beginne mit der kleinsten. *(12 Punkte)*

a) Bevölkerungszahlen

Land	Bevölkerungszahl
Belgien	10 300 000
Deutschland	82 500 000
Dänemark	5 300 000
Frankreich	60 100 000
Griechenland	11 000 000
Großbritannien	59 300 000
Italien	57 400 000
Luxemburg	450 000
Niederlande	16 100 000

b) Entfernung von der Sonne

Planet	Entfernung von der Sonne
Erde	149 500 000 km
Jupiter	777 800 000 km
Mars	227 900 000 km
Merkur	57 900 000 km
Neptun	4 496 500 000 km
Saturn	1 425 600 000 km
Uranus	2 869 700 000 km
Venus	108 200 000 km

11 Einige Zahlen wurden an der Hunderterstelle gerundet. Das sind die gerundeten Ergebnisse. Nenne jeweils zwei mögliche Ausgangszahlen. *(6 Punkte)*

a) 1500
b) 21 300
c) 607 900
d) 99 800
e) 100
f) 111 999 800

12 Wie viele Perlen sind auf diesem Bild zu sehen? Begründe mit einer Rechnung. *(10 Punkte)*

Gold: 94–100 Punkte, Silber: 77–93 Punkte, Bronze: 60–76 Punkte

Zusammenfassung

→ Seite 28

Natürliche Zahlen ordnen

Die Menge der **natürlichen Zahlen** wird mit $\mathbb{N}$ bezeichnet.
Die kleinste natürliche Zahl ist die Null.
Eine größte natürliche Zahl gibt es nicht.

$\mathbb{N} = \{0; 1; 2; 3; 4; \ldots\}$

→ Seite 30

Natürliche Zahlen vergleichen

Am **Zahlenstrahl** kann man Zahlen übersichtlich darstellen.

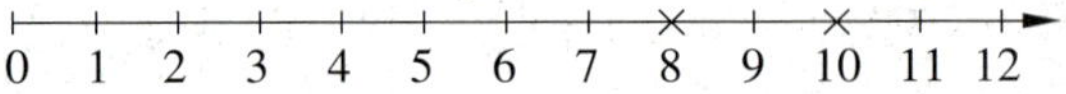

Am Zahlenstrahl kann man Zahlen gut vergleichen: Die kleinere Zahl steht immer links von der größeren Zahl.

$8 < 10$, denn 8 steht links von 10

Der **Vorgänger** steht direkt links neben der Zahl, der **Nachfolger** direkt rechts daneben.

4 ist der Vorgänger von 5.
6 ist der Nachfolger von 5.

→ Seite 32

Große natürliche Zahlen

Unser Stellenwertsystem ist ein **Zehnersystem**:
10 E = 1 Z; 10 Z = 1 H; 10 H = 1 T; ...

Der Wert einer Zahl ist abhängig von der Stellung der Ziffern innerhalb der Zahl.

Zahlen kann man übersichtlich in einer **Stellenwerttafel** darstellen.

Milliarden			Millionen			Tausend					
H	Z	E	H	Z	E	H	Z	E	H	Z	E
		2	5	5	4	6	8	0	4	0	0
4	1	2	0	3	0	1	0	0	0	8	0

2 Milliarden 554 Millionen 680 Tausend 400
412 Milliarden 30 Millionen 100 Tausend 80

→ Seite 34

Große Zahlen runden

Betrachte die Ziffer rechts von der Stelle, auf die gerundet werden soll.
Ist die Stelle rechts eine
- **0; 1; 2; 3 oder 4**, wird **abgerundet**.
- **5; 6; 7; 8 oder 9**, wird **aufgerundet**.

1273 auf Zehner gerundet: 1270
also $1273 \approx 1270$
1273 auf Hunderter gerundet: 1300
also $1273 \approx 1300$

→ Seite 36

Große Zahlen schätzen

Beim Schätzen versucht man, der genauen Anzahl möglichst nahe zu kommen, z. B. mit der **Rastermethode**.

Sonnenblumen in einem Feld: ungefähr 14
Anzahl der Felder: 6
Anzahl der Blumen: etwa $14 \cdot 6 = 84$

Grundbegriffe der Geometrie

Brücken verbinden Stadtteile, Länder, Kontinente. Brücken haben viele Gemeinsamkeiten, z. B. Stahlträger, die zueinander parallel verlaufen oder die senkrecht auf der Fahrbahn stehen. Kannst du dir vorstellen, warum man diese geometrischen Grundformen so häufig antrifft?

Noch fit?

Einstieg

1 Ablesen vom Lineal

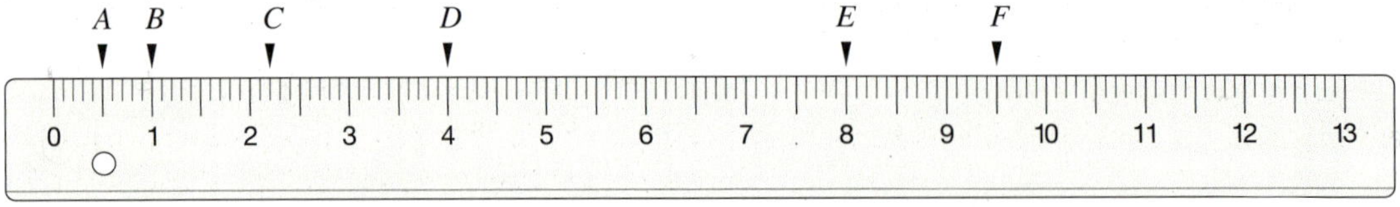

Wie lang ist eine gerade Linie …

a) von 0 bis *B*: 1 cm oder 1 m?
b) von 0 bis *D*: 3 cm oder 4 cm?
c) von 0 bis *A*: 0,5 cm oder 5 cm?
d) von 0 bis *C*: 2,2 cm oder 2,5 cm?

Aufstieg

1 Ablesen vom Lineal

Wie lang ist eine gerade Linie …

a) von 0 bis *B*?
b) von 0 bis *D*?
c) von 0 bis *F*?
d) von *D* bis *E*?

2 Ähnliche Figuren zuordnen

Immer zwei Bilder gehören zusammen. Welche sind es? Begründe deine Auswahl.

3 Beispiele für Formen (Einstieg)

Suche jeweils ein Beispiel auf dieser Seite.

a) Dreieck
b) Quadrat
c) Rechteck
d) Kreis

3 Beispiele für Formen (Aufstieg)

Zeichne jeweils zwei Beispiele in dein Heft.

a) Dreieck
b) Quadrat
c) Rechteck
d) Kreis

4 Figuren auf Kästchenpapier zeichnen (Einstieg)

Übertrage das Schiff in dein Heft.
Nutze Lineal oder Geodreieck.

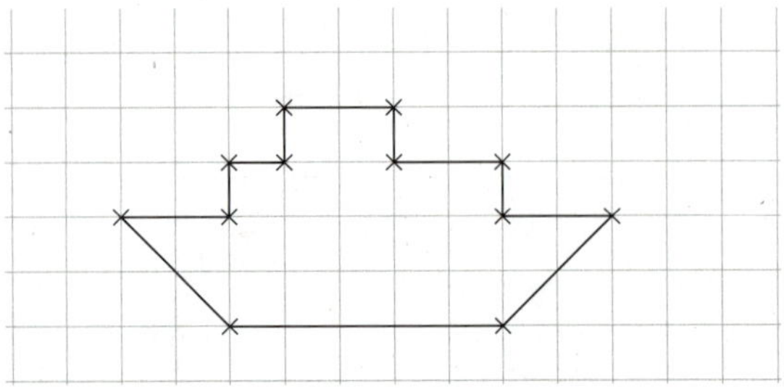

4 Figuren auf Kästchenpapier zeichnen (Aufstieg)

Übertrage die beiden Figuren ins Heft.

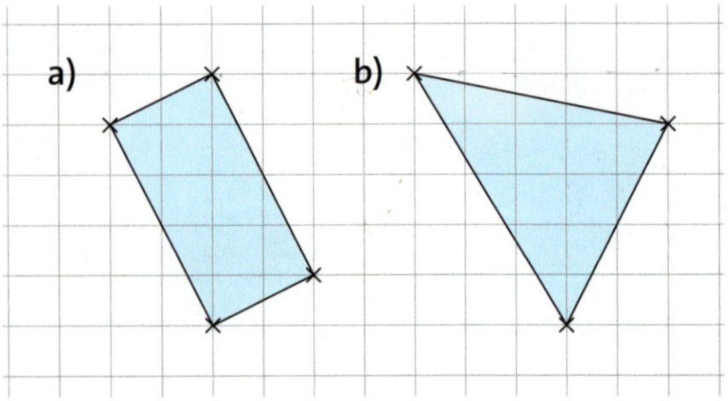

5 Mit dem Lineal zeichnen

Zeichne eine gerade Linie, die …

a) 1 cm lang ist. **b)** 4 cm lang ist.
c) 5 cm lang ist. **d)** 7 cm lang ist.

6 Figuren vervollständigen

Das Haus soll eins von drei Reihenhäusern sein.
Übertrage es in dein Heft und zeichne die beiden anderen Häuser hinzu.

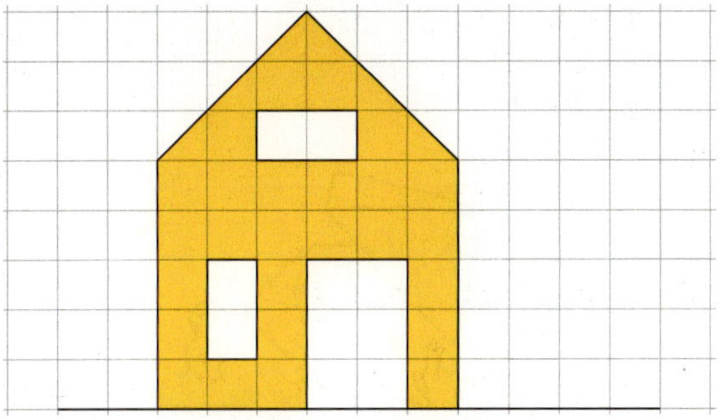

7 Mit dem Geodreieck messen

Wie lang ist die gezeichnete Linie?

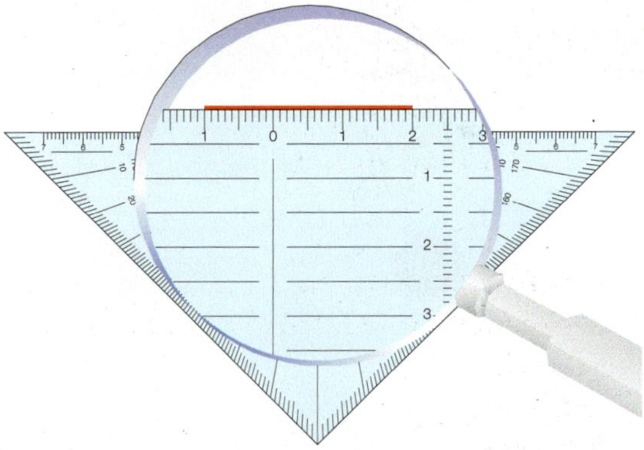

8 Figuren abzeichnen

Übertrage die Zeichnung mithilfe eines Lineals ordentlich in dein Heft.

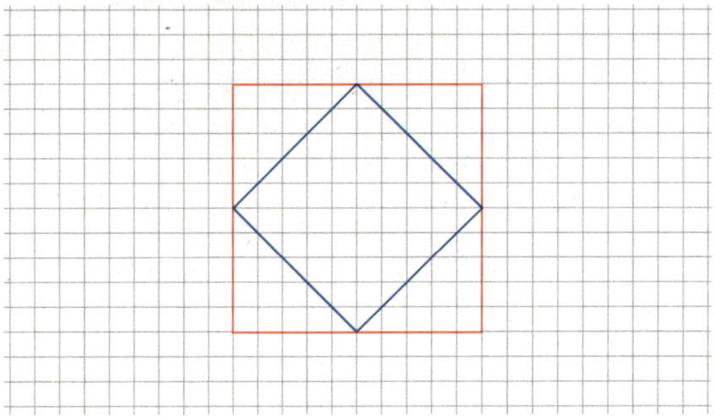

5 Mit dem Lineal zeichnen

Zeichne eine gerade Linie, die …

a) 6,5 cm lang ist. **b)** 10,2 cm lang ist.
c) 11,8 cm lang ist. **d)** 2,7 cm lang ist.

6 Figuren vervollständigen

Zeichne die Treppe ins Heft. Klappe sie an der roten Linie nach links um. Zeichne die Treppe auch links der roten Linie, sodass die Treppen sich oben treffen.

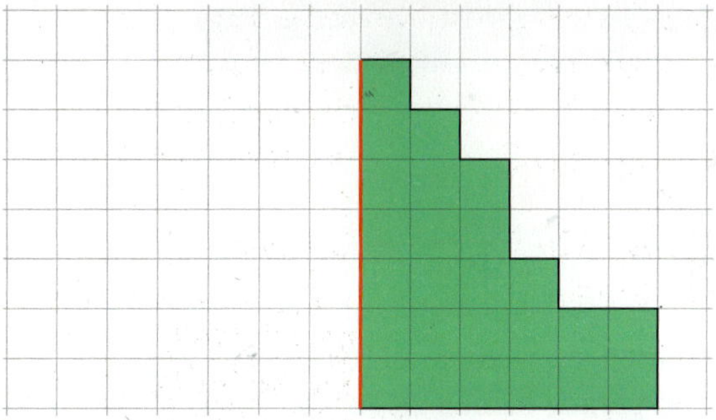

7 Mit dem Geodreieck messen

Wie lang ist die gezeichnete Linie?

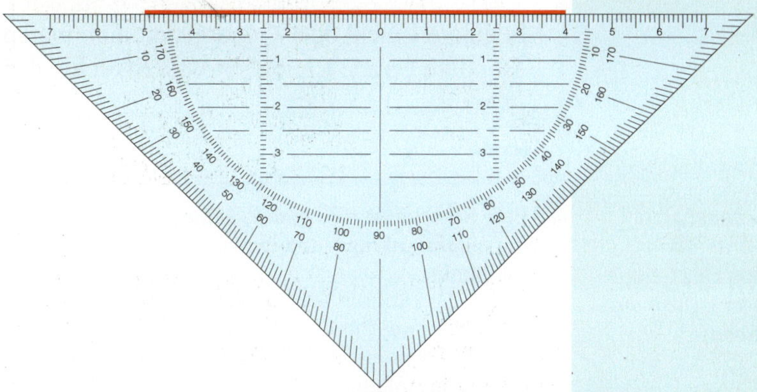

8 Figuren abzeichnen

Übertrage die Zeichnung mithilfe eines Lineals ordentlich in dein Heft.

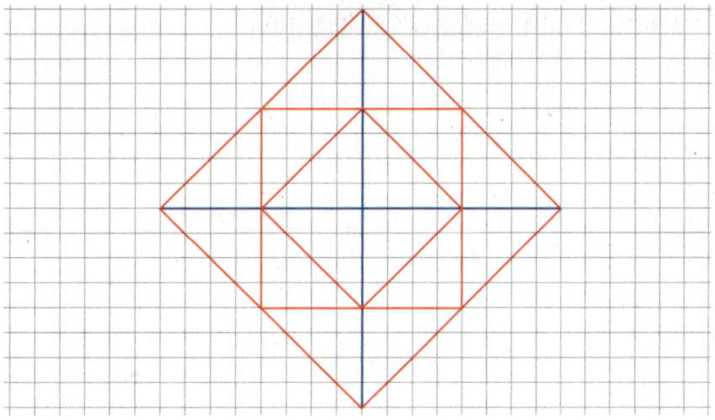

Gerade Linien

Entdecken

1 Versuche, nur mit einem Bleistift, eine möglichst gerade Linie zu zeichnen.
Ist sie wirklich gerade?
Welche Hilfsmittel fallen dir ein, um eine gerade Linie zu zeichnen?

2 Beschreibe, was du auf dem abgebildeten Foto siehst.
Warum spannt der Pflasterer eine Schnur?

Verstehen

Nadine faltet aus einem Stück Papier ein Boot.
Dabei entstehen Faltkanten.
Werden sie wieder aufgeklappt, sind gerade Linien zu sehen.

Mit einem Lineal oder Geodreieck kann man gerade Linien zeichnen.
Besondere gerade Linien sind die **Strecke**, der **Strahl** und die **Gerade**.

NACHGEDACHT
Warum kann man eine Gerade nicht vollständig zeichnen?

Name	Merkmal: Anfang	Merkmal: Ende	Beispiel 1
Eine **Strecke** ist eine gerade Linie mit einem Anfangs- und einem Endpunkt. Sie ist die kürzeste Verbindung zwischen zwei Punkten A und B. Strecken werden auch häufig mit ihrem Anfangs- und Endpunkt bezeichnet: $\overline{AB}$	ein Anfang	ein Ende	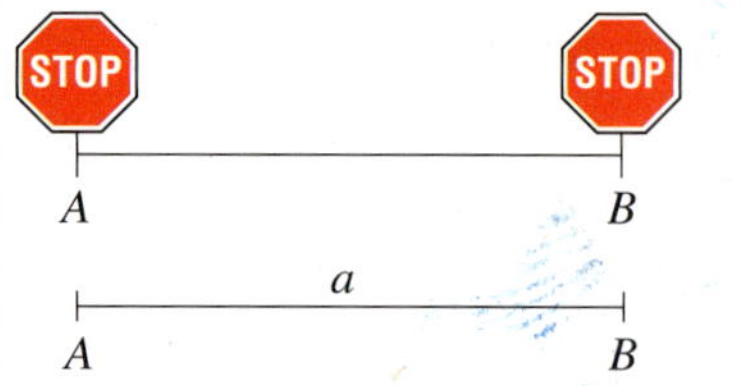 Bezeichnung: $\overline{AB}$ oder a
Ein **Strahl** (Halbgerade) ist eine gerade Linie, die einen Anfangspunkt, aber keinen Endpunkt hat. Strahlen sind dadurch unendlich lang. Strahlen werden mit Kleinbuchstaben bezeichnet: a; b; s	ein Anfang	kein Ende	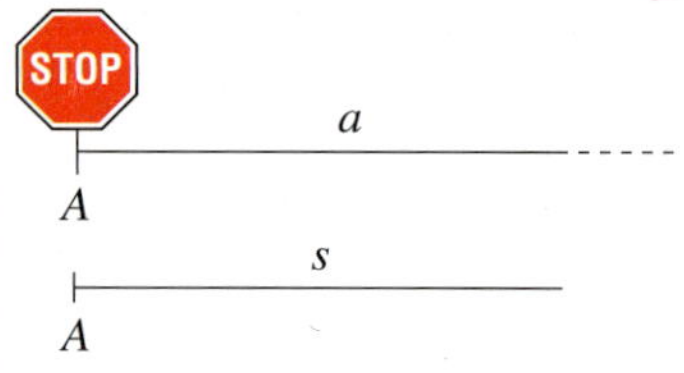 Bezeichnung: a; s
Eine **Gerade** ist eine gerade Linie, die keinen Anfangs- und keinen Endpunkt hat. Sie ist unendlich lang. Geraden werden mit Kleinbuchstaben bezeichnet: g; h	kein Anfang	kein Ende	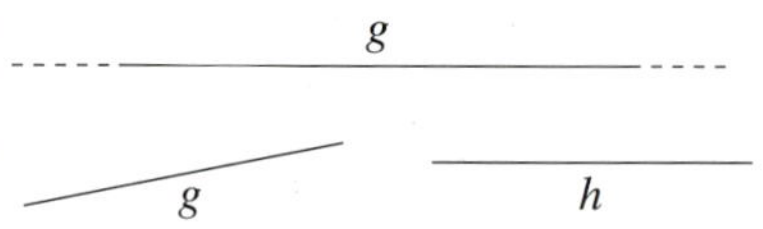 Bezeichnung: g, h

Üben und anwenden

1 Verschiedene Linien

a) Welche Linien sind gerade Linien?

b) Welche Linien sind Strecken, welche Strahlen und welche Geraden?

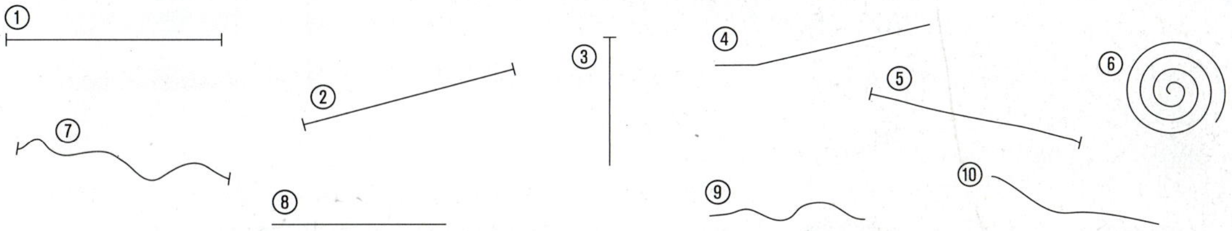

NACHGEDACHT
Wie viele Strecken erkennst du im Bild?
Wie viele Geraden?

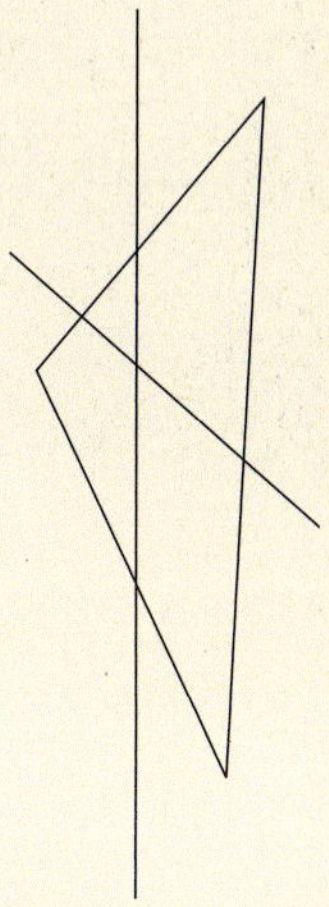

2 Spieler *A* kann 4 Spieler anspielen. Übertrage die Punkte in dein Heft: Beginne mit dem Punkt *A*. Bestimme die Lage der anderen Punkte durch Zählen der Kästchen. Zeichne die Strecken ein.

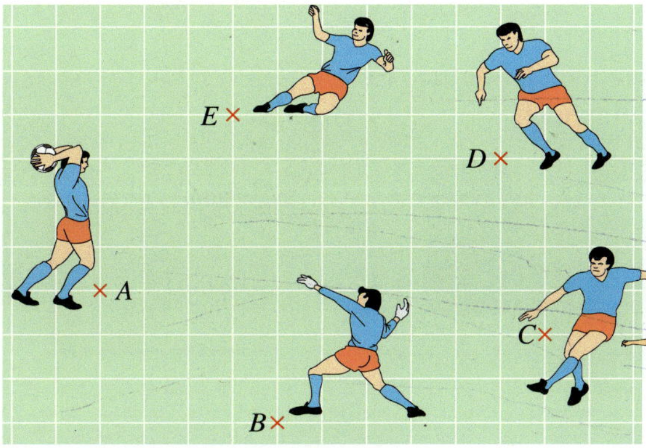

2 Wie viele Zuspielstrecken hat Spieler A? Übertrage die Punkte ins Heft und zeichne die Strecken ein.

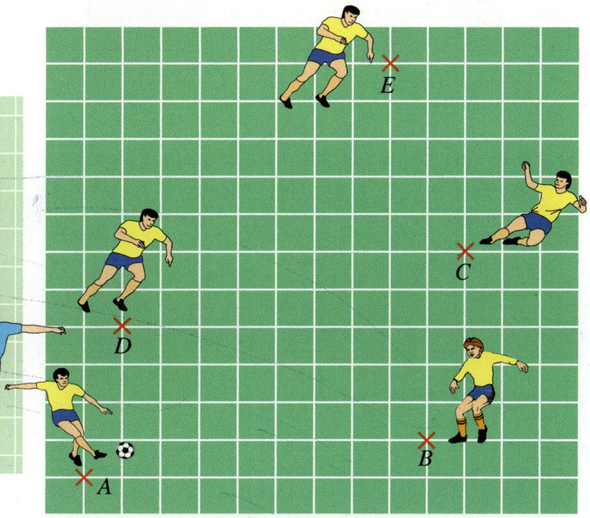

3 Länge von geraden Linien

a) Kann man die Länge einer Geraden messen? Begründe deine Antwort.

b) Kann man die Länge einer Strecke messen? Begründe deine Antwort.

3 Für welche gerade Linie gilt dieser Satz?

a) Sie wird von zwei Punkten begrenzt.

b) Sie hat weder Anfangs- noch Endpunkt.

c) Sie ist unendlich lang.

4 Welche Strecken sind gleich lang? Schätze zuerst, miss dann nach.

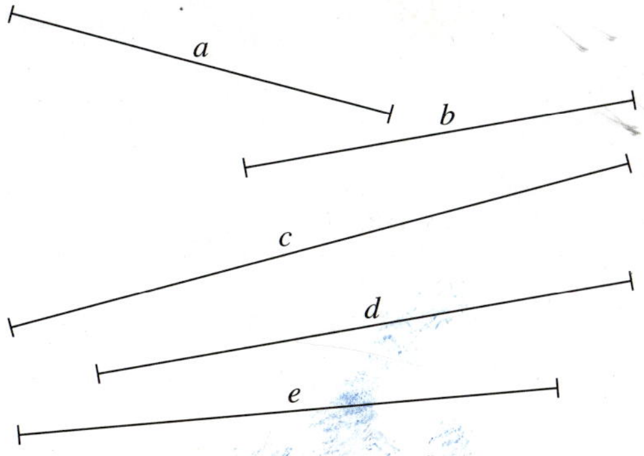

4 Welche Strecken sind gleich lang? Schätze zuerst, miss dann nach.

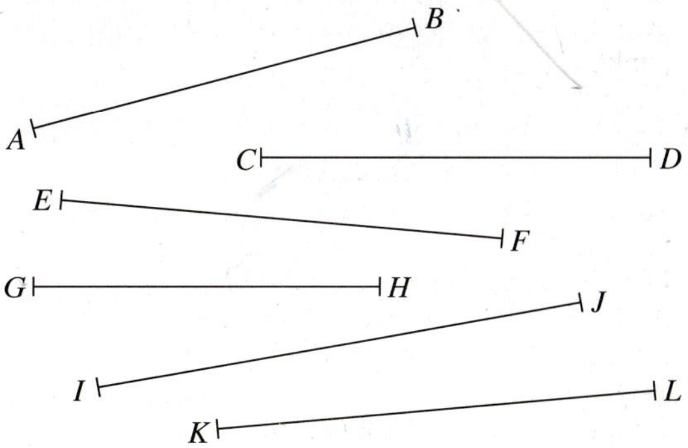

HINWEIS
Es gibt zwei Möglichkeiten, die Länge einer Strecke anzugeben:
bei Aufgabe 4 (lila):
a = 4 cm;
bei Aufgabe 4 (türkis)
$\overline{AB}$ = 4 cm

Parallel und senkrecht

Entdecken

1 Solche Ecken wie hier im Fenster findest du sehr häufig im Alltag.

a) Beschreibe die Lage der rot markierten Linien des Geodreiecks zueinander.

b) Sucht in eurem Klassenraum Linien, die dieselbe Lage wie im Bild haben.
Ihr könnt Geodreiecke zu Hilfe nehmen.

2 Nimm ein Blatt Papier und falte es zweimal, wie es in den Bildern unten dargestellt ist.

a) Beschreibe die Lage der beiden Faltlinien zueinander (Bild ④).

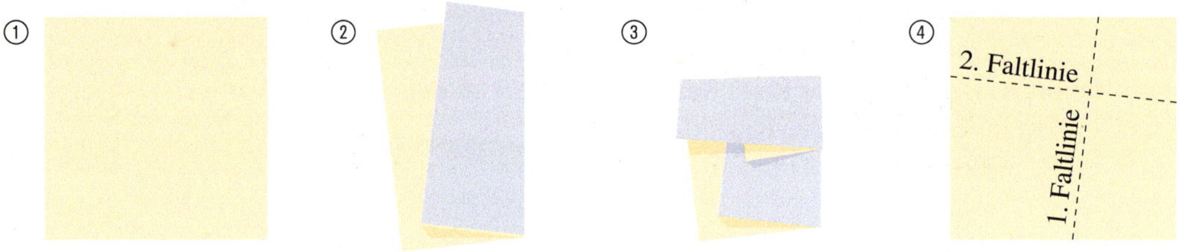

b) Falte das Blatt noch einmal, so wie in den folgenden Bildern.
Beschreibe die Lage der 2. und 3. Faltlinie zueinander.

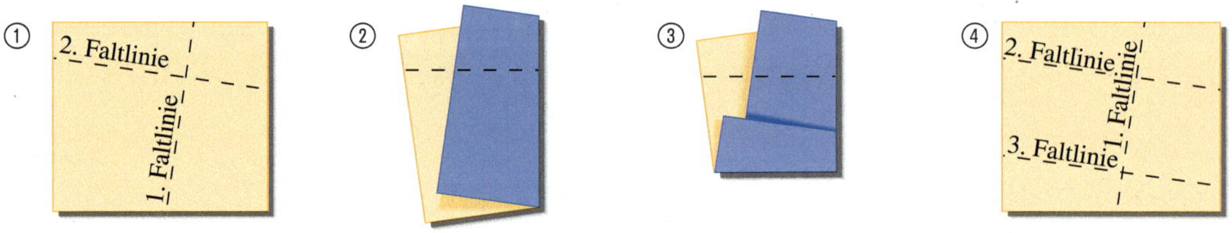

Verstehen

BEISPIEL
Schienen

Gerade Linien haben oft eine besondere Lage zueinander.

Zum Beispiel haben Schienen überall den gleichen Abstand zueinander.
Sonst würde der Zug entgleisen.

Merke Linien, deren Abstand immer gleich bleibt, nennt man **parallel** zueinander.
Sind zwei Geraden k und l parallel zueinander, schreibt man kurz $k \parallel l$. Man sagt: „k ist parallel zu l".

Beispiel 1

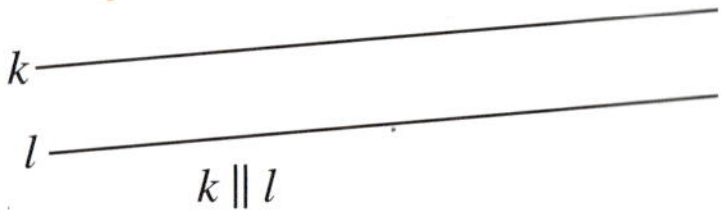

Die weißen Bahnschwellen sind senkrecht zu den Schienen.

Merke Linien, die im rechten Winkel aufeinander stehen, sind **senkrecht** zueinander.
Sind zwei Geraden g und h senkrecht zueinander, schreibt man kurz $g \perp h$. Man sagt: „g ist senkrecht zu h".
In Zeichnungen verwendet man das Zeichen ⊾, um einen rechten Winkel zu kennzeichnen.

Beispiel 2

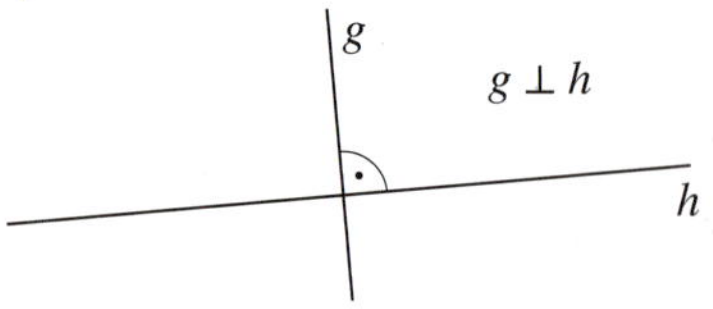

Üben und anwenden

1 Welche Teile des Fensters sind parallel, welche sind senkrecht zueinander?

1 Welche Fliesenfugen sind parallel, welche sind senkrecht zueinander?
Suche andere Fliesen mit parallelen und senkrechten Fugen.

NACHGEDACHT
Was ist ein Lot? Was ist eine Wasserwaage? Informiert euch, wozu und wie diese Geräte verwendet werden.

2 Falte ein quadratisches Stück Papier so, dass sich das Muster ergibt.

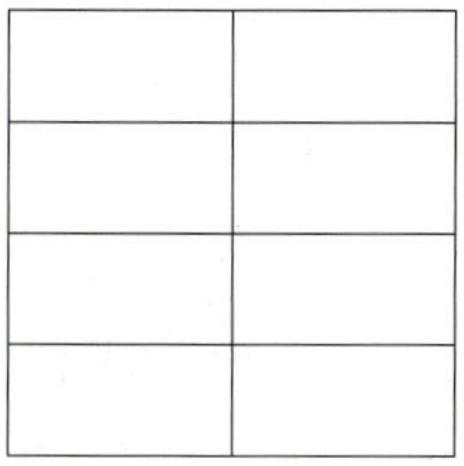

a) Zeichne parallel verlaufende Linien in jeweils gleicher Farbe nach.
b) Umkreise Punkte, in denen zwei Linien senkrecht aufeinander treffen.

2 Falte jeweils ein quadratisches Stück Papier so, dass sich das Muster ergibt.

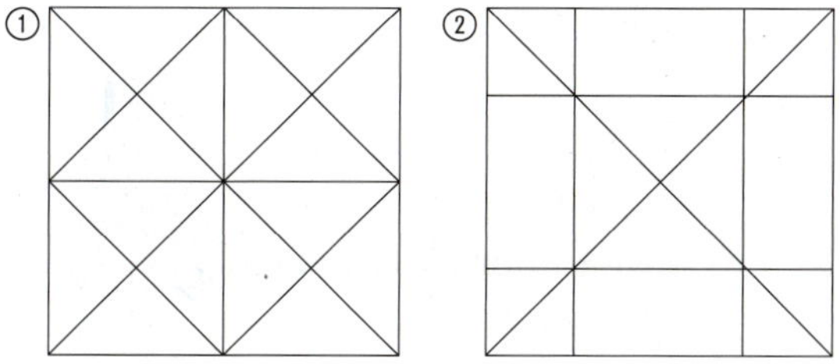

a) Zeichne parallel verlaufende Linien in jeweils gleicher Farbe nach.
b) Umkreise Punkte, in denen zwei Linien senkrecht aufeinander treffen.

3 Welche Geraden sind parallel zueinander?
Welche sind senkrecht zueinander?
Überprüfe mit dem Geodreieck und notiere wie in den Beispielen.

Beispiel 1
$g \parallel h$ $l \parallel$ ▢ $k \parallel$ ▢

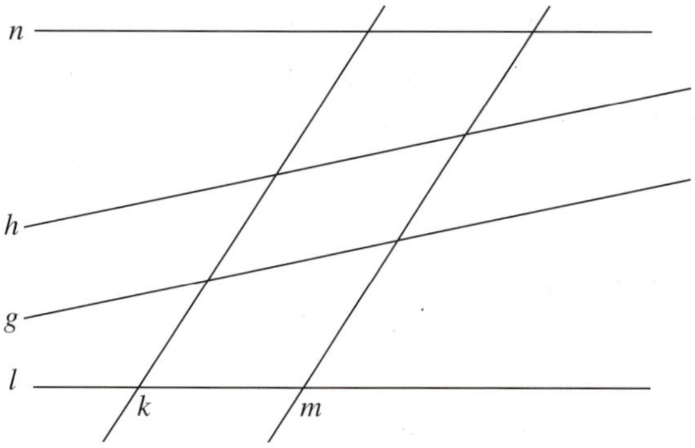

Beispiel 2
$g \perp s$ $r \perp$ ▢ $s \perp$ ▢ $t \perp$ ▢

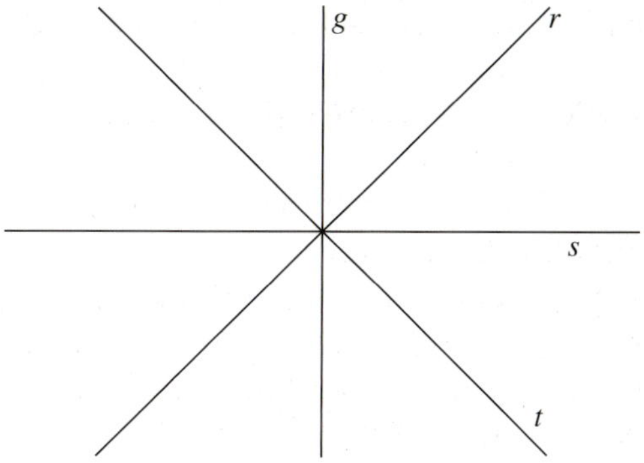

HINWEIS
Wie man mit dem Geodreieck parallele und senkrechte Geraden überprüft, erfährst du auf den nächsten Seiten.

Methode Parallele Linien erkennen und zeichnen

① **Parallele Linien erkennen:**
Durch Anlegen des Geodreiecks kannst du überprüfen, ob zwei Geraden parallel zueinander sind. Die Geraden *a* und *b* sind parallel zueinander und haben einen Abstand von 3 cm.

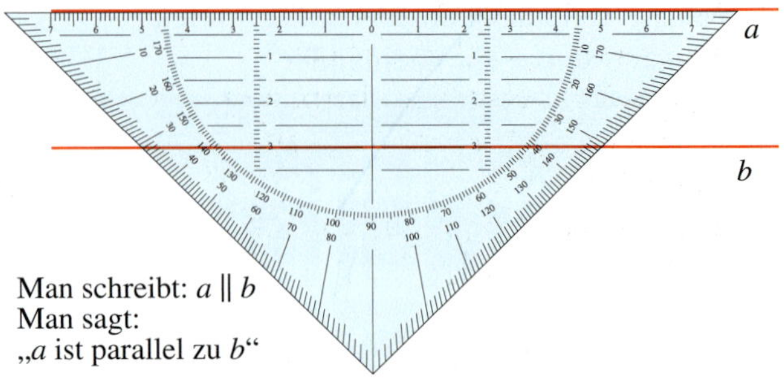

Man schreibt: $a \parallel b$
Man sagt:
„*a* ist parallel zu *b*“

HINWEIS
Zeichne selbst mit deinem Geodreieck zueinander parallele Geraden mit einem Abstand von 1,5 cm.

② **Parallele Linien zeichnen:**
Mit deinem Geodreieck kannst du auch selbst Parallelen zeichnen. Hier wird eine Parallele zur Geraden *g* im Abstand von 1,5 cm gezeichnet.

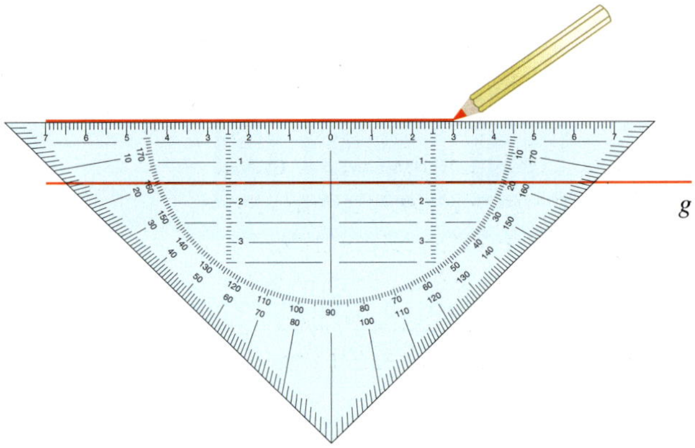

③ **Parallele Linien durch einen Punkt zeichnen:**
Bei diesem Beispiel wird eine Parallele zur Geraden *f* gezeichnet, die durch den Punkt *P* geht.

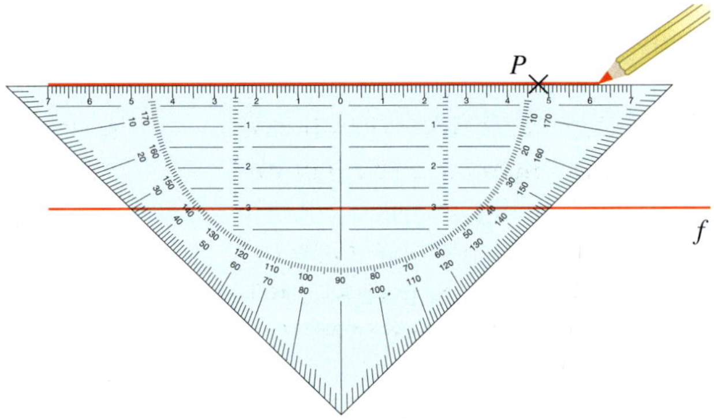

1 Wie viele parallele Linien gibt es auf deinem Geodreieck, die zur längsten Seite des Geodreiecks parallel sind?

2 Welche der rot gezeichneten Geraden sind jeweils parallel zueinander? Stelle eine Vermutung auf und prüfe sie dann mithilfe deines Geodreiecks.

a)
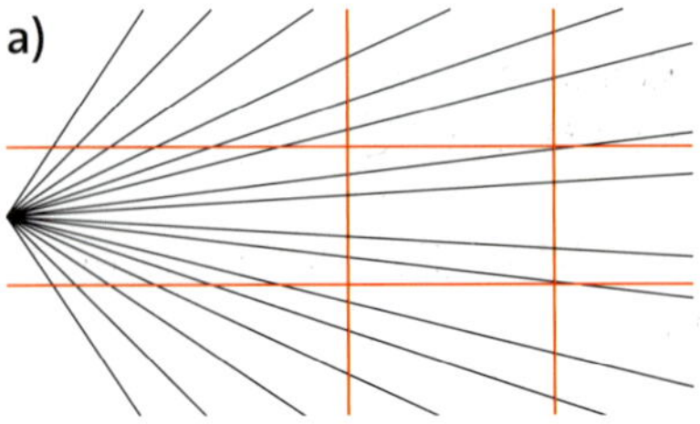

b)
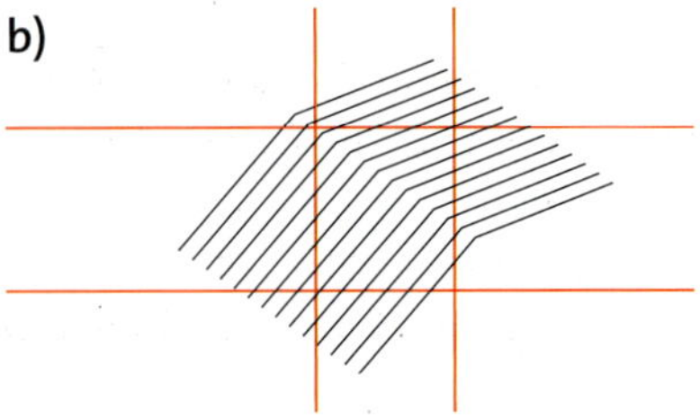

3 Zeichne eine Gerade *g* und einen Punkt *P*, der nicht auf der Geraden *g* liegt. Zeichne durch den Punkt *P* die Parallele *h* zur Geraden *g*.

Methode Senkrechte Linien erkennen und zeichnen

HINWEIS
Zeichne selbst zueinander senkrechte Geraden wie in den Beispielen ① bis ③.

① **Senkrechte Linien erkennen:**
Du kannst durch Anlegen des Geodreiecks ebenfalls überprüfen, ob zwei Geraden **senkrecht zueinander** stehen.
Die Geraden a und b stehen hier senkrecht zueinander.

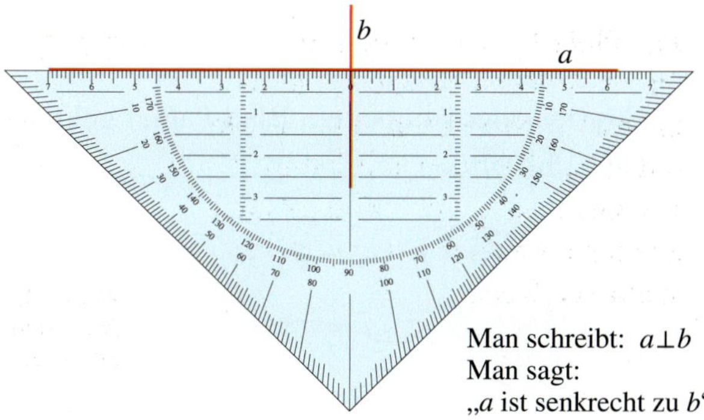

Man schreibt: $a \perp b$
Man sagt:
„a ist senkrecht zu b“

② **Senkrechte Linien durch einen Punkt auf der Linie zeichnen:**
Bei diesem Beispiel liegt der Punkt P auf der Geraden g.
Es wird eine Gerade durch P gezeichnet, die senkrecht zu g ist.

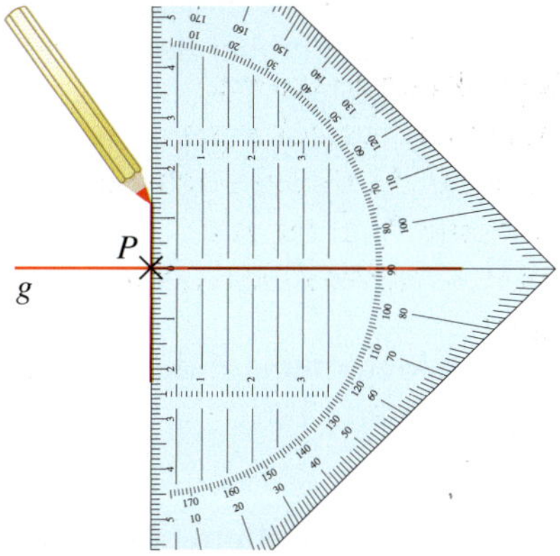

③ **Senkrechte Linien durch einen Punkt zeichnen, der nicht auf der Linie liegt:**
Hier liegt der Punkt P *nicht* auf der Geraden g. Auch hier wird durch P eine Gerade gezeichnet, die senkrecht zu g ist.

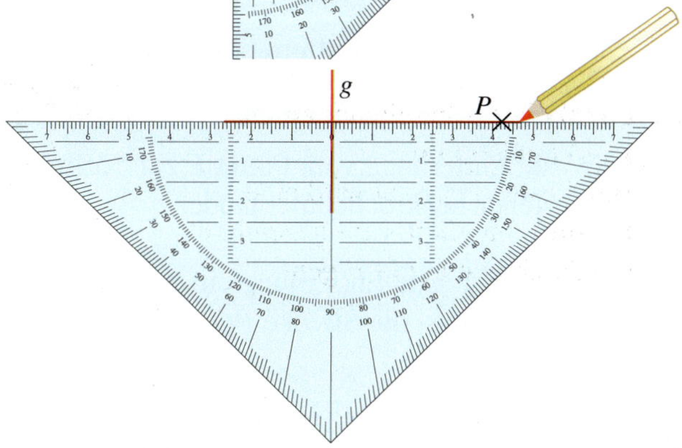

1 Welche der Ecken bestehen aus zueinander senkrechten Linien?
Prüfe mit dem Geodreieck.

a)  b)  c)  d) 

2 Zeichne eine Gerade g und einen Punkt P, der nicht auf der Geraden g liegt.
Zeichne durch den Punkt P die Senkrechte h zur Geraden g wie im Beispiel ③.

3 Zeichne mit dem Geodreieck eine Treppe, die du von der Seite siehst. Sie soll fünf Stufen haben. Eine Stufe ist zwei Kästchen hoch und drei Kästchen breit.

4 Zeichne eine Gerade g. Zeichne auf der einen Seite der Geraden einen Punkt P und auf der anderen Seite einen Punkt Q. Zeichne durch die Punkte P und Q jeweils eine Senkrechte zu g.
Was fällt dir bei den Senkrechten auf?

Abstände

Entdecken

1 Ein Marienkäfer ist über ein Blatt Papier gekrabbelt. Pia hat die Länge seines Weges gemessen: 14,3 cm.

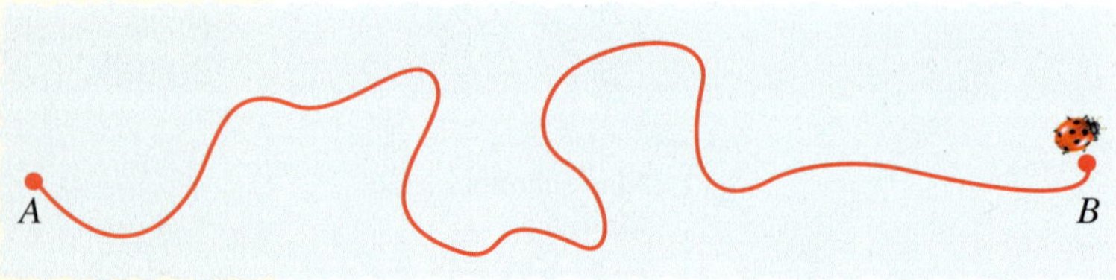

Versuche, den Weg nachzumessen.
Wie hast du das gemacht?
Der Marienkäfer ist einen Umweg gelaufen.
Wie lang ist der kürzeste Weg von A nach B?

2 Mehmed will eine Straße überqueren.
Er hat gelernt, dass man immer den kürzesten Weg über die Straße nehmen soll.
Fertige eine Zeichnung an.
Erkläre an deiner Zeichnung, wie Mehmed am besten über die Straße geht.

Verstehen

Luis steht am 11-Meterpunkt E des Fußballfeldes und zielt aufs Tor.

Er überlegt:
Welches ist die kürzeste Entfernung zur Torlinie t?

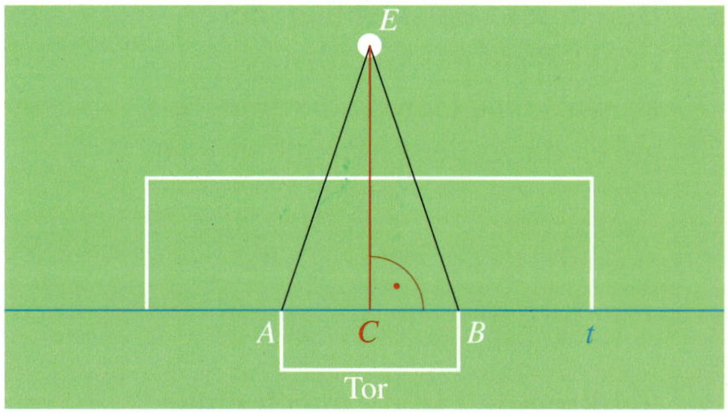

Die kürzeste Entfernung vom Punkt E zur Torlinie t ist die Strecke $\overline{EC}$.
$\overline{EC}$ und t stehen senkrecht aufeinander.

Merke Die kürzeste Entfernung eines Punktes P von einer Geraden g ist die Strecke $\overline{PQ}$, die senkrecht zur Geraden g ist.

Die Länge der Strecke $\overline{PQ}$ heißt **Abstand** des Punktes P von der Geraden g.

Beispiel 1

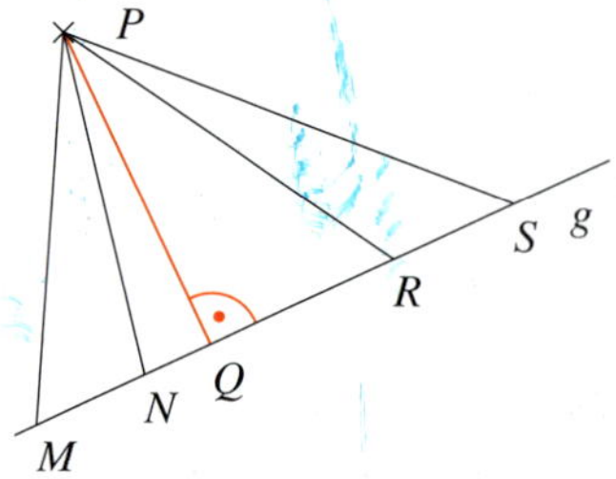

Mithilfe deines Geodreiecks kannst du Abstände messen:

Beispiel 2
Miss den Abstand des Punktes P von der Geraden g.

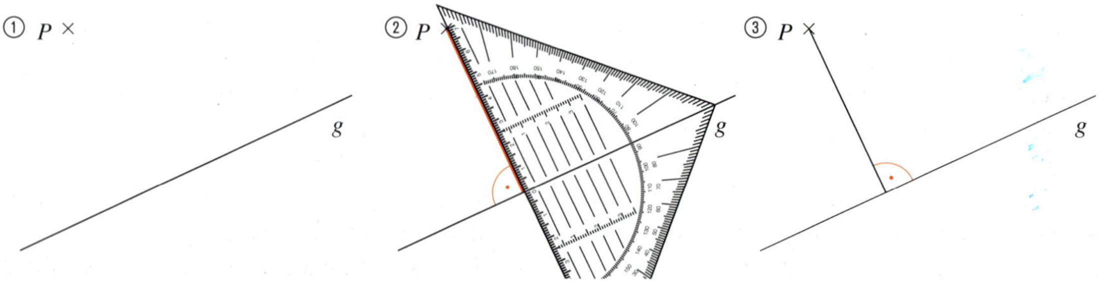

Der Abstand des Punktes P von der Geraden g ist 7 cm lang.

Üben und anwenden

1 In welcher Zeichnung ist der Abstand zwischen der Gerade g und dem Punkt P richtig eingezeichnet? Begründe.

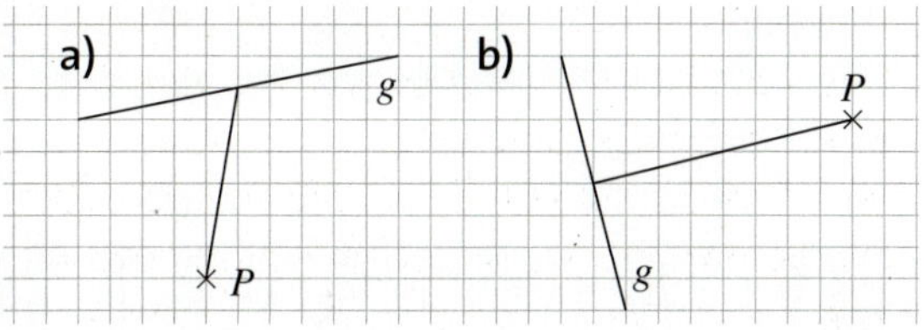

2 Miss mit dem Geodreieck den Abstand der Punkte A; B; C und D von der Geraden g. Übertrage die Tabelle in dein Heft und trage deine Ergebnisse ein.

Punkt	A	B	C	D
Abstand von g				

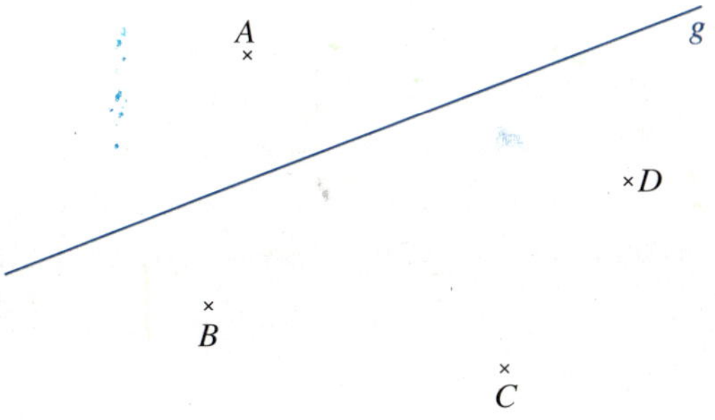

3 Zeichne eine Gerade g und einen Punkt P, …

a) der 2 cm Abstand von g hat.
b) der 4 cm Abstand von g hat.
c) der 7 cm Abstand von g hat.
d) der 5 cm Abstand von g hat.

4 Zeichne zu einer Geraden g drei parallele Geraden mit dem Abstand von je 2 cm.

a) Wie groß ist der Abstand der außen liegenden Geraden?
b) Zu g wurden sechs parallele Geraden mit je 2 cm Abstand gezeichnet. Wie groß ist der Abstand der außen liegenden Geraden? Begründe deine Antwort.

5 Zeichne eine Gerade g. Markiere einen

– Punkt A mit 3 cm Abstand zu g;
– Punkt B mit 5 cm Abstand zu g;

Wie viele Lösungen findest du?

1 Hier kannst du verschiedene Abstände messen.
Gib mindestens vier Abstände an.
Beispiel $\overline{AB} = 1{,}5\,\text{cm}$

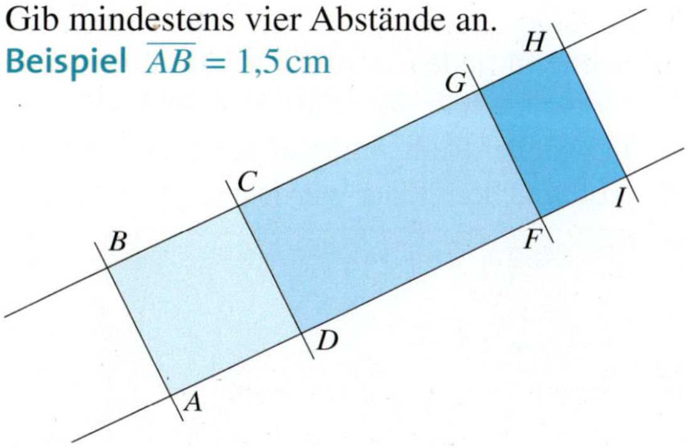

2 Miss jeweils den Abstand des Punktes von der Geraden g und ergänze die Tabelle im Heft.

Punkt	A	B	C	D	E
Abstand von g					

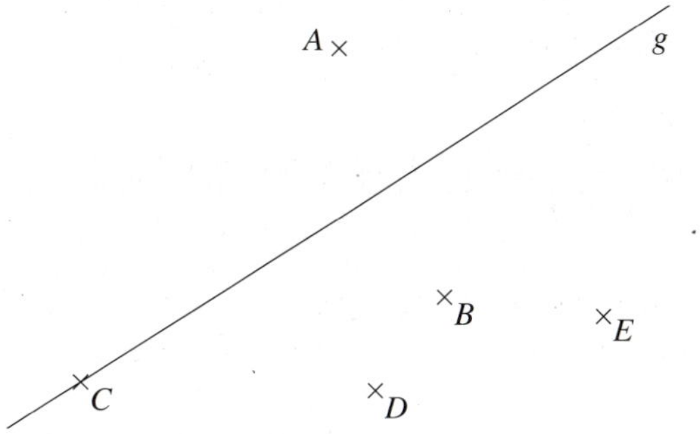

3 Zeichne jeweils eine Gerade g und eine Gerade h, die den angegebenen Abstand haben.

a) 2 cm
b) 5 cm
c) 1 cm
d) 2,5 cm
e) 3,5 cm
f) 4,1 cm

4 Jule und Andreas stehen jeweils mit einem Abstand von 3 m vor einer Mauer.

a) Fertige dazu eine Zeichnung an.
b) Haben sie dann auch einen Abstand von 6 m voneinander?
Begründe deine Antwort mithilfe deiner Zeichnung.

5 Zeichne zwei zueinander parallele Geraden mit dem Abstand von 4 cm.
Markiere den Punkt P, der genau in der Mitte zwischen beiden Geraden liegt.

NACHGEDACHT
Was gilt immer für den Abstand von zueinander parallelen Geraden?

Figuren im Koordinatensystem

Entdecken

1 Im Kino:

a) Suche für jede Eintrittskarte die Plätze auf dem Sitzplan.

b) Melanie erhält die grüne Eintrittskarte.
In welcher Reihe und auf welchem Platz wird sie sitzen?

c) Auf welchem Platz würdest du gern sitzen?

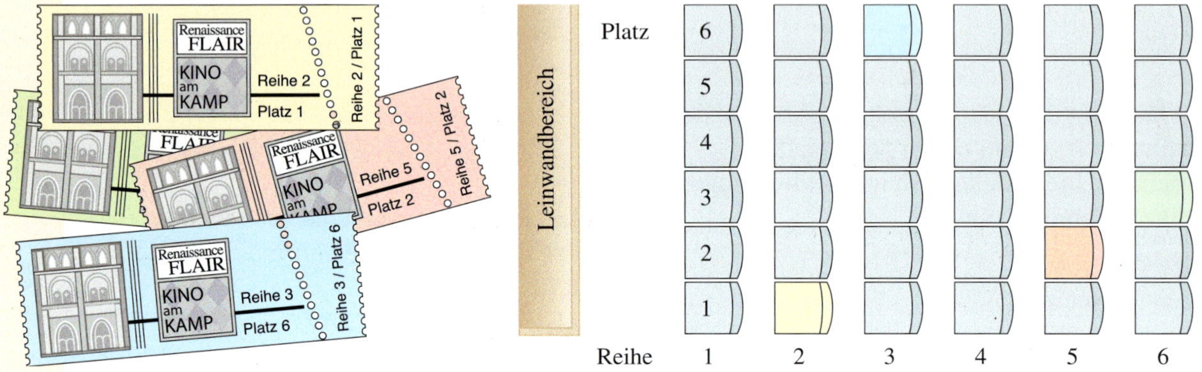

Verstehen

Nikola hat auf Karopapier den Buchstaben Z gezeichnet und beschreibt ihn Leonie am Telefon. Sie nennt ihr die Lage der Punkte: „Der Punkt A liegt bei 2 und 4, B bei 4 und 4, und C bei …"

Merke Punkte kann man in einem **Koordinatensystem** (Gitternetz) genau angeben.

Dazu zeichnet man zwei zueinander senkrechte Achsen:
Die waagerechte Achse heißt ***x*-Achse**.
Die senkrechte Achse heißt ***y*-Achse**.
Die x-Achse und die y-Achse treffen sich im **Nullpunkt**.

Beispiel 1

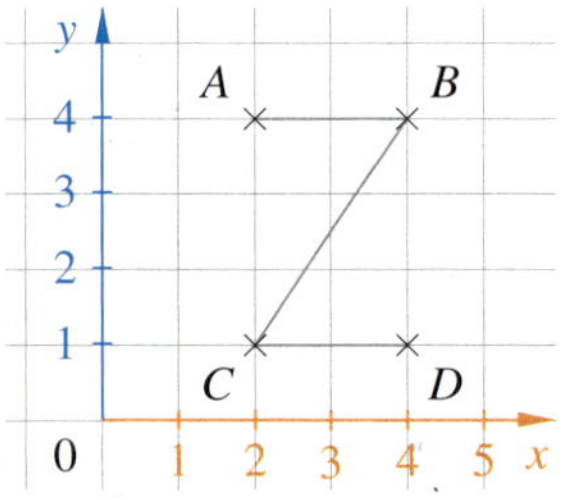

HINWEIS
Die x-Achse nennt man auch Rechtsachse. Die y-Achse nennt man auch Hochachse. Kannst du erklären, warum?

Merke Jeder Punkt im Koordinatensystem wird durch ein Zahlenpaar festgelegt.
Diese beiden Zahlen heißen **Koordinaten**.
Bei jedem Punkt wird zuerst die x-Koordinate und dann die y-Koordinate angegeben.

Beispiel 2

Der Punkt P hat die Koordinaten
$x = 7$ und $y = 5$
Man schreibt kurz: $P(7|5)$
Das bedeutet:
Gehe vom Nullpunkt $(0|0)$
7 Einheiten nach rechts und
5 Einheiten nach oben.

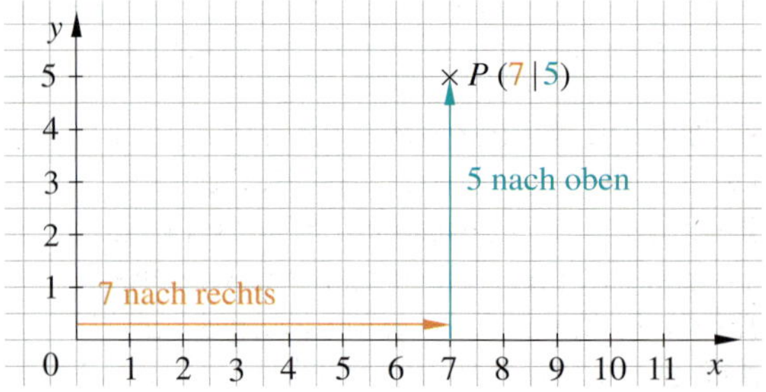

HINWEIS
*So kann man sich gut merken, welche Koordinate zuerst kommt:
Wie im Alphabet kommt x vor y.*

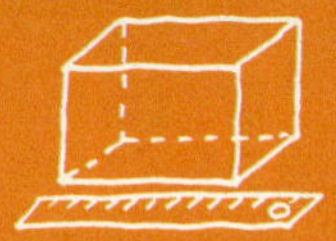

Üben und anwenden

1 Welcher Punkt hat diese Koordinaten?

a) (6|4) **b)** (6|2) **c)** (2|2)
d) (5|5) **e)** (11|3)

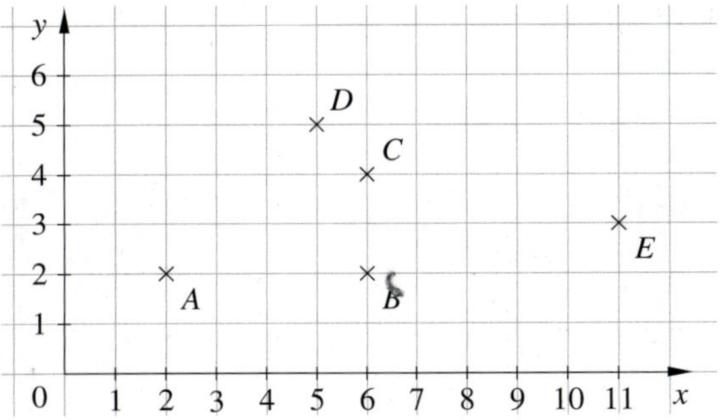

2 Welche Koordinaten haben die Punkte?

Beispiel $A(3|2)$

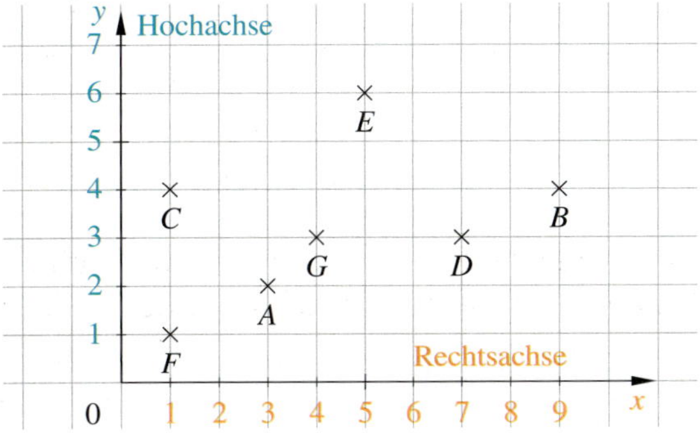

3 Schreibe die Koordinaten des Schiffs auf.

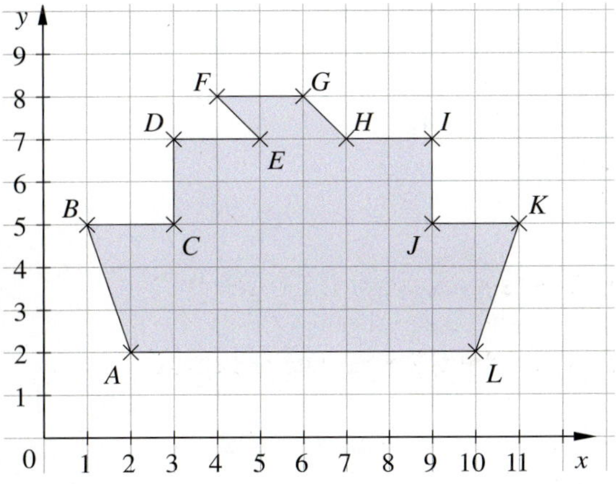

4 Zeichne die Punkte in ein Koordinatensystem und verbinde sie der Reihe nach. Zeichne die x-Achse von 0 bis 9 und die y-Achse von 0 bis 7. Wähle ein Kästchen für eine Längeneinheit. Was fällt dir auf?

$A(2|6)$ $B(4|4)$ $C(6|2)$ $D(7|1)$

1 Welcher Punkt hat diese Koordinaten?

a) (5|6) **b)** (2|3) **c)** (3|2)
d) (0|6) **e)** (9|0) **f)** (7|2)

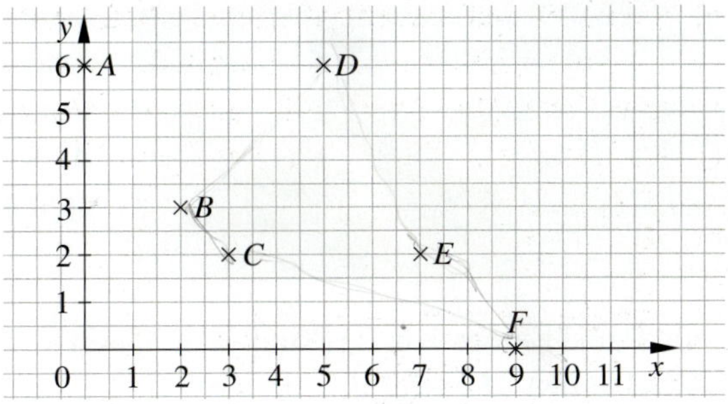

2 Welche Koordinaten haben die Punkte?

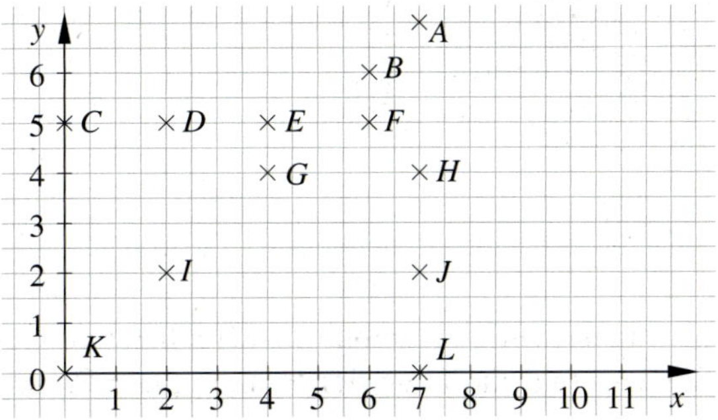

3 Dieses Bild soll ein Stern werden.

a) Übertrage die Zeichnung in dein Heft.

b) Ergänze die drei fehlenden Punkte A, B und C und gib die Koordinaten an.

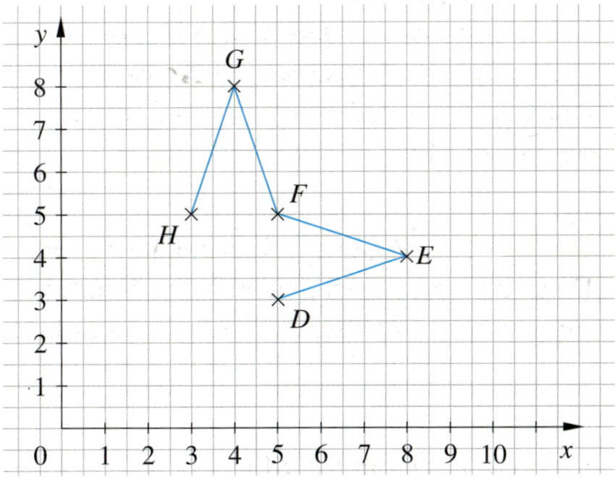

4 Zeichne ein Koordinatensystem. Zeichne aus folgenden Punkten ein Segelboot.

Boot: (6|0); (12|0); (15|2); (3|2)
Mast: (7|2); (7|10)
Segel: (7|9); (7|2); (13|4)

SCHON GEWUSST?
Solche Schilder geben die Lage von Hydranten an.

Informiere dich, wie man von diesem Schild aus den Wasseranschluss findet.

HINWEIS
Die Achsen werden in gleichmäßige Abstände eingeteilt.

Methode Kreise erkennen und zeichnen

Der Platzwart markiert den Mittelkreis des Fußballfeldes mithilfe eines Pflocks, einer Schnur und eines Kreidewagens.
Wenn er den Kreidewagen so um den Pflock bewegt, dass die Schnur gespannt bleibt, entsteht ein Kreis.

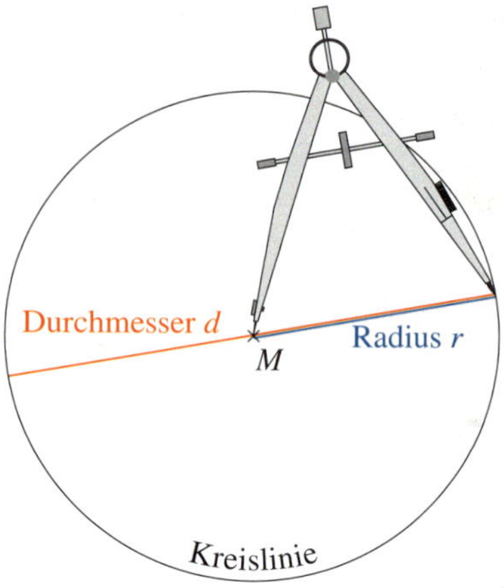

Alle Punkte eines Kreises sind gleich weit vom **Mittelpunkt *M*** entfernt.
Der **Radius *r*** ist die Strecke vom Mittelpunkt bis zur Kreislinie.
Der **Durchmesser *d*** ist doppelt so lang wie der Radius *r*.

Im Heft werden Kreise mit einem Zirkel gezeichnet.
So zeichnest du einen Kreis mit dem Radius von 4,5 cm:

① Markiere den Mittelpunkt *M* im Heft.

② Stelle am Zirkel den Radius ein.
Ein Geodreieck hilft dabei.

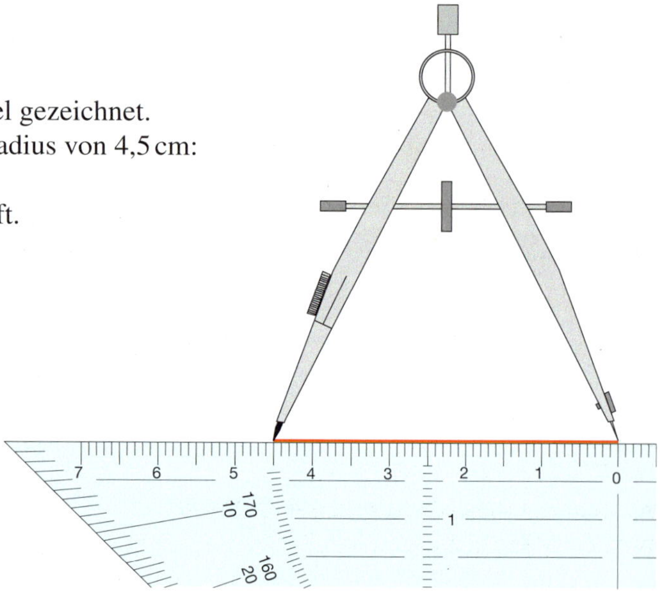

③ Stich im Mittelpunkt *M* die Metallspitze des Zirkels ein. Zeichne die Kreislinie, indem du den Zirkel am Zirkelgriff drehst.

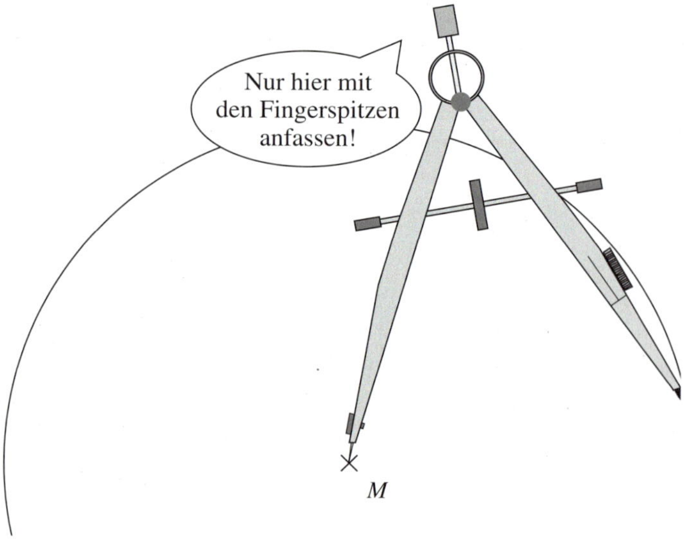

HINWEIS
Achte darauf, dass beim Zeichnen die Spitze des Zirkels nicht aus dem Mittelpunkt rutscht. Sorge dafür, dass die Zirkelmine immer spitz ist.

1 Wo siehst du Kreise auf deinem Schulweg? Sind es wirklich Kreise oder manchmal nur runde Formen?

2 Beschreibe die Kreise auf dem Bild.

3 Zeichne nur mit Kreisen ein ähnliches Muster und male es aus.

4 Zeichne mit dem Zirkel einen Kreis mit dem Radius von 5 cm.

5 Zeichne mit dem Zirkel einen Kreis, der den Durchmesser $d = 6\,\text{cm}$ hat.
Wie weit müssen Metallspitze und Bleistiftmine des Zirkels entfernt sein?

6 Welcher Kreis ist größer? Ein Kreis mit $r = 4\,\text{cm}$ oder ein Kreis mit $d = 7\,\text{cm}$?

7 Kreise in Kreisen
a) Miss die Radien aller Kreise.
b) Bestimme die Durchmesser aller Kreise.
c) Zeichne die Kreise ins Heft.

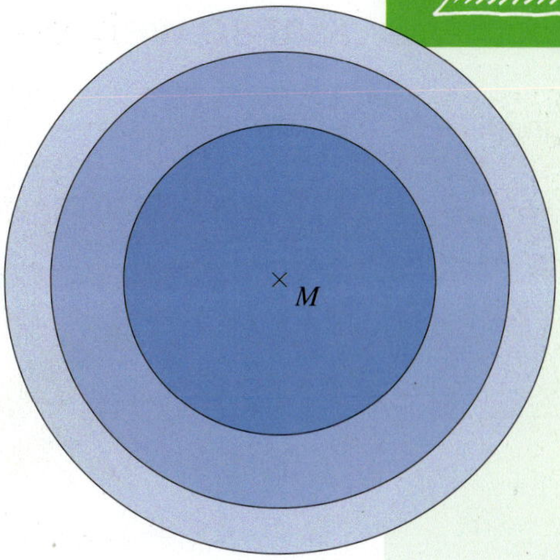

8 Was ist länger?
Begründe deine Antwort.
a) der Radius oder der Durchmesser eines Kreises
b) der Radius eines Kreises oder seine Kreislinie
c) der Durchmesser eines Kreises oder seine Kreislinie
d) der Durchmesser eines Kreises oder die halbe Kreislinie

NACHGEDACHT
Erkläre, wie die Kreise gezeichnet wurden.

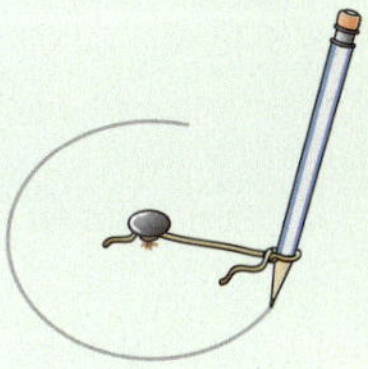

Kennst du weitere Hilfsmittel, mit denen man Kreise zeichnen kann?

9 Zeichne das Kreismuster in dein Heft. Überlege, wo die Mittelpunkte der Kreise liegen und wie groß die Radien sind.

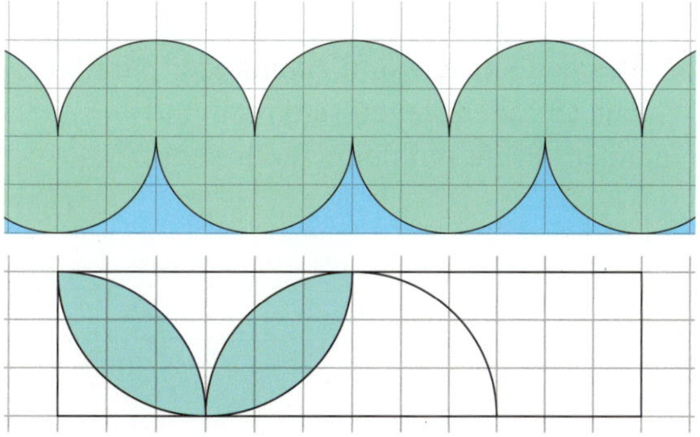

10 Zeichne die Kreismuster mit dem Zirkel in dein Heft. Beschreibe, wie du dabei vorgehst.

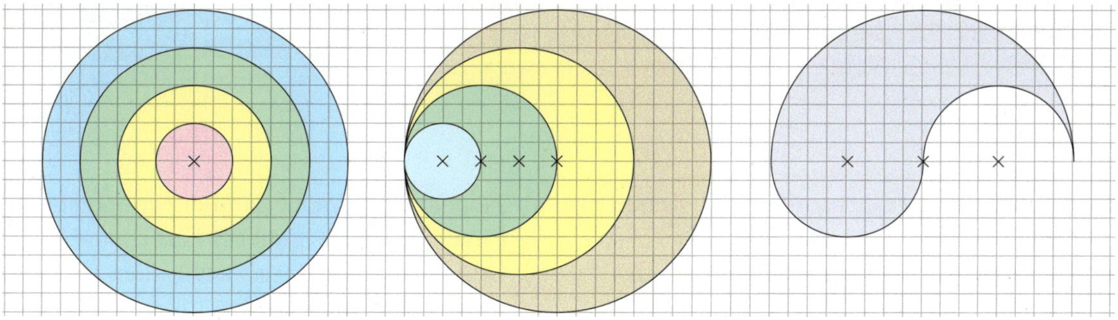

Klar so weit?

→ Seite 50

Gerade Linien

1 Welche der Linien sind Strecken? Welche Linien sind Strahlen? Welche Geraden?

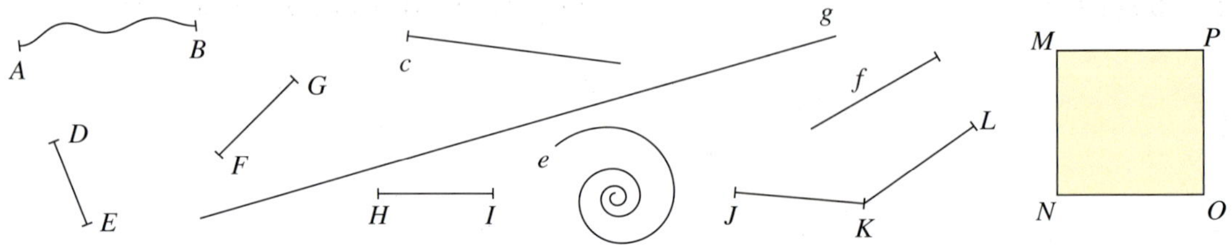

2 Übertrage die Punkte auf kariertes Papier.

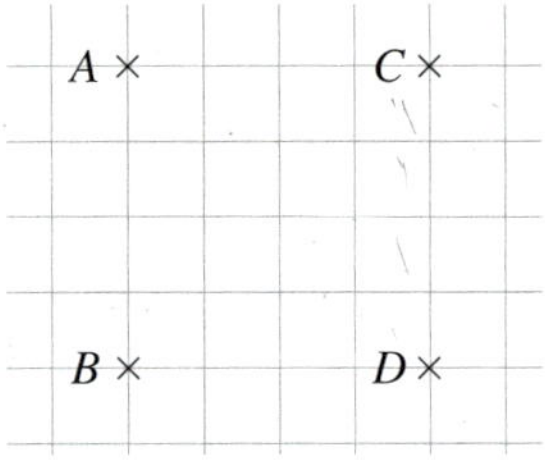

a) Verbinde die vier Punkte mit Geraden.
b) Wie viele Geraden sind entstanden?
c) Wie viele Strecken sind entstanden?

2 Übertrage die Punkte auf kariertes Papier.

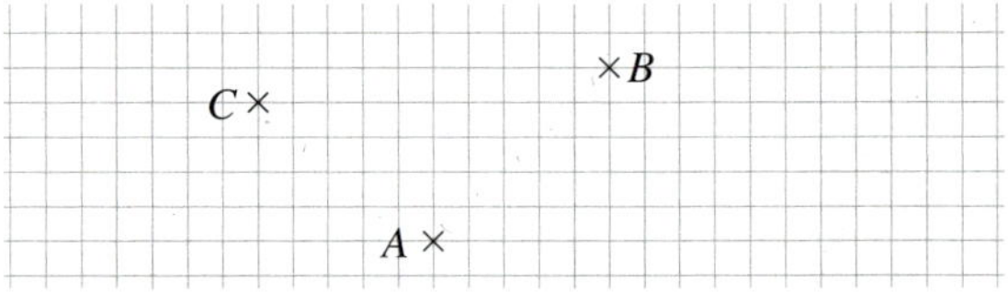

a) Zeichne Geraden durch die Punkte *A* und *B* sowie durch *B* und *C*.
b) Nenne alle Strecken in deiner Zeichnung.
c) Zeichne einen Strahl, ausgehend von *A*, durch den Punkt *C*.

→ Seite 52

Parallel und senkrecht

3 Welche Geraden sind zueinander parallel? Welche Geraden stehen senkrecht aufeinander? Prüfe mit dem Geodreieck.

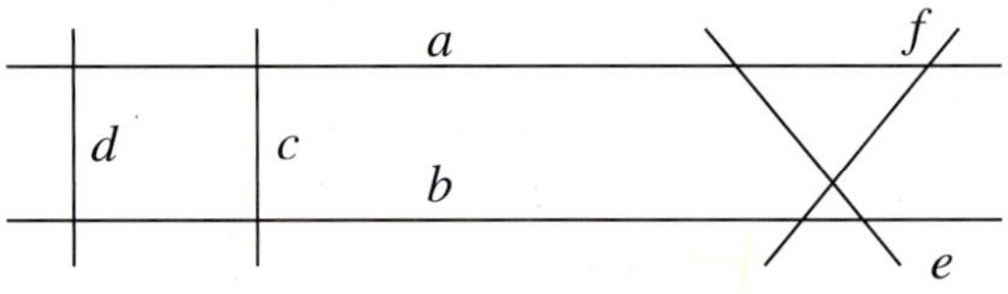

3 Welche Seiten der Figuren sind zueinander parallel, welche stehen senkrecht zueinander? Prüfe mit dem Geodreieck.

a)
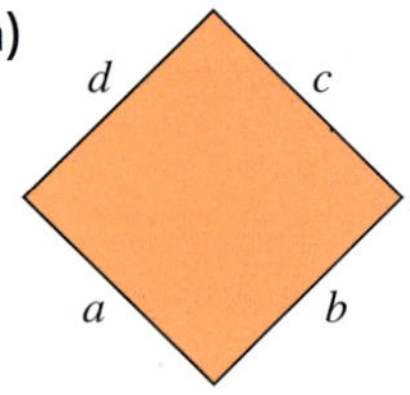

b)
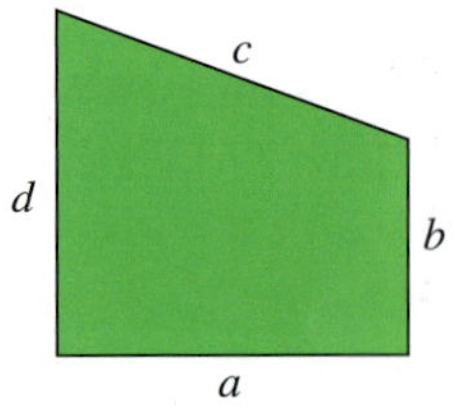

4 Zeichne das Muster vergrößert in dein Heft.

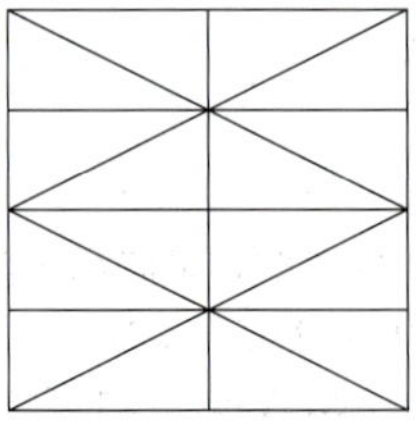

a) Zeichne zueinander parallel verlaufende Linien in jeweils gleicher Farbe nach.
b) Umkreise Punkte, wo zwei Linien senkrecht aufeinander treffen.

4 Zeichne das Muster vergrößert in dein Heft.

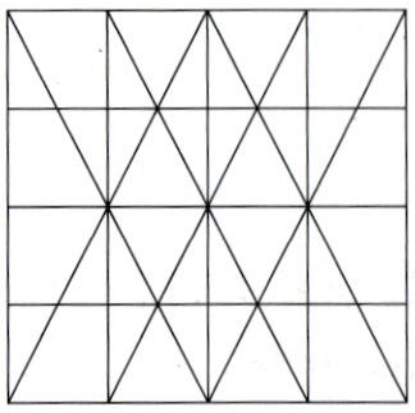

a) Zeichne zueinander parallel verlaufende Linien in jeweils gleicher Farbe nach.
b) Umkreise Punkte, wo zwei Linien senkrecht aufeinander treffen.

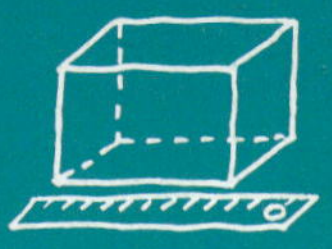

Abstände

→ Seite 56

5 Miss mit dem Geodreieck den Abstand der parallelen Geraden.

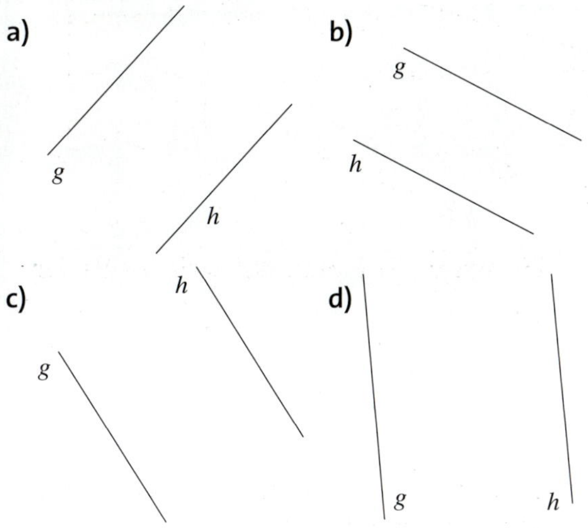

5 Welchen Abstand hat der Punkt von der Geraden? Miss mit dem Geodreieck.

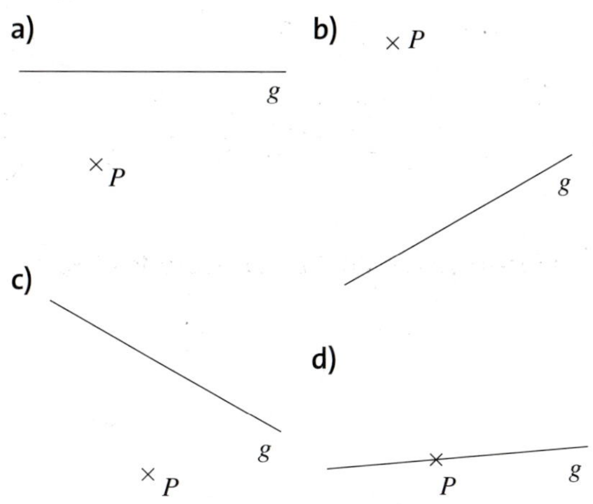

6 Zeichne eine Gerade g und einen Punkt P mit dem angegebenen Abstand zu g.

a) 3 cm **b)** 6 cm
c) 1 cm **d)** 8 cm

6 Zeichne jeweils zwei parallele Geraden g und h mit dem angegebenen Abstand.

a) 3 cm **b)** 10 cm
c) 5,5 cm **d)** 9,2 cm

Figuren im Koordinatensystem

→ Seite 58

7 Gib die Koordinaten der Punkte an.

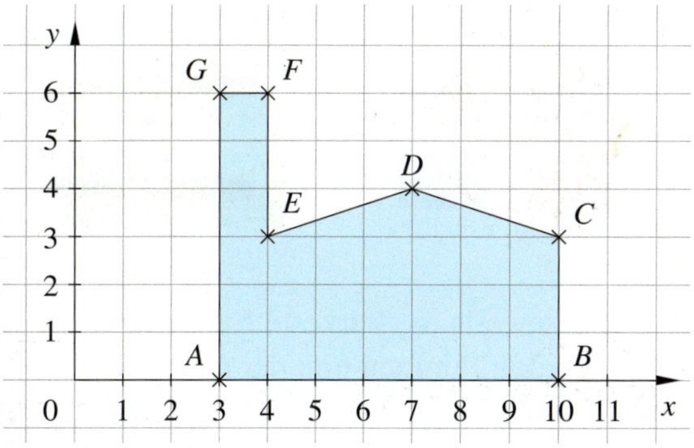

7 Gib die Koordinaten der Punkte an.

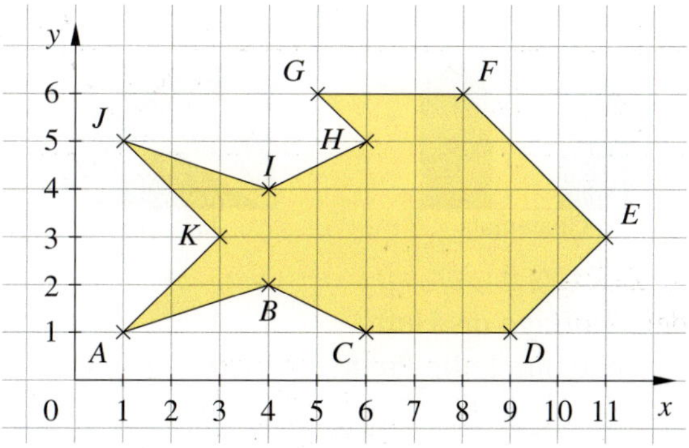

8 Zeichne ein Koordinatensystem mit zwei Kästchen für eine Längeneinheit:
x-Achse von 0 bis 9; y-Achse von 0 bis 8.

a) Trage die Punkte ein: $A(1|2)$; $B(1|6)$; $C(3|4)$; $D(6|1)$; $E(9|4)$; $F(6|7)$

b) Verbinde die Punkte in dieser Reihenfolge: $A-B-C-D-E-F-A$

8 Zeichne ein Koordinatensystem mit x- und y-Werten von 0 bis 6.

a) Beschreibe, wie man den Punkt $P(1|1)$ ins Koordinatensystem einträgt.

b) Trage die Punkte $Q(2|2)$; $R(3|3)$; $S(4|4)$ und $T(5|5)$ ein.

c) Was fällt dir auf?

Vermischte Übungen

1 Prüfe mit dem Geodreieck:
Welche Geraden sind parallel zueinander?
Welche stehen senkrecht aufeinander?

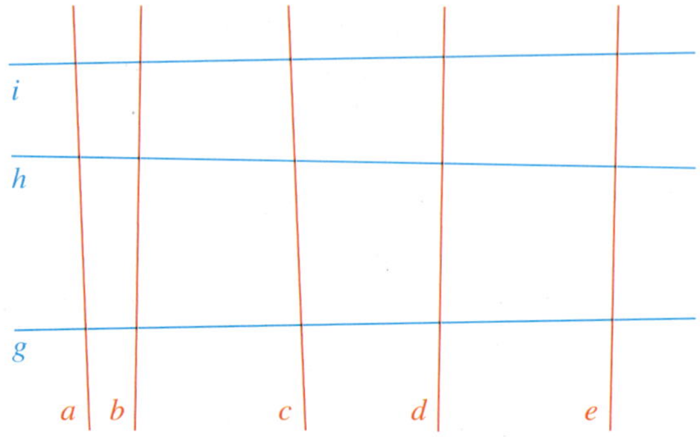

1 Prüfe, ob die Drähte des Maschendrahts an den Knickstellen annähernd senkrecht zueinander sind.

HINWEIS
Bei der Bezeichnung von Strecken werden die Buchstaben nach dem Alphabet geordnet.

2 Übertrage die Punkte in dein Heft.

a) Verbinde die Punkte miteinander.

b) Schreibe die Strecken wie im Beispiel auf.

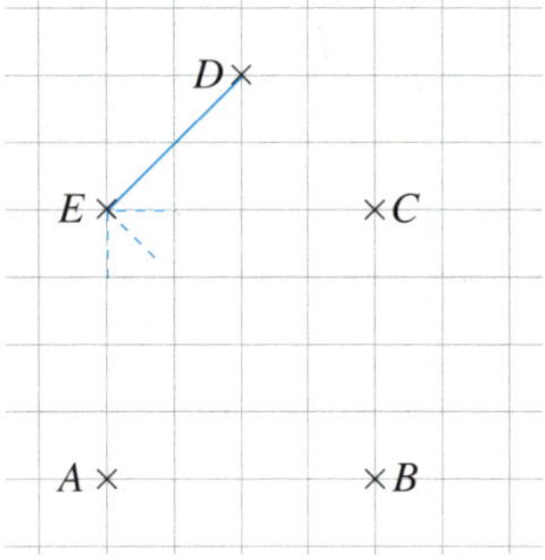

Beispiel $\overline{AB}$; $\overline{AE}$; …

2 Schreibe alle Strecken auf, die du in der Figur siehst.
Beispiel $\overline{AB}$; $\overline{AC}$; …

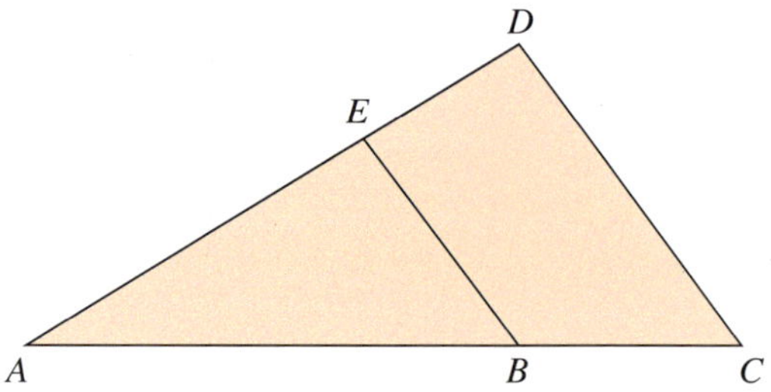

3 Zeige in jeder Flagge zueinander parallele und senkrechte Strecken.
Entwirf eine eigene Flagge mit parallelen und senkrechten Strecken.

Guatemala

Jamaika

Dominikan. Republik

Israel

4 Übertrage ins Heft.
Zeichne durch die Punkte A bis E jeweils Parallelen zur Geraden g.

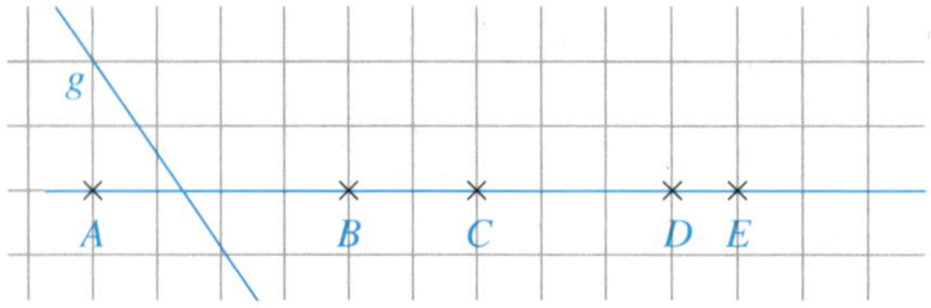

4 Finde jeweils die kürzeste Entfernung zwischen den Punkten und der Geraden g (der Geraden h).

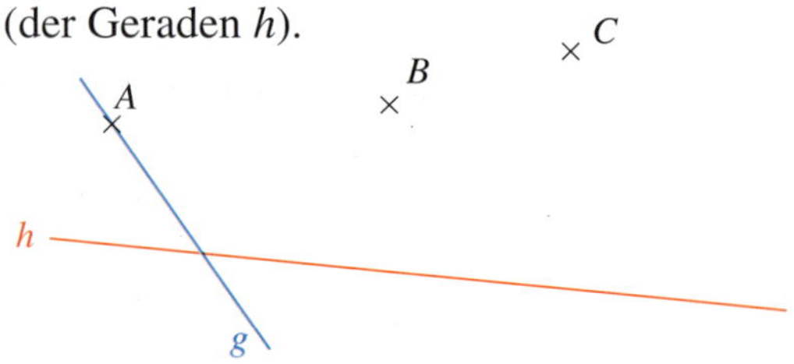

5 Ina zeichnet eine 7 cm lange Gerade.
Was stimmt hier nicht? Begründe.

5 Kannst du eine unendlich lange Strecke zeichnen? Begründe deine Antwort.

6 Zeichenübung

a) Zeichne eine Gerade g.

b) Zeichne eine zu g parallele Gerade h im Abstand von 3 cm.

c) Zeichne eine zu h parallele Gerade s.

d) Ist s dann auch parallel zu g?

e) Zeichne einen Punkt P im Abstand von 2 cm von der Geraden s.

7 Beim Schach: „Weißes Pferd auf E2"
Was ist damit gemeint?

Arbeitet zu zweit:
Nennt Gemeinsamkeiten und Unterschiede zwischen Schachbrett und Koordinatensystem.

8 Zeichne das Koordinatensystem mit dem Schiff in dein Heft.

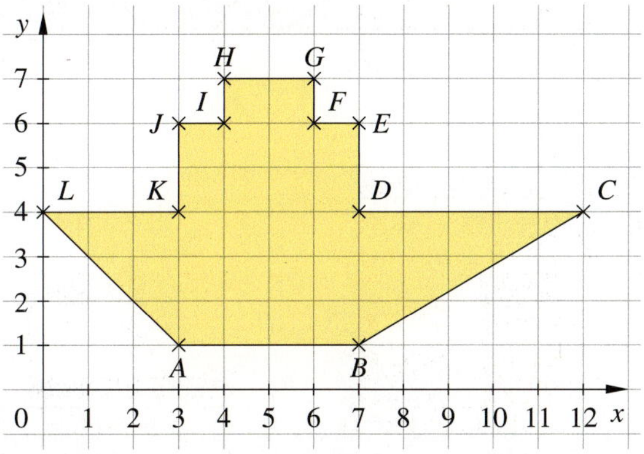

a) Gib die Koordinaten der Punkte an.

b) Wie groß ist der Abstand der Punkte von der x-Achse?

6 Zeichenübung

a) Zeichne eine Gerade g.

b) Zeichne eine zu g parallele Gerade h im Abstand von 3 cm.

c) Zeichne eine zu h senkrechte Gerade s.

d) Ist s dann auch senkrecht zu g?

e) Zeichne einen Punkt P im Abstand von 2 cm von der Geraden s.

7 Stadtplan von Düsseldorf

Auch Stadtpläne haben Gitternetze wie Koordinatensysteme.

Arbeitet zu zweit.
Nennt Gemeinsamkeiten und Unterschiede von Gitternetzen bei einem Stadtplan und einem Koordinatensystem.

8 Zeichne das Koordinatensystem und übertrage den Stern in dein Heft.

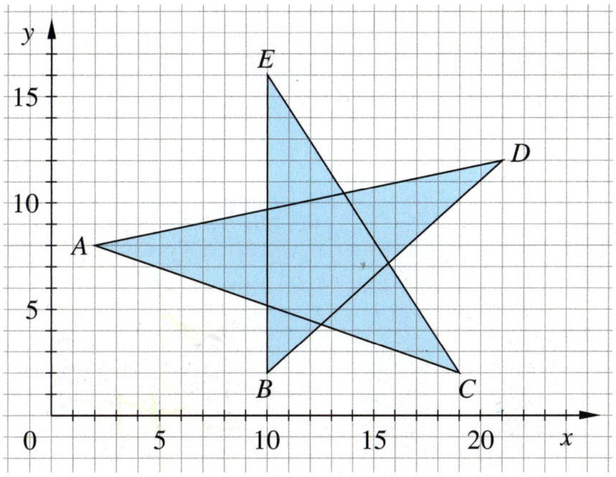

a) Gib die Koordinaten der Punkte A bis E an.

b) Wie groß ist der Abstand der Punkte von der x-Achse, wie groß von der y-Achse?

9 Welche Fehler wurden gemacht? Erkläre die Fehler deinen Mitschülern.

a)

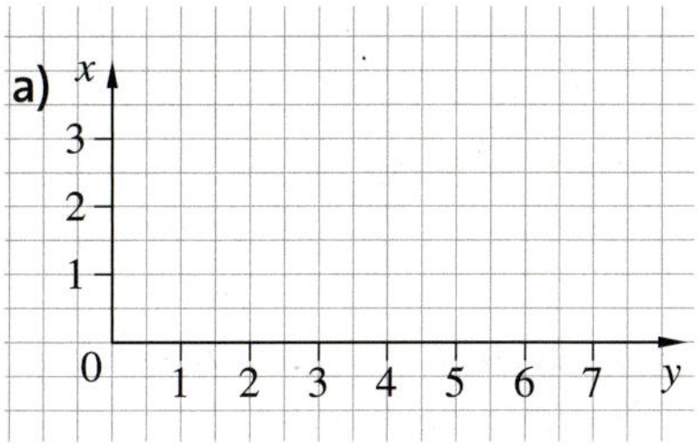

b)

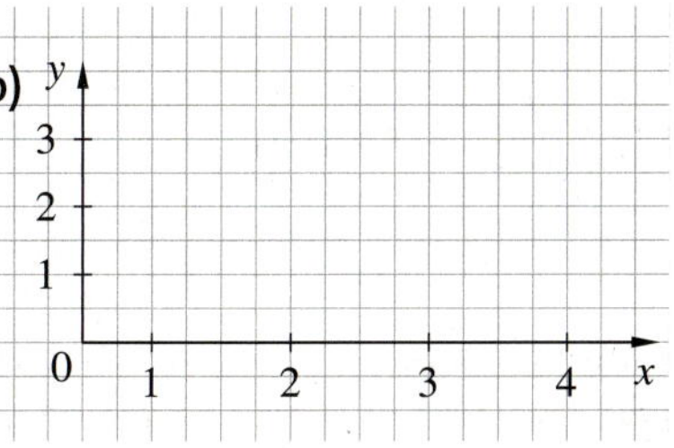

c)

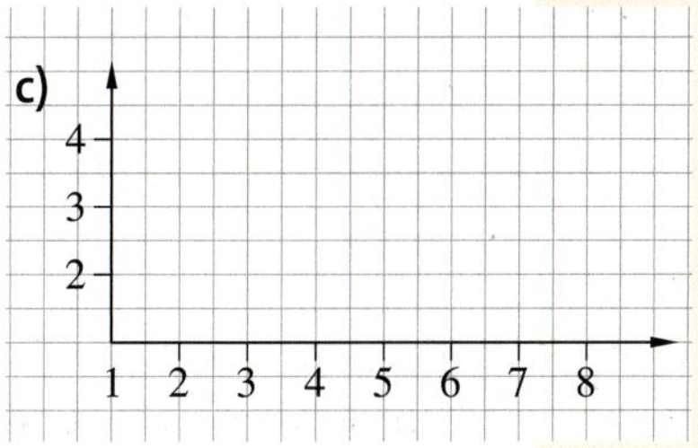

Checkliste
066-1

Teste dich!

(8 Punkte)

1 Welche Linien sind Strecken?
Welche Linien sind Strahlen,
welche sind Geraden?
Begründe deine Antwort.

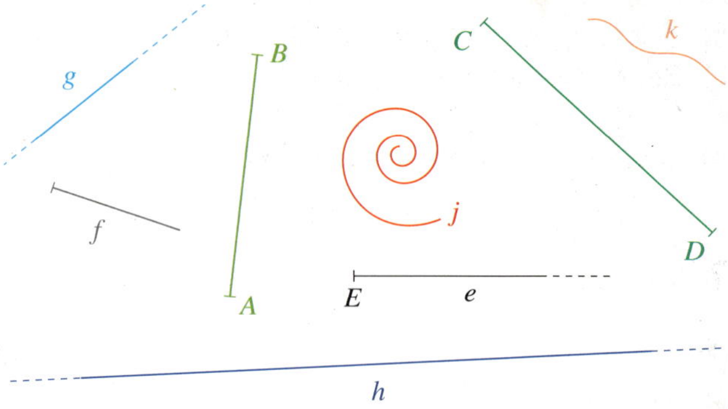

(6 Punkte)

2 Zeichne drei beliebige Punkte A, B, C ins Heft.

a) Zeichne die Strecke $\overline{AB}$ in rot.

b) Zeichne eine grüne Gerade durch B und C.

c) Zeichne eine schwarze Gerade parallel zur grünen Geraden im Abstand von 2 cm.

(8 Punkte)

3 Prüfe im Bild rechts mit dem Geodreieck nach, ob folgende Aussagen wahr oder falsch sind.

a) $a \perp g$ b) $d \parallel a$

c) $b \parallel g$ d) $e \perp d$

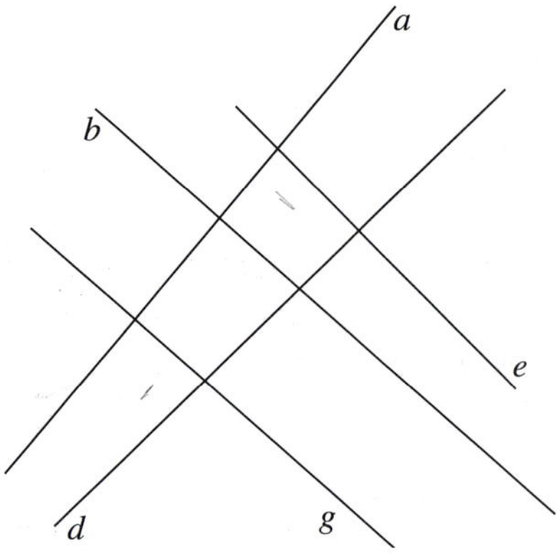

(6 Punkte)

4 Parallele und senkrechte Geraden
Welche Geraden sind zueinander parallel? Schreibe z. B. $a \parallel b$.
Welche Geraden sind zueinander senkrecht? Schreibe z. B. $a \perp d$.

a)

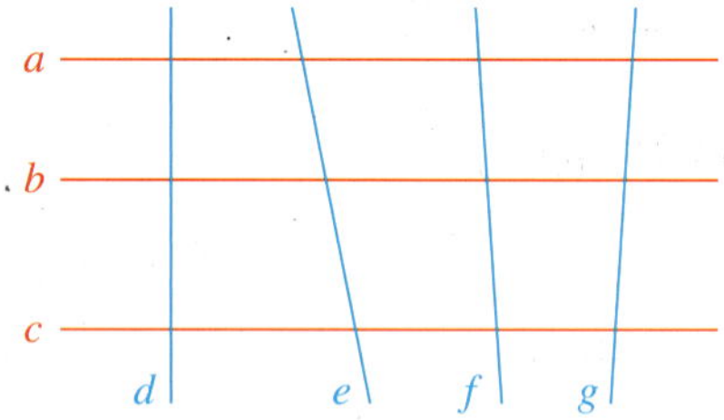

b)

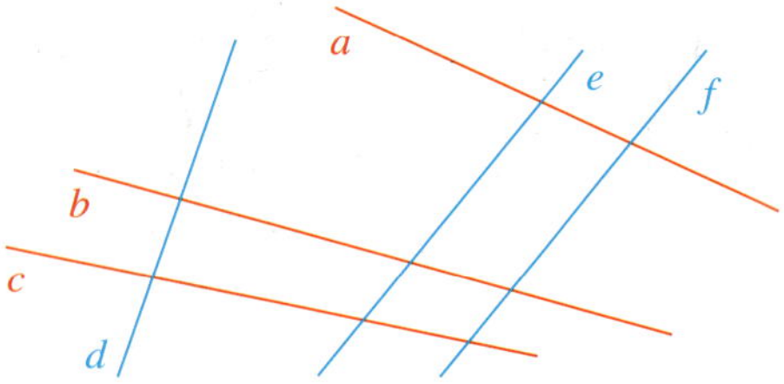

(12 Punkte)

5 Gib die Koordinaten der Punkte an.

a)

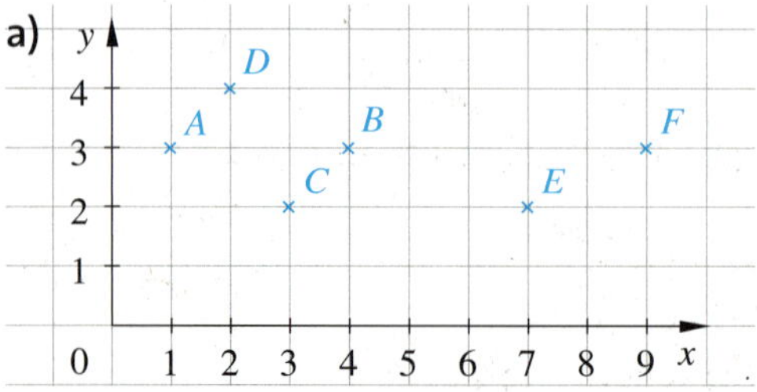

b)

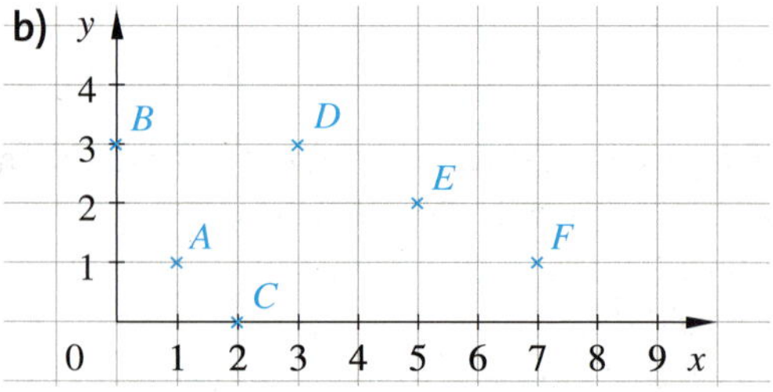

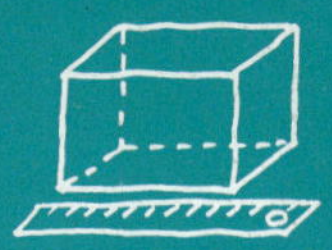

6 Übertrage das Muster in dein Heft. *(10 Punkte)*
- **a)** Zeichne parallel verlaufende Linien in jeweils gleicher Farbe nach.
- **b)** Umkreise Punkte, in denen zwei Linien senkrecht aufeinander stehen.

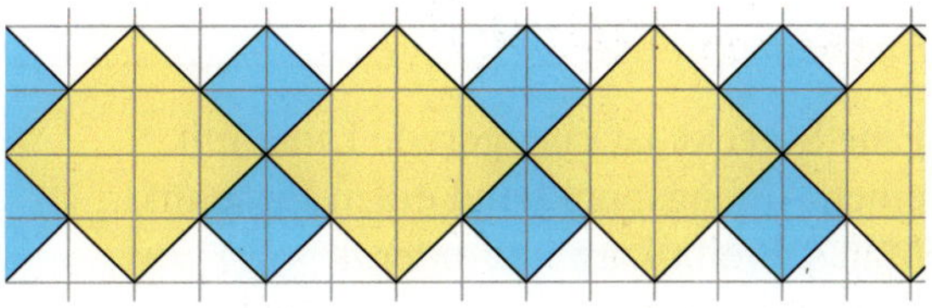

7 Miss die Abstände. *(12 Punkte)*

a)

b)

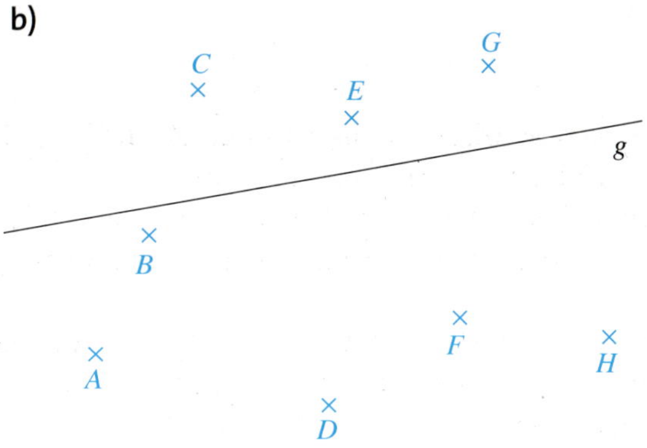

8 Übertrage das Koordinatensystem und den Hubschrauber in dein Heft. Gib die Koordinaten der Punkte an. *(14 Punkte)*

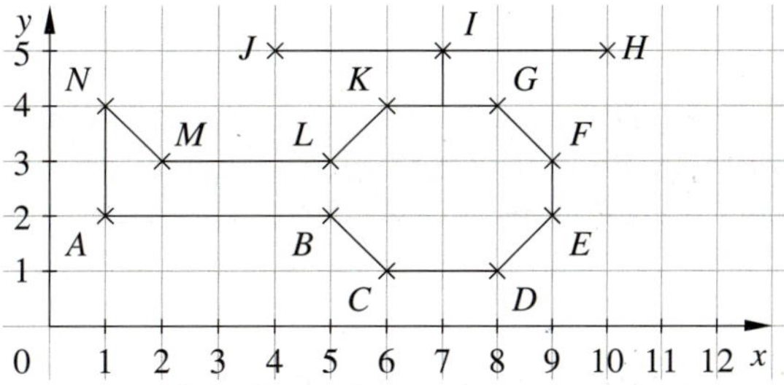

9 Zeichne ein Koordinatensystem und trage die Punkte ein. *(7 Punkte)*
Verbinde die Punkte in der angegebenen Reihenfolge. Ergibt sich ein Muster?
$A(4|1)$; $B(7|5)$; $C(6|7)$; $D(4|5)$; $E(2|7)$; $F(1|5)$. Verbinde F mit A.

10 Übertrage die Figur in derselben Größe auf Papier ohne Kästchen. *(5 Punkte)*

11 Zeichne in ein Koordinatensystem die Punkte $A(2|1)$; $B(6|1)$; $C(8|4)$ und $D(4|4)$. *(12 Punkte)*
Bestimme die Abstände zwischen …

- **a)** D und C
- **b)** D und B
- **c)** D und $\overline{AB}$
- **d)** D und $\overline{AD}$
- **e)** D und der x-Achse
- **f)** D und der y-Achse

Gold: 94–100 Punkte, Silber: 77–93 Punkte, Bronze: 60–76 Punkte

Zusammenfassung

→ Seite 50

Gerade Linien

Eine **Strecke** ist eine gerade Linie mit einen Anfangspunkt und einen Endpunkt.
Man schreibt kurz: $\overline{AB}$ oder a

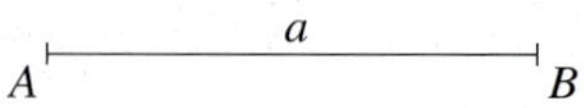

Ein **Strahl** (Halbgerade) ist eine gerade Linie, die einen Anfangspunkt hat, aber keinen Endpunkt.
Man schreibt kurz: s

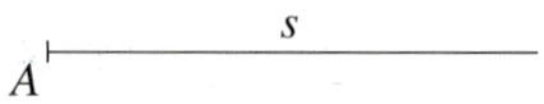

Eine **Gerade** ist eine gerade Linie ohne Anfangspunkt und ohne Endpunkt.
Sie ist unendlich lang.
Man schreibt kurz: g

→ Seite 52

Parallel und senkrecht

Geraden können **parallel** zueinander verlaufen.
Der Abstand der Geraden bleibt immer gleich.
Man schreibt kurz: $s \parallel t$

Geraden können **senkrecht** zueinander stehen.
Sie stehen im rechten Winkel aufeinander.
Man schreibt kurz: $g \perp h$

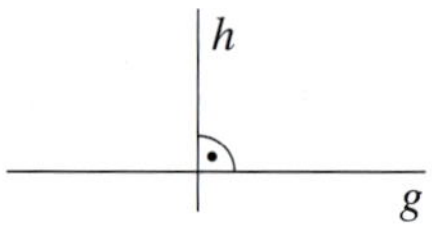

→ Seite 56

Abstand

Der **Abstand** eines Punktes zu einer Geraden kann mit dem Geodreieck gemessen werden:

Man zeichnet durch den Punkt die Senkrechte zur Geraden und misst die Länge der Strecke.

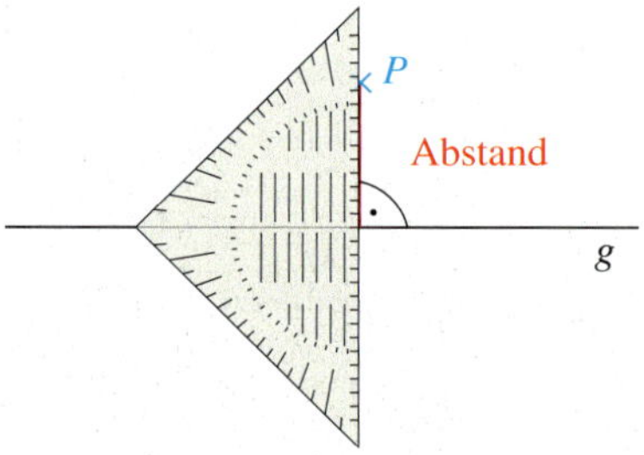

→ Seite 58

Figuren im Koordinatensystem

Im **Koordinatensystem** kann man die Lage von Punkten mithilfe der x-Achse und der y-Achse genau angeben.

Jeder Punkt wird durch zwei **Koordinaten** bestimmt:
der x-Koordinate und der y-Koordinate.
Man schreibt kurz: $P(4|6)$
allgemein: $P(x|y)$

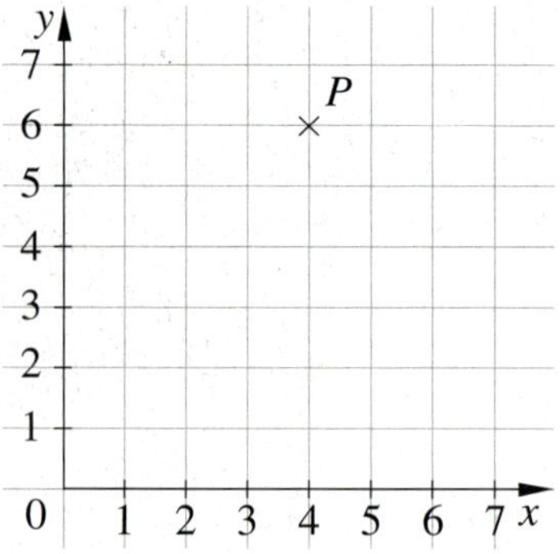

Natürliche Zahlen addieren und subtrahieren

Ein Zug fährt von Frankfurt am Main nach Düsseldorf.
Bei der Abfahrt in Frankfurt a. M. befinden sich 457 Personen im Zug.
In Bonn steigen 87 Reisende zu und 23 aus.
Wie viele Personen befinden sich jetzt im Zug?

Noch fit?

Einstieg

1 Grundaufgaben
Addiere im Kopf.

a) 12 + 3 b) 15 + 4
c) 22 + 16 d) 54 + 25
e) 63 + 7 f) 5 + 28

2 Grundaufgaben
Subtrahiere im Kopf.

a) 27 – 3 b) 34 – 12
c) 69 – 9 d) 77 – 37
e) 28 – 9 f) 55 – 17

3 Größer oder kleiner?
Welche Zahl ist größer?

a) 71 oder 17 b) 301 oder 130
c) 613 oder 691 d) 99 oder 999
e) 6567 oder 6657 f) 7009 oder 907

4 Zahlen ordnen
Ordne die natürlichen Zahlen der Größe nach. Beginne mit der kleinsten.

a) 333; 7777; 733; 337; 33
b) 45; 6; 78; 17; 177; 878
c) 8004; 804; 4008; 48; 8044; 88; 40008

5 Natürliche Zahlen am Zahlenstrahl
Welche Zahlen sind hier markiert?

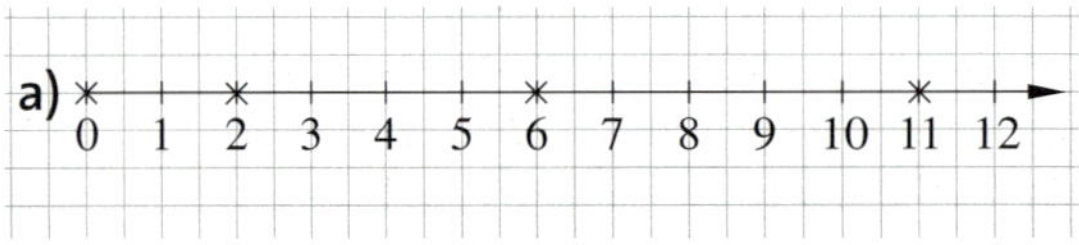

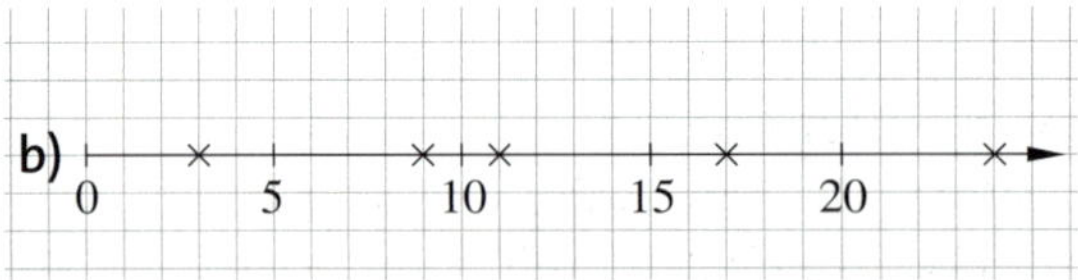

6 Nachbarzahlen
Übertrage und ergänze die Tabelle im Heft.

Vorgänger	Zahl	Nachfolger
36	37	38
	106	
	889	
	150	
	9999	

Aufstieg

1 Grundaufgaben
Addiere im Kopf.

a) 20 + 4 b) 100 + 120
c) 85 + 14 d) 42 + 38
e) 37 + 9 f) 145 + 16

2 Grundaufgaben
Subtrahiere im Kopf.

a) 44 – 3 b) 96 – 25
c) 60 – 9 d) 25 – 8
e) 58 – 25 f) 470 – 35

3 Größer oder kleiner?
Setze im Heft zwischen die Zahlen das richtige Zeichen (> oder <).

a) 78 ▒ 87 b) 1001 ▒ 998
c) 1212 ▒ 1238 d) 12992 ▒ 12929

4 Zahlen ordnen
Ordne die natürlichen Zahlen der Größe nach. Beginne mit der kleinsten.

a) 40; 404; 4000; 440; 444; 4004
b) 3008; 808; 8000; 484; 848; 48
c) 55698; 55789; 54798; 5589; 57000

5 Natürliche Zahlen am Zahlenstrahl
Welche Zahlen sind hier markiert?

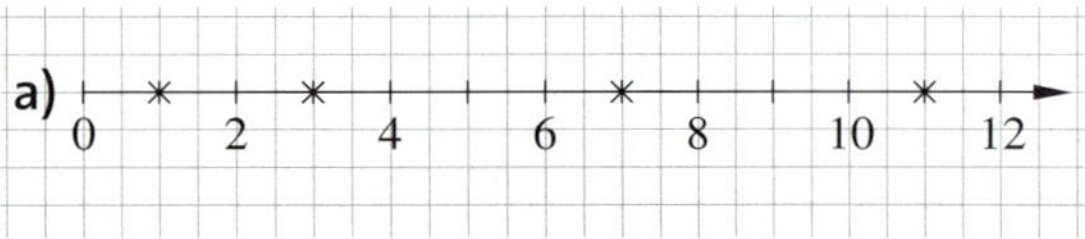

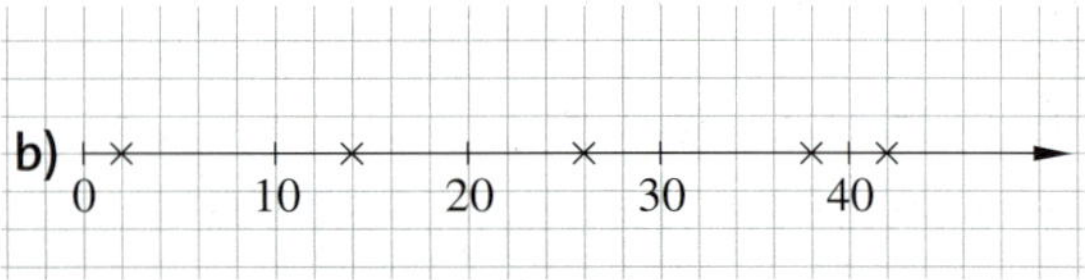

6 Nachbarzahlen
Nenne zu den Zahlen jeweils die vorangehende Zahl (Vorgänger) und die nachfolgende Zahl (Nachfolger).

a) 15 b) 88
c) 450 d) 6432
e) 1000 f) 0
g) 9999999 h) 100000000

7 Stellenwert von Zahlen

Wie heißt die unterstrichene Stelle?

Beispiel $5\underline{4}3\,856$: Zehntausender

a) $\underline{1}\,623$

b) $6\underline{5}4\,279$

c) $\underline{9}33\,585$

d) $\underline{8}\,545\,003$

8 Zahlen runden

Runde die Höhenangaben auf Zehner und ordne sie der Größe nach.

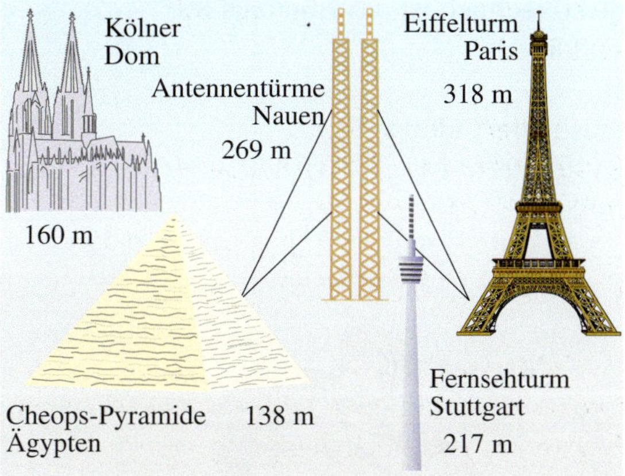

9 Stellenwerttafel

Milliarden			Millionen			Tausend					
H	Z	E	H	Z	E	H	Z	E	H	Z	E
2	4	6	8	0	1	3	5	7	9	5	3

Trage die Zahlen in eine Stellenwerttafel ein.

a) 22 111

b) 555 333

c) 99 613 777

d) 210 460 603

e) 5 Millionen

10 Weiterzählen

Schreibe die Zahlenreihen in dein Heft.

a) 620; 630; 640; … (bis 700)

b) 2350; 2360; 2370; … (bis 2420)

c) 303; 404; 505; … (bis 1111)

11 Aufgaben mit Lücken

Übertrage und ergänze im Heft.

a) 500 + _______ = 800

b) 620 + _______ = 800

c) 205 + _______ = 800

d) 645 + _______ = 800

7 Stellenwert von Zahlen

Wie heißt der Stellenwert der unterstrichenen Stelle?

Beispiel $173\,\underline{8}54$: 8 Hunderter, also 800

a) $6\underline{5}4\,279$

b) $70\,08\underline{4}\,621$

c) $3\underline{1}\,195\,704$

8 Zahlen runden

Runde die Höhenangaben sinnvoll und ordne sie der Größe nach.

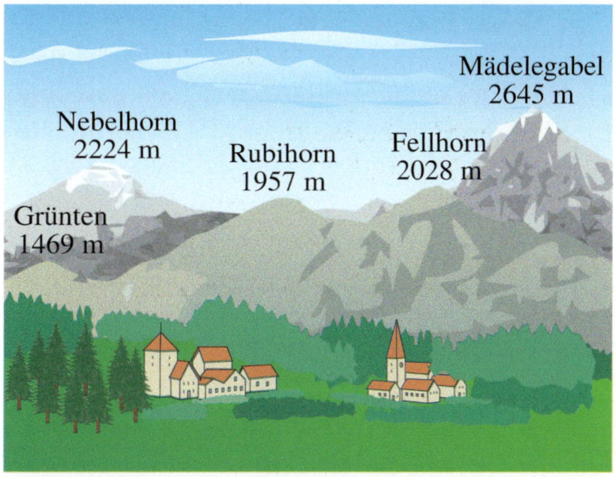

9 Stellenwerttafel

Trage die Zahlen in eine Stellenwerttafel ein.

a) 3 469 264

b) 786 513

c) 45 965 811

d) 180 462 786

e) 3 Milliarden 400 Tausend

10 Weiterzählen

Schreibe die Zahlenreihen in dein Heft.

a) 644; 646; 648; … (bis 666)

b) 515; 510; 505; … (bis 485)

c) 44; 45; 47; 50; 54; … (bis 110)

11 Aufgaben mit Lücken

Übertrage und ergänze im Heft.

a) 330 + _______ = 800

b) 625 + _______ = 800

c) 725 + _______ = 800

d) 623 + _______ = 800

Im Kopf addieren

Entdecken

1 Addieren am Zahlenstrahl

a) Welche Additionsaufgabe ist hier am Zahlenstrahl dargestellt?

b) Zeichne die Aufgaben jeweils an einem Zahlenstrahl in dein Heft.
① 6 + 2 ② 9 + 3 ③ 5 + 6

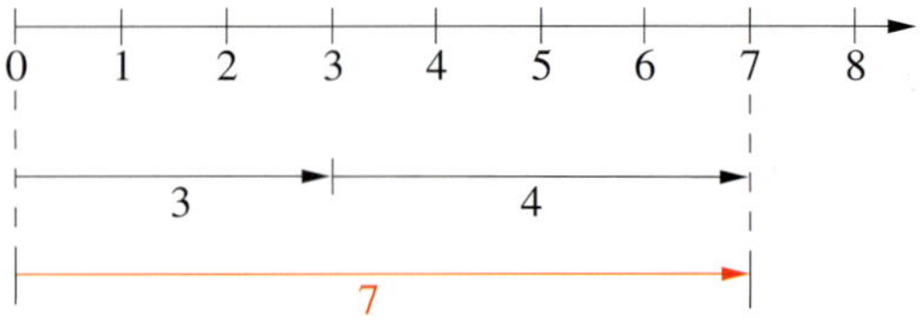

2 Lisa hat im Kopf addiert.

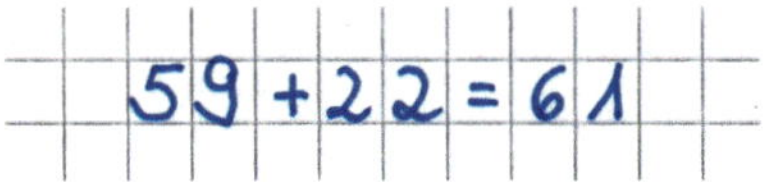

Tom meint: „Das kann doch nicht stimmen. Wenn man 60 + 20 rechnet, ist das Ergebnis 80. Da ist 61 viel zu klein.“

a) Hat Tom recht? Erkläre, wie Tom gerechnet hat.

b) Sind die Ergebnisse richtig? Überprüfe sie genauso wie Tom.
① 78 + 13 = 111 ② 49 + 99 = 148 ③ 49 + 99 = 147 ④ 870 + 316 = 11 806

Verstehen

Leon nimmt an den Bundesjugendspielen teil.
Weitsprung: 46 Punkte
50-m-Lauf: 33 Punkte
Um die Gesamtzahl der Punkte zu berechnen, müssen die beiden Zahlen addiert werden.

Merke **Addieren** bedeutet auch zusammenzählen, hinzufügen oder vermehren um …

46	+	33	=	79
	plus			**Summe** (Ergebnis der Addition)

Beispiel 1
Wie viele Punkte hat Leon bekommen?
Er rechnet: 46 + 33 = 79
Leon hat 79 Punkte erreicht.

Leon hat im Weitwurf 43 Punkte bekommen.
Er überlegt: „Zusammen mit meinen 79 Punkten sind das ungefähr …“
Er überschlägt seine Punktzahl schnell im Kopf.

HINWEIS
Wie man Zahlen rundet, kannst du auf S. 34 nachlesen.

Merke Das Rechnen mit gerundeten Zahlen nennt man **Überschlagsrechnung**.

Das Zeichen ≈ bedeutet:
… ist etwa, ungefähr so viel wie …

Beispiel 2
79 + 43
Leon überschlägt seine Punktzahl:
Er rundet: 79 ≈ 80 und 43 ≈ 40
Dann addiert er: 80 + 40 = 120
Er hat ungefähr 120 Punkte.

Mithilfe der Überschlagsrechnung kann man schnell abschätzen, in welchem Bereich das Ergebnis liegt. Oder man kann die eigene Rechnung überprüfen.

Üben und anwenden

1 Welche Additionsaufgabe ist hier am Zahlenstrahl dargestellt?

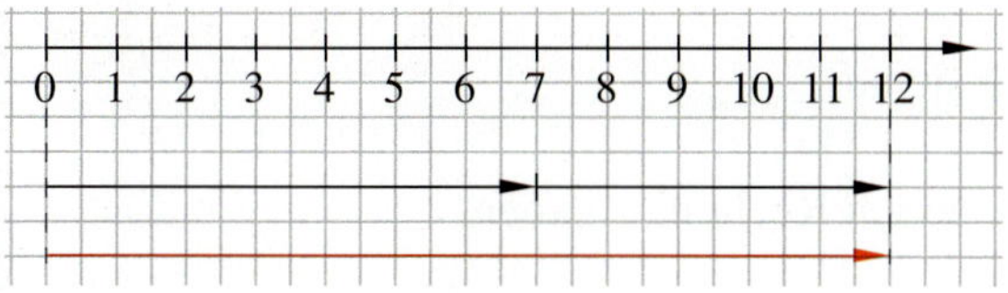

2 Stelle die folgenden Aufgaben jeweils an einem Zahlenstrahl in deinem Heft dar.

a) 6 + 8 **b)** 7 + 5 **c)** 3 + 9 **d)** 11 + 5

3 Verschiedene Rechenwege

a) Erkläre die beiden Rechenwege.

Johanna rechnet so:

$48 + 33 = \underbrace{40 + 30}_{} + \underbrace{8 + 3}_{}$

$= 70 + 11$

$= 81$

Julian rechnet so:

$48 + 33 = \underbrace{48 + 30}_{} + 3$

$= 78 + 3$

$= 81$

b) Rechne wie Johanna oder Julian.

① 57 + 25 ② 66 + 19 ③ 98 + 103

4 Überschlage die Summen.
Berechne dann die genauen Ergebnisse.

a) Runde dabei auf Zehner.

Beispiel 14 + 37 ≈ 10 + 40 = 50

59 + 13 26 + 44
96 + 78 228 + 115

b) Runde dabei auf Hunderter.

Beispiel 583 + 314 ≈ 600 + 300 = 900

110 + 280 198 + 303
761 + 101 4539 + 3610

5 Berechne.

a) 13 + 14 **b)** 52 + 27
c) 18 + 17 **d)** 47 + 126
e) 218 + 365 **f)** 631 + 273

6 Schreibe als Rechenaufgaben und löse sie.

a) Addiere die Zahlen 51 und 169.
b) Berechne die Summe von 32 und 45.
c) Zähle die Zahlen 39 und 49 zusammen.
d) Bilde die Summe der Zahlen 1; 2; 3 und 4.

1 Schreibe die Aufgaben in dein Heft und rechne im Kopf.

Beispiel 38 $\xrightarrow{+14}$ 52

a) 27 $\xrightarrow{+16}$ ☐ **b)** 48 $\xrightarrow{+19}$ ☐
c) 31 $\xrightarrow{+80}$ ☐ **d)** 65 $\xrightarrow{+72}$ ☐

2 Ergänze die Tabellen im Heft.

$\xrightarrow{+8}$	
44	
52	
60	

$\xrightarrow{+14}$	
20	
44	
89	

3 Schreibe die Aufgaben ins Heft.
Rechne im Kopf wie im Beispiel.

Beispiel 38 + 14 = 38 + 10 + 4 = 48 + 4 = 52

a) 26 + 16
b) 77 + 34
c) 55 + 45
d) 31 + 80
e) 65 + 72
f) 87 + 79
g) 157 + 19
h) 127 + 95

4 Überschlage die Summen.
Berechne dann die genauen Ergebnisse.

a) Runde beim Überschlag auf Zehner.

67 + 42 88 + 107
156 + 71 131 + 27
237 + 145 734 + 321

b) Runde beim Überschlag auf Hunderter.

711 + 288 645 + 823
377 + 522 1524 + 213
119 + 418 815 + 2231

NACHGEDACHT
Überschlage und berechne.
An welcher Stelle rundest du beim Überschlag?
7819 + 556
666 + 37

5 Berechne.

a) 65 + 33 **b)** 71 + 28
c) 35 + 16 **d)** 438 + 103
e) 1087 + 66 **f)** 402 + 8527

6 Schreibe als Rechenaufgaben und löse sie.

a) Addiere die Zahlen 7; 19 und 64.
b) Berechne die Summe von 18 und 77.
c) Vermehre 8 um 22.
d) Bilde die Summe der Zahlen 1 bis 10.

Im Kopf subtrahieren

Entdecken

1 Zahlenmauern

a) Übertrage die Zahlenmauern ins Heft und fülle sie aus.

b) Was ist der Unterschied zwischen den ersten beiden Mauern und den letzten beiden Mauern?

c) Schreibe zu den Zahlenmauern jeweils die passenden Rechenaufgaben.

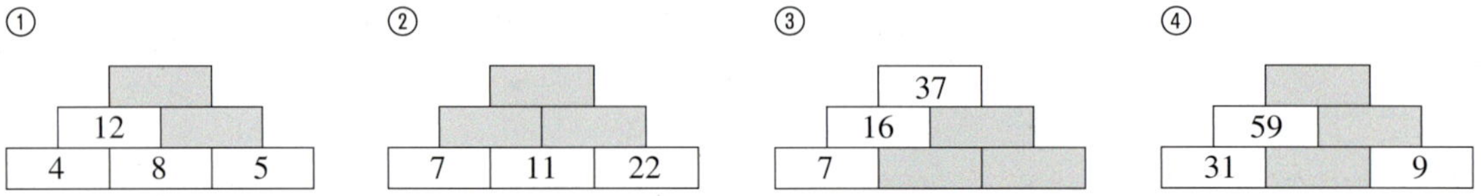

2 Übertrage die mathematischen Begriffe auf ein Blatt Papier und schneide sie aus. Ordne die Begriffe in deinem Merkheft den beiden Rechenaufgaben zu: 5 + 7 = 12 und 97 – 5 = 92.

Addition | Differenz | plus | Summe | addieren | minus | subtrahieren | Subtraktion

HINWEIS
Bei Zahlenmauern steht das Ergebnis der Addition im Stein über den beiden Zahlen.

HINWEIS
074-1
Unter dem Webcode findest du die Kästen zum Ausdrucken.

Verstehen

Vivian möchte eine Ehrenurkunde erreichen.
Bislang hat sie schon 56 Punkte bekommen.
Wie viele Punkte fehlen ihr noch für eine Ehrenurkunde?

Dazu müssen die beiden Zahlen subtrahiert werden.

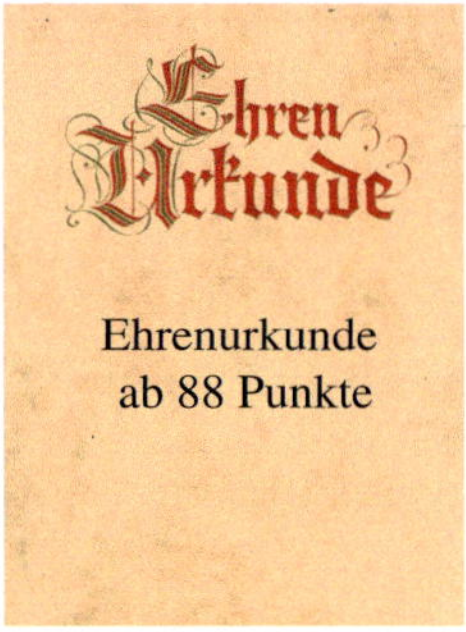

Merke **Subtrahieren** bedeutet auch abziehen, den Unterschied berechnen oder vermindern um …

88	–	56	=	32
	minus			**Differenz** (Ergebnis der Subtraktion)

Beispiel 1
Wie viele Punkte fehlen Vivian noch?
Sie rechnet: 88 – 56 = 32
Ihr fehlen noch 32 Punkte.

Wie bei der Addition kann man eine Subtraktion durch eine **Überschlagsrechnung** überprüfen:
88 – 56 ≈ 90 – 60 = 30
Eine andere Möglichkeit der Probe ist die **Umkehrrechnung**.

Merke Das Addieren ist die **Umkehrrechnung** des Subtrahierens.

Das Subtrahieren ist die **Umkehrrechnung** des Addierens.

Beispiel 2

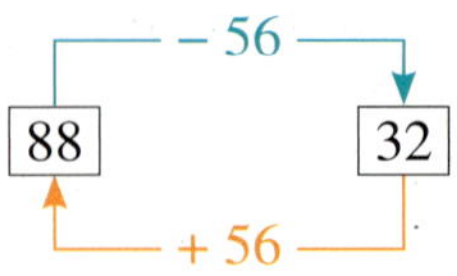

88 – 56 = 32,
denn
32 + 56 = 88
Die Probe ist die Umkehrrechnung.

Üben und anwenden

1 Welche Subtraktionsaufgabe ist hier am Zahlenstrahl dargestellt?

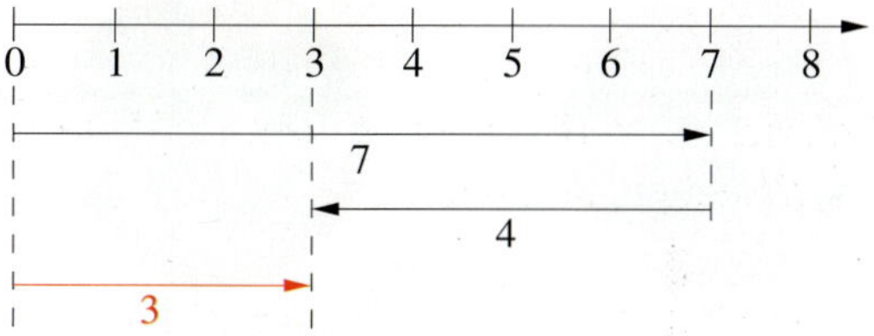

2 Stelle die folgenden Aufgaben jeweils an einem Zahlenstrahl in deinem Heft dar.

a) 11 – 3 b) 17 – 8
c) 14 – 6 d) 15 – 11

3 Überschlage das Ergebnis.
Rechne dann im Kopf.

a) 27 – 12 b) 140 – 32
c) 163 – 73 d) 242 – 141

4 Berechne und bilde die Umkehrrechnung.

Beispiel 17 – 5 = 12, denn 12 + 5 = 17

a) 49 – 12 = ▢ b) 35 – 20 = ▢
c) 120 – 90 = ▢ d) 56 – 44 = ▢
e) 42 – 15 = ▢ f) 31 – 19 = ▢

5 Sind die Aufgaben richtig gelöst?
Mache die Umkehrrechnung als Probe.

a) 35 – 15 = 20 b) 17 – 14 = 4
c) 55 – 27 = 28 d) 34 – 17 = 23
e) 56 – 26 = 36 f) 51 – 17 = 34

1 Schreibe die Aufgaben in dein Heft und rechne im Kopf.

a) 59 $\xrightarrow{-16}$ ▢ b) 348 $\xrightarrow{-24}$ ▢
c) 971 $\xrightarrow{-82}$ ▢ d) 81 $\xrightarrow{-33}$ ▢
e) 638 $\xrightarrow{-17}$ ▢ f) 93 $\xrightarrow{-84}$ ▢

2 Ergänze die Tabellen im Heft.

$\xrightarrow{-18}$	
28	
34	
108	
3018	

$\xrightarrow{-31}$	
58	
70	
31	
105	

3 Überschlage das Ergebnis.
Rechne dann im Kopf.

a) 64 – 27 b) 32 – 19
c) 73 – 66 d) 188 – 51

4 Subtrahiere. Mache anschließend eine Probe mithilfe der Umkehrrechnung.

a) 83 – 62 = ▢ b) 123 – 43 = ▢
c) 83 – 75 = ▢ d) 45 – 37 = ▢
e) 201 – 40 = ▢ f) 104 – 7 = ▢

5 Fülle die Subtraktionsmauer im Heft aus.

574	364	241	155
210			

6 Arbeitet zu zweit. Erklärt euch gegenseitig die Subtraktionsaufgaben in Teilschritten.

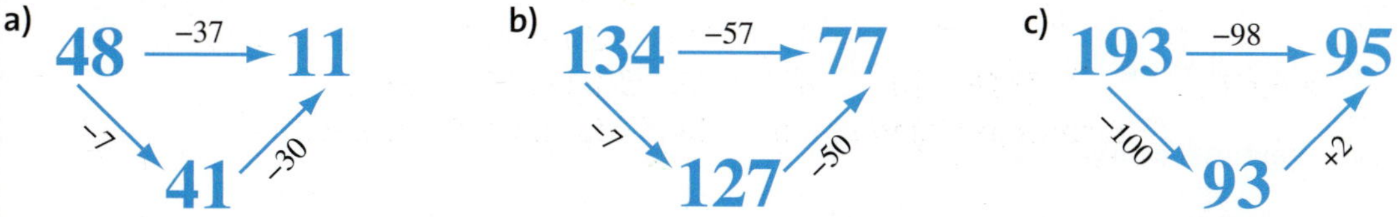

7 Rechne in Teilschritten wie in Aufgabe 6.

a) 42 – 11 b) 84 – 66
c) 122 – 73 d) 603 – 99

8 Schreibe als Rechenaufgaben und löse sie.

a) Subtrahiere von der Zahl 48 die Zahl 15.
b) Ziehe 18 von 159 ab.
c) Nimm 85 von 388 weg.
d) Bilde die Differenz der Zahlen 191 und 60.

7 Rechne in Teilschritten wie in Aufgabe 6.

a) 97 – 75 b) 23 – 17
c) 426 – 78 d) 374 – 197

8 Schreibe als Rechenaufgabe und löse sie.

a) Subtrahiere von der Zahl 156 die Zahl 57.
b) Subtrahiere die Zahl 38 von 120.
c) Vermindere 244 um die Zahl 38.
d) Bilde die Differenz der Zahlen 23 und 25.

Das Vertauschungsgesetz

Entdecken

1 Würfelspiel

Kris und Max würfeln mit zwei Würfeln.
Sie addieren jeweils die Augenzahlen.
Kris rechnet so: ⚁ + ⚄ = 7
Max rechnet so: ⚄ + ⚁ = 7

a) Spielt zu zweit das Würfelspiel.
Addiert jeweils die Augenzahlen wie Kris und Max.
Was fällt euch auf?

b) Überprüft eure Vermutung auch mit Würfeln, die mehr als sechs Seiten haben.

c) Subtrahiert nun jeweils die Augenzahlen wie bei a). Was stellt ihr fest?

2 Schreibe die einzelnen Zahlen auf ein Blatt Papier und schneide sie aus.

① 23, 14, 7

② 18, 9, 11

a) Ordne die drei Zahlen jeweils so, dass du sie gut im Kopf addieren kannst.

b) Vergleicht eure Reihenfolge untereinander. Habt ihr gleich sortiert?

Verstehen

Beim Rechnen gibt es einige Regeln und Gesetze, ähnlich wie im Straßenverkehr.

Merke In der Mathematik rechnet man **von links nach rechts**.

Beispiel 1

a) 13 + 31 + 27
= 44 + 27 = 71

b) 29 − 13 − 9
= 16 − 9 = 7

Es ist manchmal vorteilhaft, die Reihenfolge der Zahlen zu vertauschen.

Merke **Vertauschungsgesetz**

Beim **Addieren** dürfen die Zahlen **beliebig vertauscht** werden.
Das Ergebnis ändert sich dabei nicht.

Beispiel 2

a) 75 + 180 = 255
180 + 75 = 255

b) 13 + 31 + 27 = 44 + 27 = 71
13 + 27 + 31 = 40 + 31 = 71

Aber Vorsicht: Man kann nicht immer die Reihenfolge vertauschen.

Merke Beim **Subtrahieren** dürfen die Zahlen **nicht vertauscht** werden.

Beispiel 3

16 − 6 = 10
6 − 16 = ?

Üben und anwenden

1 Berechne und vergleiche.

a) 15 + 72 und 72 + 15
b) 27 + 89 und 89 + 27
c) 94 + 120 und 120 + 94
d) 79 + 97 und 97 + 79
e) 15 − 19 und 19 − 15

2 Welche Zahlen kann man tauschen, um vorteilhaft zu rechnen?

Beispiel 31 + 37 + 29 = 31 + 29 + 37
= 60 + 37 = 97

a) 18 + 39 + 72
b) 44 + 70 + 36
c) 190 + 210 + 33
d) 128 + 87 + 13

3 Rechne vorteilhaft.

a) 28 + 36 + 22
b) 42 + 43 + 48
c) 26 + 8 + 14
d) 93 + 26 + 27
e) 330 + 180 + 270
f) 112 + 43 + 47
g) 134 + 166 + 120
h) 186 + 41 + 14

1 Berechne und vergleiche das Ergebnis mit getauschten Zahlen.

a) 47 + 11
b) 125 + 62
c) 99 + 31
d) 332 + 49
e) 406 + 288
f) 78 − 14
g) 610 − 148
h) 0 + 999

2 Vertausche jeweils zwei Zahlen und rechne vorteilhaft.

a) 17 + 8 + 33
b) 32 + 17 + 8
c) 16 + 33 + 14
d) 47 + 12 + 43
e) 52 + 44 + 38
f) 53 + 21 + 27
g) 11 + 29 + 81
h) 58 + 37 + 42

3 Rechne vorteilhaft.

a) 18 + 116 + 222
b) 235 + 76 + 65
c) 13 + 222 + 37
d) 31 + 134 + 56
e) 67 + 37 + 523
f) 81 + 72 + 19
g) 38 + 263 + 77
h) 137 + 98 + 163

4 Pia und Nick wollen alle Zahlen auf den Kärtchen möglichst schnell addieren. Wie würdest du rechnen? Begründe und gib das Ergebnis an.

5 Mika wirft nacheinander in sein Sparschwein: 6 €, 5 €, 15 €, 14 € und 4 €.

a) Wie viel Geld hat er gespart?
b) Ändert sich der gesparte Betrag, wenn er das Geld in anderer Reihenfolge in das Sparschwein wirft?

5 Der Vertreter einer Schuhfirma fährt von Aachen nach Köln (65 km) und von dort nach Düsseldorf (32 km). Von Düsseldorf fährt er nach Essen (45 km) und von dort nach Dortmund (28 km). Wie weit ist er insgesamt gefahren?

6 Übertrage die Rechenbäume in dein Heft und ergänze.

a)
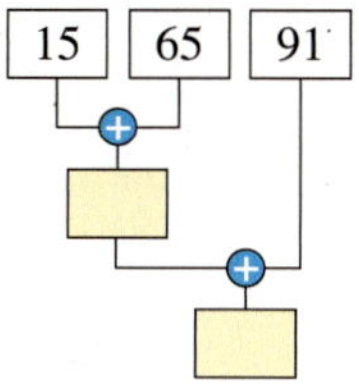

b)
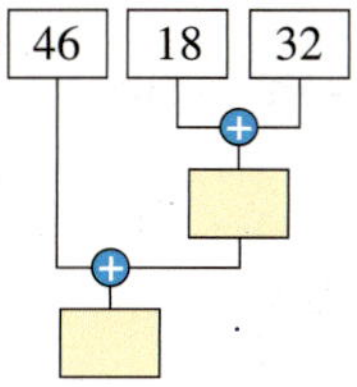

6 Ergänze die Rechenbäume in deinem Heft.

a)
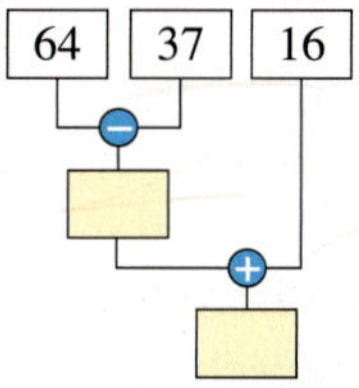

b)
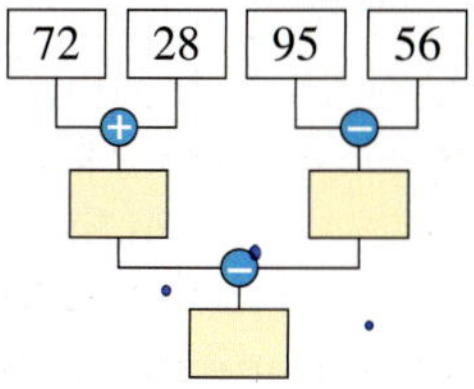

Rechnen mit Klammern

Entdecken

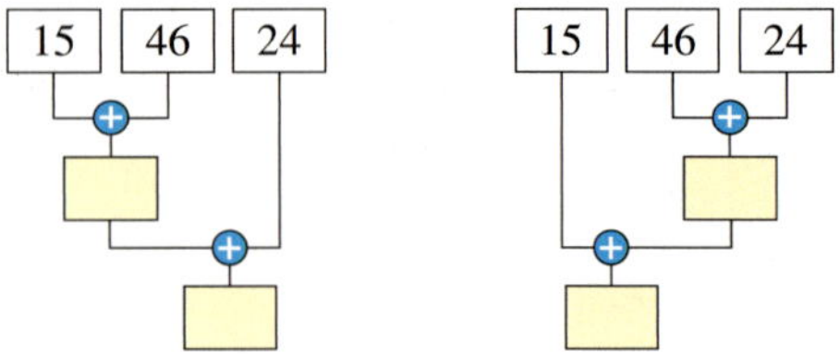

1 Rechenbäume

a) Übertrage die Rechenbäume ins Heft und fülle sie aus.

b) Was ist der Unterschied zwischen den Rechenbäumen?

c) Denke dir drei Zahlen aus.
Zeichne zu deinen Zahlen zwei Rechenbäume wie bei a) und berechne.

HINWEIS
Ergebnisse zu Aufgabe 2:
250 580
750 620
170 750

2 Berechne die folgenden Aufgaben. In der Randspalte stehen die Ergebnisse zur Kontrolle. Beachte dabei: Teilaufgaben in Klammern werden zuerst gerechnet.

① 560 + 120 + 70
560 + (120 + 70)

② 740 − 140 − 20
740 − (140 − 20)

③ 370 − 160 + 40
370 − (160 + 40)

a) Vergleiche deinen Rechenweg mit dem deiner Mitschüler.

b) Überlegt gemeinsam: Wann erhält man bei den Aufgaben das gleiche Ergebnis? Wann bekommt man unterschiedliche Ergebnisse?

Verstehen

Anna rechnet so:
(36 + 17) + 13
= 53 + 13
= 66

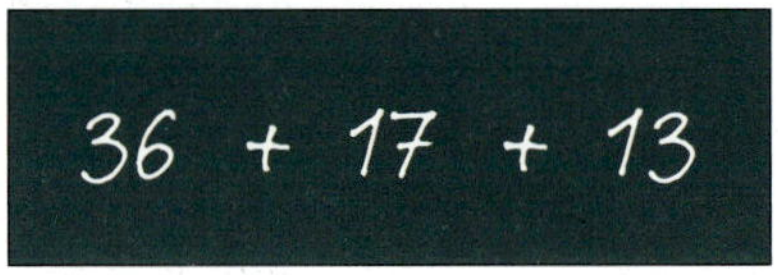

Simon rechnet so:
36 + (17 + 13)
= 36 + 30
= 66

Wer hat vorteilhafter gerechnet?

Um anzugeben, welche Teilaufgabe sie zuerst rechnen, setzen Anna und Simon Klammern.

Merke Vorrangregel

Was in **Klammern** steht, wird **zuerst** ausgerechnet.

Beispiel 1
(40 + 15) − (10 + 20)
= 55 − 30
= 25

Bei der Addition verändern Klammern das Ergebnis nicht.

Merke Verbindungsgesetz

Beim **Addieren** dürfen einzelne Zahlen beliebig **durch Klammern zusammengefasst** werden.

Beispiel 2
17 + 96 + 4
= (17 + 96) + 4
= 113 + 4
= 117

17 + 96 + 4
= 17 + (96 + 4)
= 17 + 100
= 117

Aber Vorsicht: Beim Subtrahieren gilt dies nicht.

Merke Beim **Subtrahieren** dürfen die Zahlen **nicht beliebig durch Klammern zusammengefasst** werden, da sich sonst das Ergebnis verändern kann.

Beispiel 3
(37 − 18) − 8
= 19 − 8
= 11

aber

37 − (18 − 8)
= 37 − 10
= 27

Üben und anwenden

1 Berechne und vergleiche.

a) (37 + 16) + 24 und 37 + (16 + 24)
b) 112 + (51 + 49) und (112 + 51) + 49
c) (258 + 117) + 23 und 258 + (117 + 23)
d) 565 + (79 + 21) und (565 + 79) + 21
e) Welche Rechnung war jeweils einfacher?

2 Setze im Heft Klammern, um vorteilhaft rechnen zu können.

a) 34 + 87 + 13 b) 28 + 72 + 39
c) 200 + 180 + 32 d) 70 + 44 + 36
e) 81 + 79 + 14 f) 95 + 85 + 18
g) 25 + 36 + 924 h) 55 + 55 + 45

3 Berechne.
Setze vorher Klammern, damit du vorteilhaft rechnen kannst.

a) 28 + 22 + 36 b) 9 + 55 + 45
c) 67 + 23 + 72 d) 111 + 79 + 308
e) 355 + 16 + 44 f) 111 + 130 + 630
g) 23 + 17 + 44 + 66
h) 92 + 18 + 13 + 37
i) 41 + 101 + 99 + 8

4 Beim Kopfrechnen kann man Zahlen so zerlegen, dass sich Rechenvorteile ergeben.

Beispiel 48 + 24
= 48 + 2 + 22 = (48 + 2) + 22
= 50 + 22 = 72

a) 38 + 54 b) 24 + 17
c) 95 + 28 d) 920 + 84
e) 386 + 414 f) 638 − 48

5 Welche Aufgaben aus der Randspalte gehören zu diesen Rechenbäumen?

a) 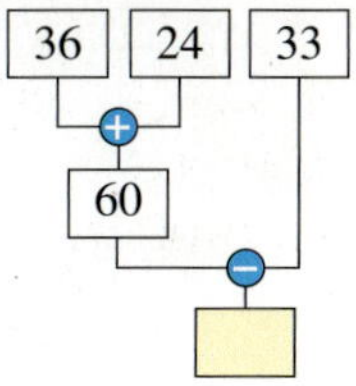

b) 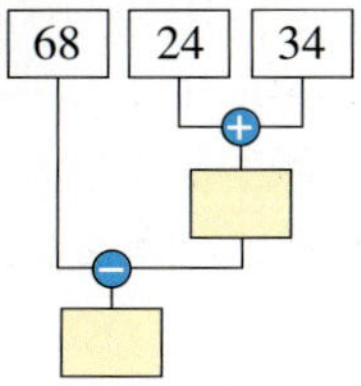

6 Rechne im Kopf.
Rechne die Klammern zuerst aus.

a) 35 − (7 + 12 + 3)
b) 84 − (11 + 41 − 4)
c) 76 + 23 − (17 + 12 + 30)

1 Berechne und vergleiche das Ergebnis, wenn du die Klammern anders setzt.

a) (125 + 25) + 56 b) 18 + (52 + 39)
c) 186 + (14 + 41) d) (664 + 170) + 130
e) 731 + (69 + 13) f) (303 + 127) + 451
g) Welche Rechnung war jeweils einfacher?

2 Rechne vorteilhaft. Setze Klammern um die Teilaufgabe, die du zuerst berechnest.

a) 8 + 32 + 27 b) 18 + 33 + 27
c) 16 + 34 + 16 d) 58 + 32 + 47
e) 47 + 12 + 8 f) 44 + 28 + 22
g) 7 + 53 + 13 h) 39 + 21 + 11

3 Vertauschen und Zusammenfassen

a) Erkläre jeden Lösungsschritt.
33 + 15 + 127 + 45
= 33 + 127 + 15 + 45
= (33 + 127) + (15 + 45)
= 160 + 60 = 220

b) Löse die folgenden Aufgaben wie bei a):
① 5 + 19 + 55 + 81
② 34 + 13 + 77 + 6

4 Beim Kopfrechnen kann man Zahlen so zerlegen, dass sich Rechenvorteile ergeben.

Beispiel 96 + 57 = (96 + 4) + 53
= 100 + 53 = 153

a) 87 + 56 b) 38 + 55
c) 196 + 207 d) 638 + 72
e) 103 + 99 f) 1009 + 995
g) 452 + 97 h) 348 − 67

5 Schreibe zu den Rechenbäumen die Rechnungen mit Klammern auf. Löse sie.

a) 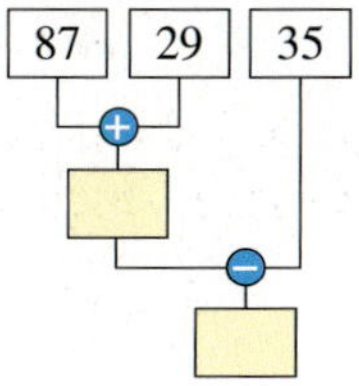

b) 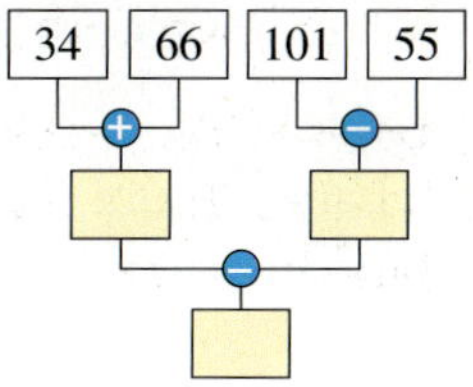

6 Berechne.
Welche Klammern sind unnötig?

a) (45 + 34) − 19
b) 298 − (105 + 66 + 85)
c) (24 + 148) − (112 − 67)

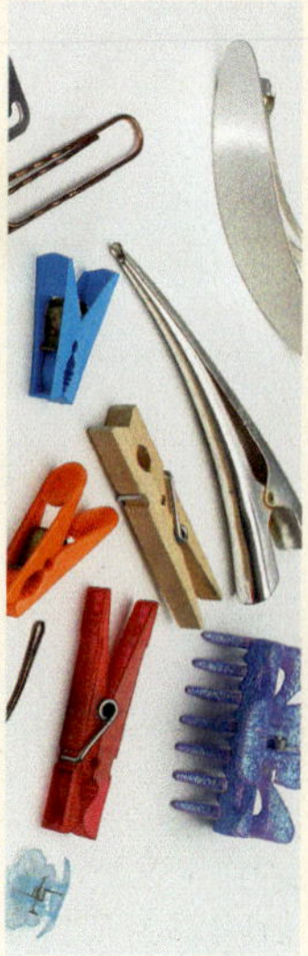

HINWEIS
Aufgaben zu 5 (lila):
① 36 + 24 − 33
② (36 + 24) − 33
③ 36 + (24 − 33)
④ 68 − 24 + 34
⑤ (68 − 24) + 34
⑥ 68 − (24 + 34)

Schriftlich addieren

Entdecken

1 Helena möchte ihr Zimmer neu einrichten. Die Möbel rechts hat sie sich ausgesucht. Helena und ihre Mutter rechnen den Gesamtpreis aus.

Helena rechnet so:

121 + 103 = 224
224 + 75 = 299

Ihre Mutter rechnet so:

```
  121
+ 103
+  75
  299
```

Erkläre die beiden Rechenwege.
Welcher Weg ist für dich der einfachere?

2 Fertige Karten mit den Ziffern 1 bis 9 wie im Foto an.

a) Bilde mit den Karten drei beliebige, dreistellige Zahlen
Beispiel 245 197 863
Addiere sie dann.

b) Arbeitet zu zweit.
Bildet aus allen Karten eine Additionsaufgabe wie bei a), bei der das Ergebnis möglichst groß ist.

c) Bildet aus allen Karten eine Additionsaufgabe mit einem möglichst kleinen Ergebnis.

Verstehen

Lara fährt mit ihren Eltern für zwei Tage nach Hamburg.
Die Unterkunft kostet 215 € und die Bahnfahrt 83 €.

Lara addiert die Preise schriftlich.

> **Merke** Beim **schriftlichen Addieren** schreibt man die Zahlen stellengerecht untereinander:
> Einer unter Einer, Zehner unter Zehner, Hunderter unter Hunderter, …
> Nun addiert man die Ziffern stellenweise.
> Man **beginnt mit den Einern** und addiert **von unten nach oben**.

Beispiel 1

① Lara schreibt die Zahlen stellengerecht untereinander.

	H	Z	E
	2	1	5
+		8	3

② Lara addiert die Ziffern stellenweise.

	H	Z	E
	2	1	5
+		8	3
	2	9	8

3 E + 5 E = 8 E
8 Z + 1 Z = 9 Z
0 H + 2 H = 2 H

Kurzform:

```
  215
+  83
  298
```

Für Essen haben Lara und ihre Eltern zusätzlich 65 € eingeplant.

Lara rechnet: 298 + 65

Merke Wenn die Summe der Ziffern an einer Stelle 10 erreicht, addiert man den **Übertrag** an der nächsthöheren Stelle.

Beispiel 2

Einer addieren

	H	Z	E
	2	9	8
+		6	5
		1	
			3

10 Einer ergeben 1 Zehner

Zehner addieren

	H	Z	E
	2	9	8
+		6	5
	1	1	
		6	3

10 Zehner ergeben 1 Hunderter

Hunderter addieren

	H	Z	E
	2	9	8
+		6	5
	1	1	
	3	6	3

Kurzform:

$$\begin{array}{r} 298 \\ +\ 65 \\ {\scriptstyle 11} \\ \hline 363 \end{array}$$

Üben und anwenden

1 Übertrage ins Heft und addiere schriftlich.

a) 131 + 247
b) 354 + 143
c) 411 + 286
d) 372 + 425
e) 702 + 167
f) 360 + 509
g) 1532 + 1364
h) 5036 + 642

2 Addiere schriftlich im Heft.
Achte dabei auf den Übertrag.
Die Ergebnisse stehen zur Kontrolle in der Randspalte.

a) 127 + 136
b) 245 + 138
c) 168 + 327
d) 462 + 155
e) 278 + 251
f) 881 + 137
g) 654 + 329
h) 199 + 670
i) 1203 + 588
j) 316 + 12 355

1 Übertrage ins Heft und addiere schriftlich.

a) 2364 + 1425
b) 5063 + 2735
c) 6009 + 720
d) 482 + 3514
e) 10 532 + 25 104
f) 58 410 + 10 280
g) 153 + 2614
h) 3330 + 614

2 Überschlage zuerst.
Addiere dann schriftlich im Heft.

Beispiel Überschlag zu a):
$265 + 317 \approx 270 + 320 = 590$

a) 265 + 317
b) 563 + 219
c) 627 + 158
d) 444 + 327
e) 395 + 174
f) 261 + 586
g) 394 + 543
h) 258 + 571
i) 608 + 282
j) 4 709 + 23 823

HINWEIS
Ergebnisse zu Aufgabe 2 (lila):

3 Schreibe die Zahlen stellengerecht untereinander und addiere sie.

a) 462 und 276 b) 347 und 128
c) 579 und 314 d) 1736 und 1542
e) 3028 und 2735 f) 525 und 166
g) 639 und 2249 h) 737 und 1123

4 Addiere die Zahlen.
Hier spielen Nullen eine Rolle.

a) 304 + 270 b) 485 + 415
c) 9708 + 4582 d) 70 414 + 876
e) 26 745 + 9608 f) 14 829 + 85 171

5 Ordne den Additionsaufgaben jeweils das richtige Ergebnis zu.
Schreibe die Aufgabe mit Ergebnis ins Heft.

Aufgaben	Ergebnisse
596 + 332	933
1048 + 743	1110
2609 + 7012	928
759 + 174	2804
693 + 2111	1791
999 + 111	9621

6 Addiere mehrere Zahlen.

a) Übertrage die Aufgabe in dein Heft und rechne sie zu Ende.

	T	H	Z	E
	4	6	5	8
+		6	9	7
+	1	6	0	6
	1	1	2	
	▢	▢	6	1

Kurzform:
4658
+ 697
+ 1606

b) Berechne wie bei a).
① 423 + 214 + 341
② 333 + 412 + 104
③ 615 + 143 + 128
④ 573 + 118 + 204
⑤ 2378 + 114 + 1325
⑥ 12 458 + 25 134 + 41 197

7 Übertrage ins Heft und setze die richtigen Ziffern ein. Achte auf Überträge.
Vergleicht eure Ergebnisse untereinander.

a) ▢4 + 2▢ = 56
b) 14▢ + ▢52 = 697
c) 7▢7 + ▢47 = 92▢

3 Schreibe die Zahlen stellengerecht untereinander und addiere sie.

a) 1354 und 3817 b) 3047 und 7681
c) 6428 und 647 d) 2549 und 3525
e) 5213 und 1957 f) 967 und 1647
g) 3952 und 39 h) 547 und 2947

4 Addiere diese großen Zahlen.
Lies die Zahlen und Ergebnisse laut vor.

a) 38 539 + 69 255
b) 3 420 802 + 829 670
c) 978 202 563 + 774 865 242

5 Ordne die Rechendominosteine.

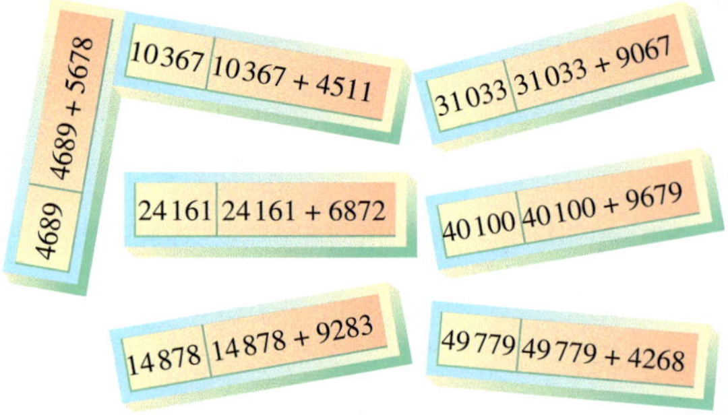

6 Addiere mehrere Zahlen.

a) 615 + 143 + 128
b) 573 + 118 + 204
c) 363 + 27 + 104
d) 426 + 132 + 371
e) 395 + 421 + 142
f) 272 + 64 + 1351

g) Schreibe stellengerecht untereinander und addiere dann.
① 536 + 1987 + 499
② 6517 + 839 + 2151
③ 6797 + 539 + 19 687
④ 94 658 + 6297 + 3402
⑤ 64 371 + 50 289 + 37 540
⑥ 2 + 33 + 444 + 5555 + 66 666

7 Übertrage ins Heft und setze die richtigen Ziffern ein. Achte auf Überträge.
Vergleicht eure Ergebnisse untereinander.

a) ▢6▢ + 2▢5 = 891
b) 4▢3 + ▢7▢ = 697
c) 126▢ + ▢582 + 20▢4 = 7▢79

8 Vervollständige die Tabelle im Heft.

+	4205	1521	9560	12 003
211	4416			
529				
878				
5908				

8 Vervollständige die Tabelle im Heft.

+	55	555	5555	55 555
88				
888				
8888				
88 888				

9 Sind diese Aufgaben richtig gelöst?
Kontrolliere und berichtige im Heft, wenn nötig.

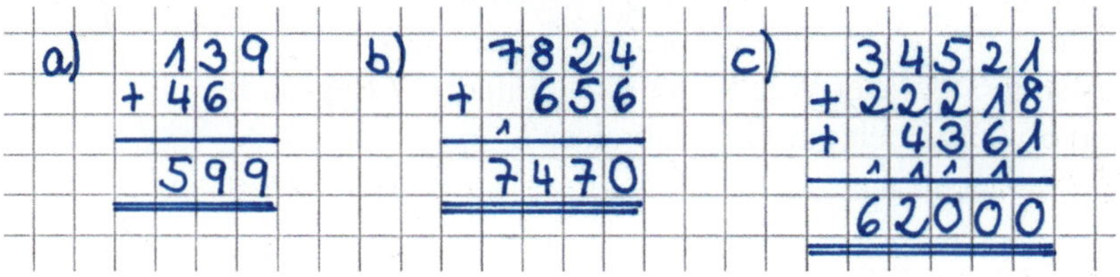

10 Addiere die fünf kleinsten vierstelligen Zahlen.

10 Addiere die sechs größten vierstelligen Zahlen.

11 Pauline darf ihr Zimmer neu einrichten. Ihre Wunschliste:

Schrank	189 €
Bett	239 €
Schreibtisch mit Stuhl	219 €
Regal	69 €

Kostet es mehr als 700 €? Wie viel muss sie insgesamt bezahlen?

11 Herr Ast möchte ein neues Auto kaufen. Er bestellt dazu noch ein paar Extras. Berechne den Gesamtpreis für das Auto.

Lerncheck

1 Finde zu den Figurenfolgen die Regel. Zeichne dann die Folgen in dein Heft und gib die nächsten drei Figuren an.

a)

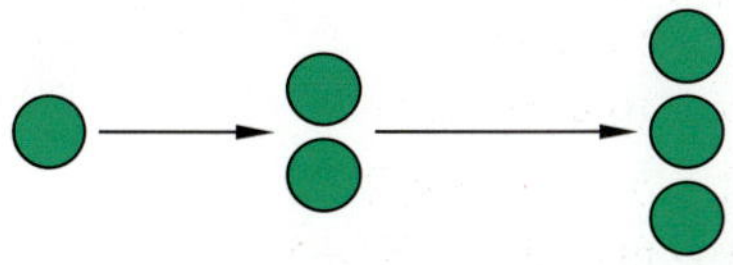

b)

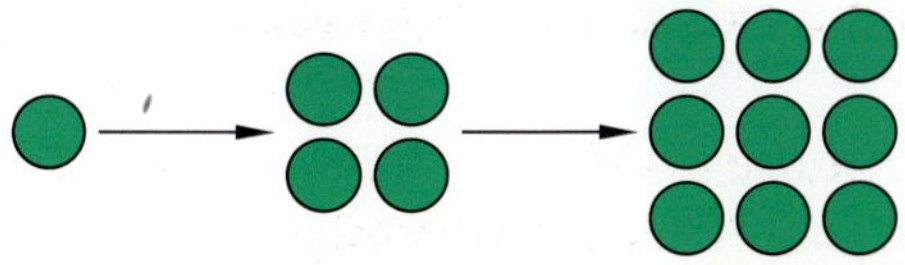

c)

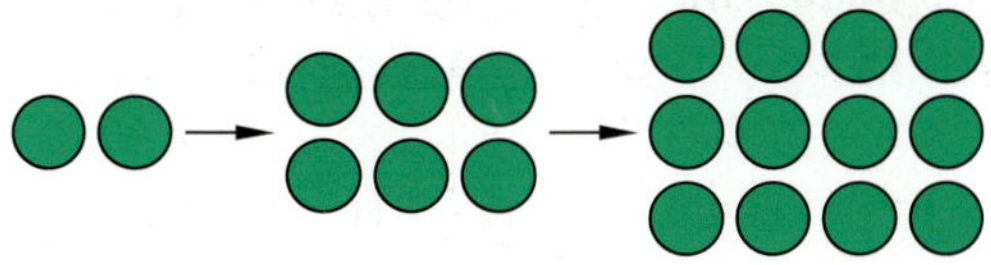

2 Wie viele Karten sind notwendig, um ein Kartenhaus mit insgesamt 3 Stockwerken zu bauen? Wie viele Karten sind für ein Kartenhaus mit 5 Stockwerken notwendig?

3 Erkennst du die Regel?
Setze die Folgen mit drei Zahlen fort.

a) 1; 8; 15; 22; 29; …
b) 1; 4; 7; 10; 13; …
c) 1; 2; 5; 10; 17; …
d) 5; 0; 6; 1; 7; …

Schriftlich subtrahieren

Entdecken

1 Das Hotel „Alice" hat am Montag 350 Gäste.
Am Dienstag reisen 109 Gäste ab, am Mittwoch 75 und am Donnerstag 119 Gäste.
Wie viele Gäste hat das Hotel nun?

Mirko rechnet so:	Seine Mutter rechnet so:
350 – 109 = 241	109 + 75 + 119 = 303
241 – 75 = 166	350 – 303 = 47
166 – 119 = 47	

a) Erkläre die beiden Rechenwege. Welcher Weg ist für dich einfacher? Begründe.
b) Warum addiert die Mutter, obwohl doch nur Gäste abreisen?

Verstehen

Angebot 1
77 €

Angebot 2
63 €

Lara möchte eine Hafenrundfahrt machen.

Lara berechnet den Preisunterschied schriftlich.

HINWEIS
Du kannst deine Rechnungen durch eine Umkehrrechnung kontrollieren.

Merke Beim **schriftlichen Subtrahieren** schreibt man die Zahlen stellengerecht untereinander:
Einer unter Einer, Zehner unter Zehner, Hunderter unter Hunderter, …
Nun beginnt man bei den Einern und **ergänzt von unten nach oben**.

Beispiel 1

	Z	E
	7	7
–	6	3
	1	4

3 + 4 = 7
6 + 1 = 7

Kurzform:
77
– 63
14

Für den Kurzurlaub hat die Familie 450 € eingeplant. Bislang haben sie 426 € ausgegeben. Wie viel Geld bleibt noch übrig?

Merke Wenn die Summe der Ziffern an einer Stelle 10 erreicht, addiert man den **Übertrag** an der nächstgrößeren Stelle.

Beispiel 2

	H	Z	E
	4	5	0
–	4	2	6
		1	
			4

6 E + 4 E = 10 E
4 E hinschreiben
1 Z übertragen

	H	Z	E
	4	5	0
–	4	2	6
		1	
		2	4

1 Z + 2 Z = 3 Z
3 Z + 2 Z = 5 Z
2 Z hinschreiben

	H	Z	E
	4	5	0
–	4	2	6
		1	
		2	4

4 H + 0 H = 4 H

Kurzform:
450
– 426
1
24

HINWEIS
*Sollen **mehrere Zahlen** von einer Zahl subtrahiert werden, kann man auch schrittweise rechnen.*

Beispiel:
2430 – 254 – 130

2430 – 254 = 2176
2176 – 130 = 2046

oder

254	2430
+ 130	– 384
384	2046

Merke Werden **mehrere Zahlen** schriftlich subtrahiert, addiert man zuerst die unteren Zahlen und ergänzt dann zur oberen Zahl.

Beispiel 3

2430
– 254
– 130
1 1
2046

4 E + 6 E = 10 E (Übertrag: 1 Z)
1 Z + 3 Z + 5 Z + 4 Z = 13 Z (Übertrag: 1 H)
1 H + 1 H + 2 H + 0 H = 4 H
2 T = 2 T

Üben und anwenden

1 Subtrahiere schriftlich.

a) 33 – 12 b) 89 – 43 c) 76 – 35
d) 427 – 115 e) 755 – 324 f) 693 – 422
g) 195 – 34 h) 3916 – 2904 i) 8906 – 6805

2 Subtrahiere schriftlich im Heft. Achte dabei auf den Übertrag.

a) 94 – 28 b) 46 – 18 c) 83 – 54
d) 396 – 179 e) 634 – 292 f) 580 – 275

Kontrollzahlen: 342; 28; 66; 217; 305; 29

3 Schreibe stellengerecht untereinander und subtrahiere schriftlich.

a) 97 – 54
b) 46 – 29
c) 768 – 349
d) 667 – 328
e) 738 – 419
f) 4861 – 1473
g) 21 724 – 12 376

4 Subtrahiere schrittweise.

Beispiel 389 – 144 – 73 =
389 – 144 = 245
245 – 73 = <u>172</u>
oder
144 + $_1$73 = 217
389 – 217 = 172

a) 69 – 17 – 23 b) 155 – 55 – 39
c) 192 – 32 – 17 d) 632 – 232 – 255
e) 2421 – 374 – 1430 f) 2895 – 243 – 1816

5 Subtrahiere schriftlich. Mache danach die Probe durch eine Umkehrrechnung.

a) 6454 – 1333 b) 67 863 – 21 741
c) 5628 – 3419 d) 38 460 – 19 230

1 Subtrahiere schriftlich.

a) 89 – 24 b) 85 – 34 c) 97 – 42
d) 482 – 351 e) 538 – 425 f) 584 – 283
g) 5836 – 2614 h) 3339 – 1213 i) 5777 – 4252

2 Subtrahiere schriftlich.

a) 578 – 179 b) 786 – 398 c) 652 – 357
d) 485 – 177 e) 819 – 439 f) 582 – 283
g) 695 – 399 h) 846 – 268 i) 719 – 689

3 Schreibe stellengerecht untereinander und subtrahiere schriftlich.

a) 6792 – 5628
b) 98 214 – 89 523
c) 1 084 563 – 34 712
d) 56 239 – 23 511
e) 1 234 567 – 654 321
f) 724 678 – 453 231
g) 246 753 – 246 752

4 Überschlage zuerst und berechne dann.

a) 2421 – 374 – 1430 b) 2895 – 243 – 1816 c) 4520 – 1384 – 765
d) 3421 – 1577 – 568 e) 6723 – 1234 – 1338 f) 5429 – 824 – 900

5 Setze im Heft die richtigen Ziffern ein.

a) 316□ – 18□9 = 1□39
b) 142□9 – 4928 = □29□

6 Finde zu jedem Gegenstand den passenden Partner. Berechne jeweils den Preisunterschied.

ERINNERE DICH
Beim Überschlag rechnet man mit gerundeten Zahlen.

TIPP
Kontrolliere dein Ergebnis durch eine Umkehrrechnung:
5692 – 2312 = 3380
denn 3380 + 2312 = 5692

Klar so weit?

→ Seite 72

Im Kopf addieren

1 Addiere die Zahlen im Kopf.

a) 58 + 20 b) 58 + 12
c) 58 + 73 d) 58 + 113

2 Suche zu jeder Summe die entsprechende Additionsaufgabe.

14; 57; 38; 99; 205	+	53; 67; 213; 112; 28	=	42; 272; 211; 91; 270

3 Überschlage zuerst und addiere dann.

a) 52 + 26 b) 63 + 33
c) 49 + 50 d) 162 + 39
e) 251 + 55 f) 349 + 223

1 Ergänze die Additionstabelle im Heft.

+	11	29	77	212
17				
42				

2 Schreibe als Rechenaufgabe und löse sie.

a) Zähle 39 und 49 zusammen.
b) Addiere 51 und 169.
c) Berechne die Summe aus 32; 81 und 45.

3 Überschlage zuerst und addiere dann.

a) 739 + 242 b) 377 + 527
c) 1199 + 418 d) 645 + 893
e) 1534 + 279 f) 815 + 2231

→ Seite 74

Im Kopf subtrahieren

4 Überschlage zuerst und subtrahiere dann.

a) 27 – 6 b) 23 – 17
c) 49 – 12 d) 70 – 31
e) 101 – 31 f) 507 – 31

5 Subtrahiere und kontrolliere dein Ergebnis mit einer Umkehrrechnung.

a) 59 – 16 b) 348 – 21
c) 971 – 82 d) 719 – 36
e) 348 – 21 f) 81 – 33
g) 638 – 27 h) 93 – 84
i) 925 – 35 j) 726 – 705

4 Überschlage zuerst und subtrahiere dann.

a) 120 – 98 b) 163 – 73
c) 115 – 33 d) 624 – 48
e) 521 – 317 f) 918 – 99

5 Übertrage ins Heft und setze die richtigen Zahlen ein.

a) 254 – 81 = ☐ b) 634 – 392 = ☐
c) 456 – 273 = ☐ d) 841 – 461 = ☐
e) 663 – 391 = ☐ f) 547 – ☐ = 161
g) 624 – ☐ = 386 h) ☐ – 136 = 699
i) 900 – ☐ = 799 j) ☐ – 478 = 299

→ Seite 76

Das Vertauschungsgesetz

6 Berechne und vergleiche das Ergebnis.

a) 33 + 66 und 66 + 33
b) 123 + 210 und 210 + 123
c) 28 – 57 und 57 – 28

7 Vertausche die Zahlen vorteilhaft. Berechne dann.

a) 19 + 65 + 81
b) 367 + 98 + 23
c) 134 + 166 + 120
d) 186 + 41 + 14

6 Übertrage ins Heft und setze das richtige Zeichen ein (= oder ≠).

a) 74 + 96 ☐ 96 + 74 b) 51 + 88 ☐ 88 + 51
c) 21 + 38 ☐ 21 + 83 d) 64 – 47 ☐ 47 – 64

7 Vertausche die Zahlen vorteilhaft. Berechne dann.

a) 56 + 19 + 24
b) 225 + 116 + 125
c) 368 + 79 + 32
d) 423 + 99 + 27

Rechnen mit Klammern

→ Seite 78

8 Rechne vorteilhaft. Setze Klammern um die Teilaufgabe, die du zuerst berechnest.

a) 41 + 75 + 35 b) 75 + 67 + 13
c) 78 + 12 + 97 d) 24 + 61 + 39

9 Ergänze den Rechenbaum im Heft. Welche Aufgabe gehört zu diesem Rechenbaum?

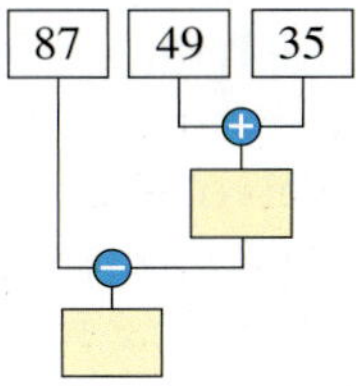

10 Berechne. Achte auf die Klammern.

a) 66 – (11 + 33)
b) 107 + 37 – (35 + 66)

8 Setze Klammern und rechne vorteilhaft.

a) 95 + 48 + 12 b) 97 + 13 + 78
c) 210 + 123 + 3777 d) 33 + 246 + 154
e) 198 + 199 + 1001 f) 24 + 31 + 19 + 46

9 Stelle die folgenden Aufgaben mithilfe eines Rechenbaumes dar und löse sie.

a) 56 + (29 – 17)
b) (56 – 34) – 12
c) (15 + 28) + (34 + 45)

10 Berechne.

a) 506 – (308 + 68)
b) (1000 – 599) – (505 – 404)

Schriftlich addieren

→ Seite 80

11 Addiere schriftlich.

a) 623 + 154 b) 476 + 379 c) 6078 + 945

12 Schreibe untereinander und addiere.

a) 354 + 387 b) 5057 + 2691
c) 2427 + 647 d) 7348 + 6525

11 Addiere schriftlich.

a) 165 + 168 b) 3400 + 883 c) 4877 + 8895

12 Schreibe untereinander und addiere.

a) 5203 und 957 b) 767 und 1645
c) 5959 und 3909 d) 1847 und 47

Schriftlich subtrahieren

→ Seite 84

13 Schreibe stellengerecht untereinander und subtrahiere.

a) 874 – 436 b) 973 – 664
c) 768 – 349 d) 667 – 28
e) 881 – 439 f) 730 – 19

14 Wie viele Kilometer ist Frau Möller im Jahr gefahren?

1. Januar

31. Dezember

13 Subtrahiere schriftlich.

a) 632 – 119 b) 713 – 554
c) 693 – 426 d) 195 – 55
e) 2 074 663 – 35 711
f) 65 203 – 23 522

14 Herr Esser trägt vor und nach jeder Fahrt den Kilometerstand ein.

Datum	vor der Abfahrt	nach der Ankunft
25.07.	34 562 km	34 589 km
26.07.	34 589 km	34 602 km
27.07.	34 602 km	34 621 km

a) Berechne jeweils die Länge der einzelnen Fahrten.
b) Wie viele Kilometer ist Herr Esser an den drei Tagen insgesamt gefahren?

Vermischte Übungen

1 Berechne.

a) 9958 + 20
9958 + 12
9958 + 73
9958 + 95

b) 99 991 + 13
99 992 + 130
99 993 + 77
99 994 + 177

c) 10 005 – 25
10 005 – 250
10 005 – 85

d) 100 004 – 6
100 004 – 60
100 004 – 19

2 Vervollständige die Zahlenmauer im Heft. Das Ergebnis der Addition steht im Stein über den beiden Zahlen.

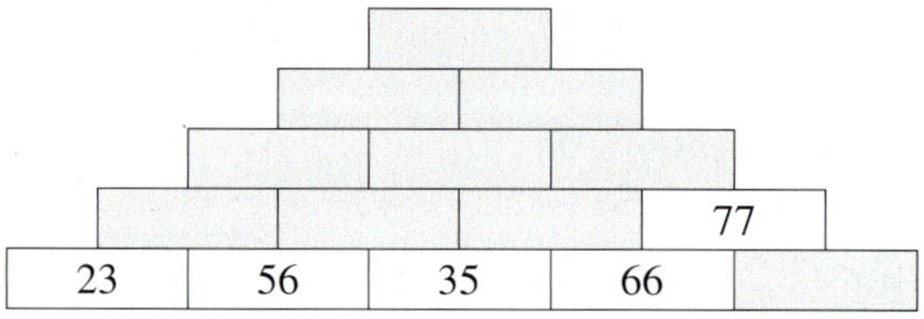

3 Setze im Heft die fehlenden Zahlen ein.

a) 27 + ☐ = 98
b) 88 + ☐ = 187
c) ☐ + 33 = 149
d) ☐ + 119 = 300
e) 170 – ☐ = 59
f) 1001 – ☐ = 81
g) ☐ – 48 = 48
h) ☐ – 468 = 101

HINWEIS
zu Aufgabe 4 (lila): Denke an die Rechengesetze. Dann brauchst du nicht rechnen.

4 Übertrage ins Heft und setze das richtige Zeichen ein (= oder ≠).

a) 39 098 627 + 64 378 ☐ 64 378 + 39 098 627
b) 617 + (88 + 255) ☐ (617 + 88) + 255
c) 108 – (71 – 33) ☐ (108 – 71) – 33

5 Ergänze die Rechenbäume im Heft.

a)
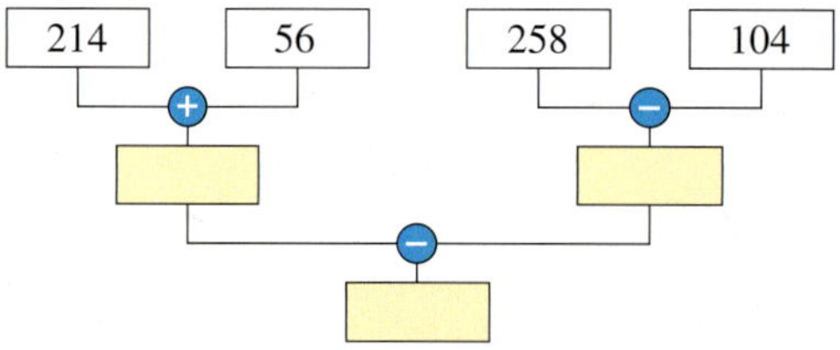

b)
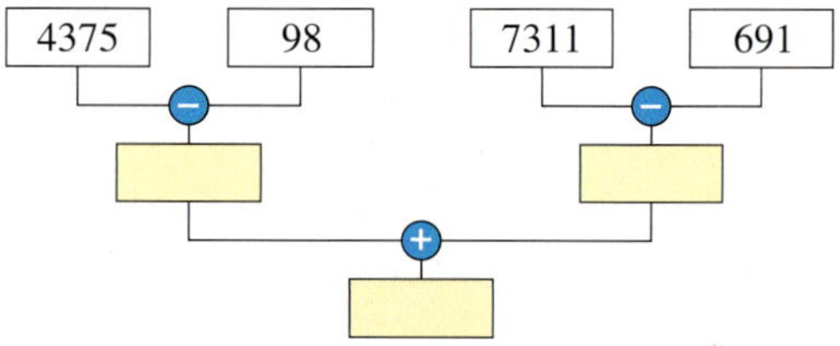

6 Rechne vorteilhaft. Tausche dazu Zahlen und fasse dann mit Klammern zusammen.

a) 75 + 41 + 35
b) 37 + 75 + 13
c) 78 + 14 + 12
d) 370 + 165 + 230
e) 43 + 51 + 47 + 29
f) 75 + 43 + 25 + 47

1 Welche Rechnungen gehören dazu?

a) Das Fahrrad kostet 265 €. Der Fahrradhelm kostet 29 €.
b) Lukas bekommt 20 € Taschengeld. Er hat schon 4 € ausgegeben.
c) Im Lager sind noch 48 Sofas vorrätig. Dann werden 9 verkauft. Die neue Lieferung bringt morgen 12 neue Sofas.

2 Vervollständige die Zahlenmauer. Zerlege dazu jede Zahl in zwei Zahlen. Halbieren ist nicht erlaubt.

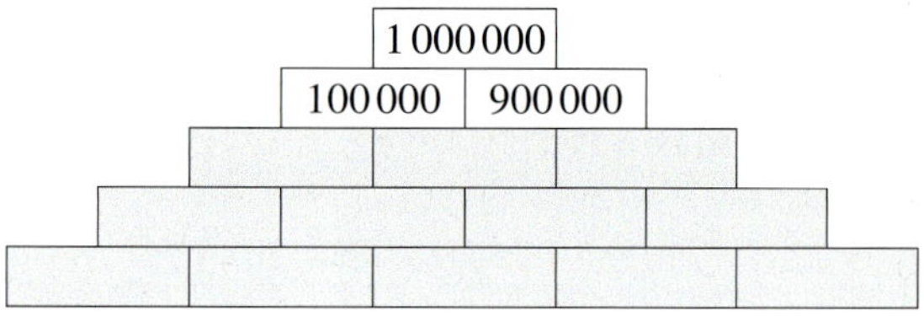

3 Welche Rechenzeichen gehören hier hin?

a) 5 ☐ 90 ☐ 18 = 77
b) 178 ☐ 30 ☐ 10 = 158
c) 216 ☐ 99 ☐ 99 = 216
d) 96 ☐ 96 ☐ 96 = 288

4 Welche Ergebnisse sind gleich?

a) 450 – (28 + 17)
450 – (28 – 17)
450 – 28 + 17
450 – 28 – 17

b) 395 – (36 + 12)
395 – (36 – 12)
395 – 36 + 12
395 – 36 – 12

6 Rechne vorteilhaft.

a) 27 + 59 + 13
b) 28 + 94 + 12
c) 145 + 378 + 155
d) 186 + 673 + 107
e) 427 + 473 + 73
f) 286 + 575 + 205 + 214
g) 622 + 185 + 378 + 435

7 Haben Lisa, Martin und Emma richtig gerechnet?
Beschreibe, welche Fehler gemacht wurden. Berichtige die Fehler im Heft.

Lisa: 7259 + 384 = 7533

Martin: 427 + 372 + 149 = 921

Emma: 5219 − 2542 = 3337

HINWEIS
Ergebnisse zu Aufgabe 8 (lila und türkis):

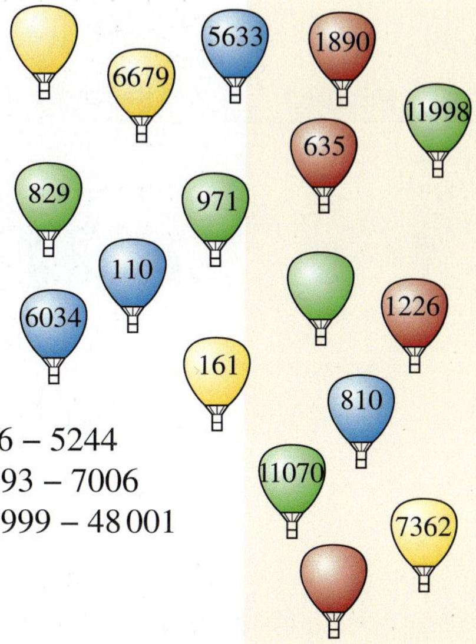

8 Addiere schriftlich.
a) 647 + 182 b) 576 + 59
c) 1008 + 5671 d) 7612 + 3458
e) 35 + 27 + 48
f) 218 + 963 + 45
g) 2104 + 4739 + 519
h) 2 + 33 + 444 + 5555

8 Addiere schriftlich.
a) 53 + 918
b) 48 + 97 + 16
c) 244 + 908 + 738
d) 367 + 419 + 24
e) 241 + 5004 + 21 + 367
f) 2468 + 5 + 5678 + 3847

9 Subtrahiere schriftlich oder schrittweise.
a) 874 – 436 b) 973 – 664
c) 1652 – 287 d) 9422 – 4685
e) 69 – 17 – 23
f) 109 – 89 – 11
g) 1690 – 360 – 65
h) 569 – 24 – 76 – 119

9 Subtrahiere.
a) 605 – 506 b) 6856 – 5244
c) 4689 – 569 d) 87593 – 7006
e) 45698 – 3569 f) 166999 – 48001
g) 2421 – 374 – 1430
h) 569 – 24 – 76 – 119
i) 632 – 232 – 255 – 63

10 Mirco feiert seinen Geburtstag.

Aus seiner Schulklasse hat er 8 Kinder eingeladen, vom Sportverein 5 Kinder. Seine Cousinen Melissa, Anne und Lisa kommen auch. Leider haben 2 Freunde abgesagt. Wie viele Partygäste kommen?

10 Alina hat zu ihrer Geburtstagsparty eingeladen. Die Gäste treffen in vier Gruppen bei ihr ein.
In der ersten Gruppe kommen sechs Gäste, in der zweiten Gruppe vier Gäste. Dann kommt die dritte Gruppe: Es sind sieben Gäste.
In der letzten Gruppe sind es zwei Gäste weniger als in der dritten Gruppe.
Wie viele Partygäste kommen zu Alinas Geburtstag?

11 Übertrage die Aufgaben ins Heft und fülle die Leerstellen aus.

a) ▢4 + 2▢ = 56

b) 2543 + ▢▢▢▢ + 9417 = 18748

c) 7345 − ▢▢▢▢ = 3477

d) 1▢▢7 + 4321 + ▢▢▢▢ = 9999

e) 17613 − ▢▢▢▢ = 9037

f) 3▢65 + 83▢7 + 596▢ = ▢▢308

12 Die Klasse 5a plant eine Klassenfahrt nach Baltrum.
Für Fahrtkosten werden 702 €, für Unterkunft und Verpflegung 1651 € berechnet.
Von der Stadt erhält die Klasse einen Zuschuss von 190 €.
Welcher Betrag muss für die Klassenfahrt noch eingesammelt werden?

12 Jans Tachometer an seinem Fahrrad zeigt am Sonntag 450 km.
Er fährt am Montag 25 km, am Dienstag 10 km mehr als am Montag.
a) Wie viel Kilometer ist er an den zwei Tagen insgesamt gefahren?
b) Welchen Kilometerstand zeigt der Tachometer am Dienstagabend?

Checkliste
090-1

Teste dich!

(12 Punkte)

1 Überschlage zuerst das Ergebnis. Rechne dann schriftlich.

a)	b)	c)	d)	e)	f)
153 + 232	473 + 318	1067 + 359	9708 + 4582	9999 + 111	14 829 + 85 171

g)	h)	i)	j)	k)	l)
428 – 115	768 – 349	4008 – 1111	652 – 287	9888 – 999	12 567 – 1 099

(4 Punkte)

2 Überprüfe die Rechnungen mithilfe einer Umkehrrechnung.

a)	b)	c)	d)
120 + 38 1 168	1067 + 238 1 1 1305	428 – 115 313	5003 – 1114 1 1 3987

(9 Punkte)

3 Berechne die folgenden Aufgaben schriftlich.

a) 1234 + 8765 b) 3856 + 1699 c) 543 + 150 + 280
d) 85 + 1243 + 469 e) 758 – 57 f) 443 – 328
g) 8552 – 3321 h) 9963 – 6384 i) 1526 – 443 – 602

(8 Punkte)

4 Bringe die ungeordneten Rechendominosteine in die richtige Reihenfolge.

a)

b)

(6 Punkte)

5 Zerlege die Zahlen, um vorteilhaft rechnen zu können.

a) 383 + 599 b) 742 + 668 c) 977 + 2008
d) 1709 + 4494 e) 411 – 55 f) 3245 – 888

(6 Punkte)

6 Übertrage die Kettenaufgaben in dein Heft und löse sie.

a)
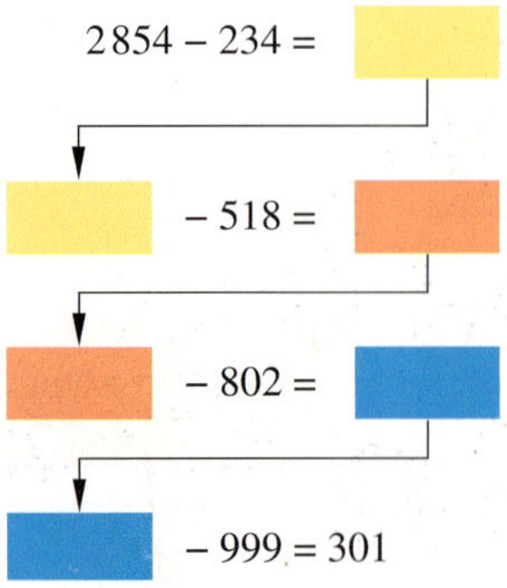

b)
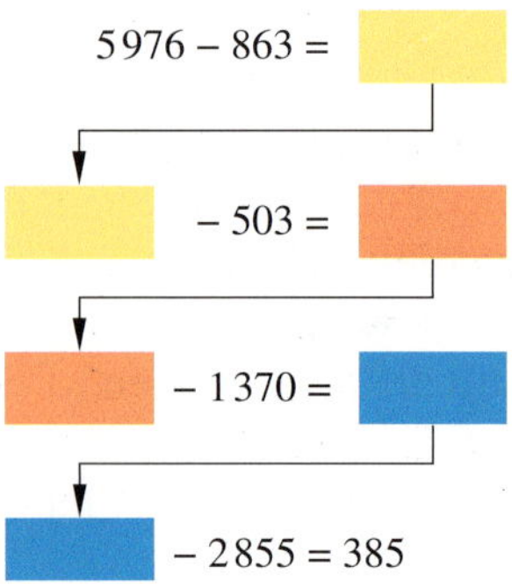

7 Berechne, indem du geschickt vertauschst und zusammenfasst. *(9 Punkte)*

a) 75 + 61 + 19 **b)** 68 + 13 + 27 **c)** 74 + 26 + 12
d) 37 + 13 + 12 + 58 **e)** 345 + 155 + 76 **f)** 15 + 77 + 85
g) 308 + 267 + 1192 **h)** 608 + 11 + 99 + 122 **i)** 12 − 3 − 8

8 Vervollständige die Zahlenmauern im Heft. *(20 Punkte)*

a)

201	328	99	15	126

b)

3582				
2338				
1430				
203	546			

9 Löse folgende Textaufgaben. *(6 Punkte)*
Lies den Text, stelle eine Frage und beantworte sie.

a) Ein Bäcker hat noch 57 Brötchen.
Er verkauft nacheinander fünf Brötchen, dann sieben, acht, zwei und dann noch sechs Brötchen.

b) Der Tank einer Tankstelle ist mit 30 000 Litern Benzin gefüllt.
Am Mittwoch werden 4270 Liter verkauft, am Donnerstag 5660 Liter und am Freitag 7279 Liter.

10 Die Summe der Zahlen in jeder Zeile, in jeder Spalte und in den Diagonalen soll immer gleich sein. Ergänze die fehlenden Zahlen im Heft. *(10 Punkte)*

Beispiel

Spalte *Diagonale* *Zeile*

2	9	4
7	5	3
6	1	8

a)

3	13	
	9	
7		15

b)

35			65
52	41	55	
	30	44	
20	57		50

11 Anfang 2009 hatte ein Sportverein 5800 Mitglieder. Im selben Jahr meldeten sich 204 ab und 265 kamen neu dazu. Im Jahr 2010 gab es 86 Abmeldungen und 195 Anmeldungen. Im Jahr 2011 betrug die Zahl der Abmeldungen 241 und die der Anmeldungen 187.
Wie viele Mitglieder hatte der Verein am Ende des Jahres 2011? *(4 Punkte)*

12 Für einen Spiele-Abend wurde eingekauft. *(6 Punkte)*
Der Kassenzettel ist hier abgebildet.

SUPERMARKT KLOSE	
Limo	4,78 €
Saft	2,39 €
Chips	2,98 €
Flips	1,58 €
Brezeln	3,68 €

Runde geschickt und überschlage den Gesamtwert.
Reichen 15 € für diesen Einkauf?

Gold: 94–100 Punkte, Silber: 77–93 Punkte, Bronze: 60–76 Punkte

Zusammenfassung

→ Seite 72

Im Kopf addieren

Addieren bedeutet auch zusammenzählen, hinzufügen oder vermehren um …

302 + 217 = 519
plus Summe

Mithilfe einer **Überschlagsrechnung** können Ergebnisse überprüft werden.

Überschlag:
$302 + 217 \approx 300 + 220 = 520$

→ Seite 74

Im Kopf subtrahieren

Subtrahieren bedeutet auch abziehen, den Unterschied berechnen oder vermindern um …

825 – 519 = 306
minus Differenz

Addition und Subtraktion sind **Umkehrrechnungen** voneinander.

825 – 519 = 306,
denn 306 + 519 = 825

→ Seite 76

Das Vertauschungsgesetz

Man rechnet **von links nach rechts**.

Vertauschungsgesetz:
Beim Addieren dürfen Zahlen vertauscht werden.

$$\underbrace{45 + 59}_{104} = \underbrace{59 + 45}_{104}$$

→ Seite 78

Rechnen mit Klammern

Vorrangregel:
Der Wert in der Klammer wird zuerst berechnet.

202 – (1 + 100)
= 202 – 101 = 101

Verbindungsgesetz:
Beim Addieren dürfen Zahlen beliebig durch Klammern zusammengefasst werden.

(73 + 85) + 15	73 + (85 + 15)
= 158 + 15	= 73 + 100
= 173	= 173

→ Seite 80

Schriftlich addieren

- Zahlen stellengerecht untereinander schreiben
- Ziffern stellenweise addieren, beginnend bei den Einern von unten nach oben
- Übertrag an der nächstgrößeren Stelle addieren

$$\begin{array}{r} 298 \\ +\ 65 \\ {\scriptstyle 1\,1\ } \\ \hline 363 \\ \hline \end{array}$$

Übertrag:
5 E + 8 E = 13 E Übertrag 1
1 Z + 6 Z + 9 Z = 16 Z Übertrag 1

→ Seite 84

Schriftlich subtrahieren

- Zahlen stellengerecht untereinander schreiben
- Ziffern stellenweise von unten nach oben ergänzen, beginnend bei den Einern
- Übertrag an der nächstgrößeren Stelle addieren

$$\begin{array}{r} 450 \\ -\ 426 \\ {\scriptstyle 1\ } \\ \hline 24 \\ \hline \end{array}$$

Übertrag:
6 E + 4 E = 10 Z Übertrag 1

Werden **mehrere Zahlen** schriftlich subtrahiert, addiert man zuerst die unteren Zahlen und ergänzt dann zur oberen Zahl.

$$\begin{array}{r} 430 \\ -\ 254 \\ -\ 130 \\ {\scriptstyle 1\,1\ } \\ \hline 46 \\ \hline \end{array}$$

Größen

Schafft Sara es bis ganz nach oben?
Der Kletterfelsen ist 15 m hoch.
Aber sie ist gut gesichert.
Sie benötigt ungefähr 20 Minuten für den Aufstieg.
Der Abstieg dauert nur eine Viertel Stunde.

Noch fit?

Einstieg

1 Messgeräte
Welche Größen kann man mit diesen Messgeräten messen?

a) Apothekerwaage

b) Zollstock

c) Stoppuhr

d) Zählbrett

e) Personenwaage

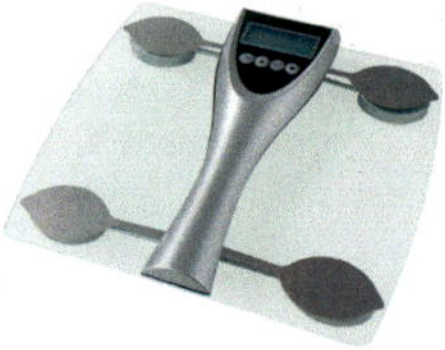

f) Geodreieck

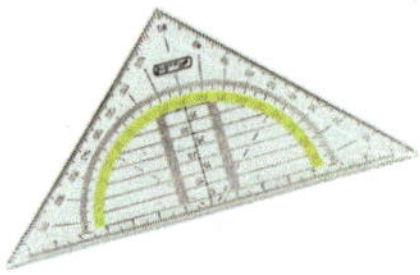

2 Einheiten von Größen
Schreibe die Sätze ab.
Ergänze jeweils die richtige Einheit (Cent, Meter, Euro, Minuten, Gramm).

a) Mike bekommt 5 ▢ Taschengeld.
b) Das Buch wiegt 500 ▢.
c) Der Kakao kostet 75 ▢.
d) Der Schulbus fährt 13 ▢ lang.
e) Ein Fußballfeld ist 100 ▢ lang.

3 Längen messen
Ordne den Strecken ihre Länge zu.

① 34 mm ② 6 cm
③ 12 mm ④ 1 cm

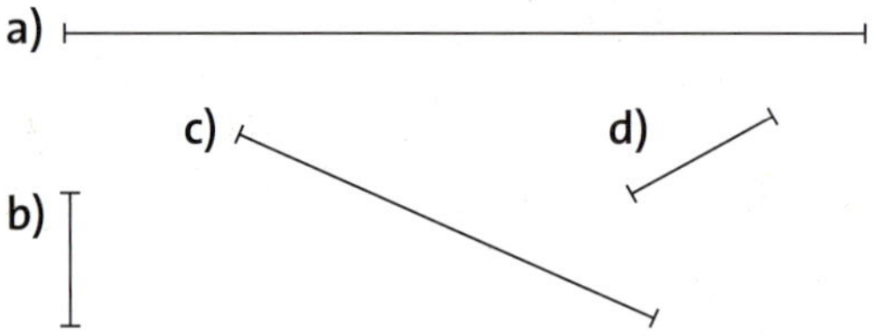

4 Kopfrechnen
Berechne die Aufgaben im Heft.
Was fällt dir auf?

a) $8 \cdot 10$
b) $8 \cdot 100$
c) $8 \cdot 1000$
d) $8 \cdot 10000$

Aufstieg

2 Einheiten von Größen
Schreibe die Sätze ab.
Ergänze jeweils die richtige Einheit.

a) Carina wiegt 35 ▢.
b) Max ist 157 ▢ groß.
c) Eine Reitstunde kostet 29,90 ▢.
d) Die kleine Pause ist 5 ▢ lang.
e) Das Körnerbrötchen kostet 40 ▢.
f) Das Schwimmbecken ist 50 ▢ lang.

3 Längen messen
Miss die Längen der Strecken.

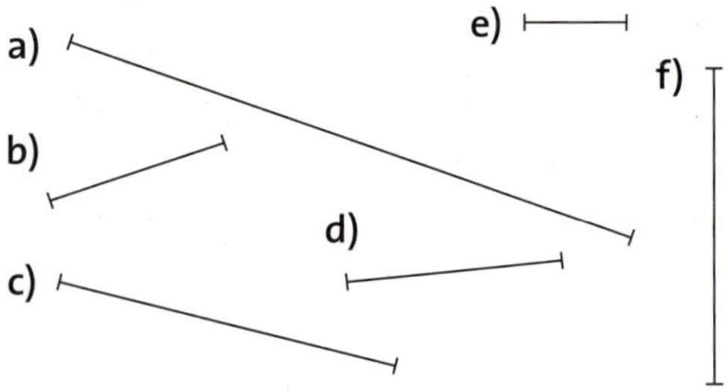

4 Kopfrechnen
Berechne die Aufgaben im Heft.
Was fällt dir auf?

a) $6 \cdot 10$ b) $6 \cdot 100$
c) $6 \cdot 1000$ d) $6 \cdot 10000$
e) $70000 : 10$ f) $70000 : 100$
g) $70000 : 1000$ h) $70000 : 10000$

5 Tiere ordnen

Ordne die Tiere nach ihrem Gewicht. Beginne mit dem leichtesten Tier.

6 Zehnersystem

Ergänze die Lücken im Heft. Nutze die Stellenwerttafel in der Randspalte.

Beispiel 10 Hunderter = 1 Tausender

a) 10 Einer = ▢ Zehner
b) 1 Hunderter = ▢ Zehner
c) 1000 Einer = ▢ Hunderter

7 Geld zählen

Wie viel Geld ist hier abgebildet? Addiere.

8 Uhrzeiten

Wie spät ist es? Notiere im Heft.

a) 
b) 
c) 
d) 

5 Fortbewegungsmittel ordnen

Ordne die Fortbewegungsmittel nach ihrem Gewicht. Beginne mit dem leichtesten.

6 Zehnersystem

Ergänze die Lücken im Heft.

Beispiel 10 Hunderter = 1 Tausender

a) 1 Zehner = ▢ Einer
b) ▢ Einer = 1 Hunderter
c) 1000 Einer = ▢ Tausender
d) ▢ Zehner = 10 Hunderter

7 Geld zählen

Wie viel Geld ist hier abgebildet? Addiere.

8 Uhrzeiten

Wie spät ist es? Notiere im Heft.

a) 
b) 
c) 
d) 

ERINNERE DICH

Stellenwerttafel

T	H	Z	E
1	0	0	0

10 Hunderter sind 1 Tausender.

Größen im Alltag

Entdecken

1 Verschiedene Größen

a) Ist der Elefant größer als 1 m?
b) Wiegen 4 Äpfel mehr als 4 Tischtennisbälle?
c) Benötigt ein Schwimmer mehr als drei Minuten für eine Bahn im Schwimmbad?
d) Ist das Fahrrad teurer als 15 €?
e) Nach welchen Größen wurde gefragt? Auf welche Wörter musst du dabei achten?

ZUM WEITERARBEITEN
Stelle deinem Nachbarn ähnliche Fragen wie bei Aufgabe 1. Welche Größen benutzt ihr? Wie kann man sie messen?

Verstehen

20 km Radrennen

Preisgeld: 2000 €
Rundenlänge: 400 m
Gewicht des Fahrrads: 7 kg
Rekord: 28 min und 31 s
Start: 15 Uhr
Startgeld: 10 €

Im täglichen Leben begegnen uns sehr oft verschiedene Größen.
Man erkennt Größen an der Einheit hinter dem Zahlenwert.

Merke Länge, Gewicht, Zeit und Geld sind **Größen**.
Eine Größe wird durch einen Zahlenwert und eine Einheit angegeben.

Beispiel 1

5 cm
Zahlenwert ↙ ↘ Einheit

Jede Größe hat ihre eigenen Einheiten, z. B.:
Länge: Kilometer, Meter, Zentimeter
Geld: Euro, Cent
Gewicht: Kilogramm, Gramm
Zeit: Minuten, Sekunden

Merke Beim **Messen** von Größen wird mit einer festgelegten Einheit verglichen.

Tafellineal:

Beispiel 2
Eine Runde der Rennstrecke ist 400 m lang.
Das sind 400-mal 1 m.
1 m ist z. B. genauso lang wie ein Tafellineal.
Also ist eine Runde der Rennstrecke genauso lang wie 400 Tafellineale.

Üben und anwenden

1 Fußball

Das Spielfeld ist etwa 105 Meter lang und 70 Meter breit.
Der Ball wiegt höchstens 450 Gramm.
Ein Spiel dauert 90 Minuten.
Eine Karte für ein Bundesligaspiel kostet ungefähr 40 Euro.

a) Schreibe alle Größenangaben ab.
b) Welche Größen sind jeweils angegeben: Länge, Gewicht, Zeit oder Geld?

1 Diskuswurf

Gerd Kanter gewann bei den Olympischen Spielen 2008 im Diskuswurf Gold.
Er warf 68,82 m.
Sein Rekord liegt bei 73,38 m.
G. Kanter wiegt 120 kg und ist 196 cm groß. Der Diskus der Männer wiegt 2 kg.

a) Welche Angaben im Text gehören zu welchen Größen?
b) Woran erkennst du das?

2 Ordne im Heft den Größenangaben die passenden Größen zu. Begründe deine Anordnung.

300 m | 3 cm | 15 Stunden | 12 min | 17 Tonnen | Zeit | Länge | Gewicht | 5 km | 36 kg | 17 Jahre | 35 g | 3,50 € | 170 Gramm | Geld

3 In welcher Einheit wurde gemessen?
Wie oft passt die Einheit in die Größe?

Beispiel
4 Meter: Die Einheit 1 Meter passt 4-mal, denn 4 Meter = 4 · 1 Meter

a) 2 Meter
b) 7 Meter
c) 6 Kilogramm
d) 9 Kilogramm
e) 10 Euro
f) 25 Euro
g) 2 Stunden
h) 6 Stunden

3 In welcher Einheit wurde gemessen?
Wie oft passt die Einheit in die Größe?

Beispiel
3 Kilogramm: Die Einheit 1 kg passt 3-mal, denn 3 kg = 3 · 1 kg

a) 5 Kilogramm
b) 20 Gramm
c) 15 Minuten
d) 55 Stunden
e) 3 Meter
f) 6 Kilometer
g) 45 Cent
h) 16 Euro

4 Im Alltag messen
Um welche Größen handelt es sich?
Welche Einheit benutzt du dabei?
a) Gewicht eines Pakets Butter
b) Dauer deines Schulwegs
c) Länge der Tafel
d) deine Körpergröße

4 Im Alltag messen
Welche Einheiten gehören zu den Angaben?
Welches Messgerät benutzt man?
a) Weite beim Weitsprung
b) Höhe einer Tür
c) Dauer einer Unterrichtsstunde
d) Gewicht eines Haustieres

NACHGEDACHT
Was bedeuten die Angaben auf den Schildern?

Geld

Entdecken

1 Anne, Hussein und Tim sind begeisterte Fußballfans. Am Samstag wollen sie zusammen zu einem Spiel gehen. An der Kasse hängt diese Preisliste:

Kategorie	Preis
Kategorie 1	40,00 €
Kategorie 2	34,50 €
Kategorie 3	28,00 €
Kategorie 4	14,50 €
Kategorie 5	12,00 €

a) Welche Karten können sie sich kaufen, wenn sie insgesamt 45 € dabei haben?
b) Wie viel Geld haben sie übrig?
c) Vor dem Stadion treffen sie Tina. Sie hat 20 € dabei. Überlege dir weitere Fragen und stelle sie deinem Sitznachbarn.

2 Eine Eishockeymannschaft besteht aus sechs Spielern und drei Ersatzspielern. Alle Spieler sollen ein neues Trikot bekommen. Das kostet zusammen 360 €. Die Beschriftung der Trikots kostet zusätzlich 7 € pro Trikot.
a) Berechne den Preis für ein beschriftetes Trikot.
b) Wie viel muss die Mannschaft für alle beschrifteten Trikots insgesamt bezahlen?

Verstehen

Sandra feiert ihren Geburtstag im Kletterpark. Sie bezahlt für ihre acht Freunde und sich den Eintritt, Getränke, Weingummi und das Mittagessen. Was das zusammen wohl gekostet hat?

Merke **Geld** ist eine Größe, die angibt, wie viel eine Sache wert ist. In Deutschland und vielen anderen Ländern Europas wird Geld in **Euro** (€) und in **Cent** (ct) angegeben. Es gibt auch andere Währungen.

Beispiel 1

7,32 €

Zahlenwert ↙ ↘ Einheit

Links vom Komma steht der Euro-Betrag. Rechts vom Komma steht der Cent-Betrag.
1 Euro sind 100 Cent.

So kann man Beträge von Euro in Cent oder von Cent in Euro umwandeln:

Beispiel 2
7,32 €
= 7 € 32 ct
= 732 ct

Beispiel 3
103 ct
= 1 € 3 ct
= 1,03 €

Beispiel 4
95 ct
= 0 € 95 ct
= 0,95 €

SCHON GEWUSST?
In der Türkei zahlt man mit Türkischen Lira.

Üben und anwenden

1 Schreibe die Beträge in € mit Komma.

a) 5 € 30 ct b) 3 € 39 ct
c) 39 € 50 ct d) 100 € 85 ct
e) 0 € 15 ct f) 0 € 5 ct

2 Wandle die Beträge um.

a) von Euro in Cent
Beispiel 3 € = 300 ct
7 €; 13 €; 35 €; 66 €; 100 €; 2,50 €

b) von Cent in Euro
Beispiel 800 ct = 8 €
200 ct; 400 ct; 1000 ct; 750 ct; 279 ct

3 Zahle mit möglichst wenig Scheinen und Münzen.

Beispiel 2,30 € = 2 € + 20 ct + 10 ct

a) 1,60 € b) 4,20 € c) 8,15 € d) 10,14 €

4 Im Supermarkt

Produkt	Preis
Mineralwasser	60 ct
Cola	75 ct
Orangensaft	55 ct
Nudeln	1,10 €
Käse	1,89 €
Joghurt	35 ct
Möhren	1,50 €
Packung Eier	1,80 €

a) Wie viel kosten eine Flasche Mineralwasser und ein Becher Joghurt?
b) Wie viel kosten eine Flasche Cola und eine Packung Eier?
c) Wähle selbst und berechne den Preis.

5 Wie viel Geld bekommst du zurück?

```
CAFÉ
FLORENZ

Kuchen      1,30
2 Kaffee    4,60
Kakao       2,15
Torte       3,80

Summe      11,85
Bezahlt    20,00

Wechselgeld  ■
```

```
MODESHOP
BEI SARA

Hose       19,95
Top        12,50
Bluse      18,90
Schuhe     29,95

Summe      81,30
Bezahlt   100,00

Wechselgeld  ■
```

1 Ordne die Beträge der Größe nach. Beginne mit dem kleinsten Betrag.

a) 15 ct; 1 € 18 ct; 9 €; 2190 ct; 0,38 €
b) 3 €; 5 € 50 ct; 2,30 €; 0,25 €; 410 ct

2 Wandle in die in Klammern angegebene Einheit um.

a) 600 ct (€) b) 4000 ct (€)
c) 5800 ct (€) d) 750 ct (€)
e) 60 ct (€) f) 12 € (ct)
g) 77 € (ct) h) 380 € (ct)
i) 0,50 € (ct) j) 5,30 € (ct)

3 Zahle mit möglichst wenig Scheinen und Münzen.

a) 4,50 € b) 1,70 €
c) 0,83 € d) 10,45 €
e) 13 € f) 57 €

4 Wie viel Geld ist jeweils zu zahlen?

a) Anna kauft eine Bluse für 16 € und eine Hose für 43 €.
b) Amelie kauft Schuhe für 49,95 € und Schuhcreme für 2,50 €.
c) Frau Bender parkt drei Stunden im Parkhaus. Jede Stunde kostet 1,80 €.
d) Daniel kauft einen Fahrradhelm für 49,50 € und eine Fahrradklingel für 5,90 €.
e) Florian kauft diese Lebensmittel ein.

5 Ergänze die Tabelle im Heft.

Kaufpreis	gegeben	Wechselgeld
24,50 €	30,00 €	
4,71 €	10,00 €	
34,72 €	40,00 €	
	80,00 €	22,50 €
	45,00 €	7,22 €
	65,00 €	3,27 €
44,72 €		5,28 €
8,89 €		11,11 €

SCHON GEWUSST?
So sehen alle Euro-Scheine aus:

Länge

Entdecken

1 Längenmaße trugen früher die Namen menschlicher Körperteile.

Spanne

Fuß

Elle

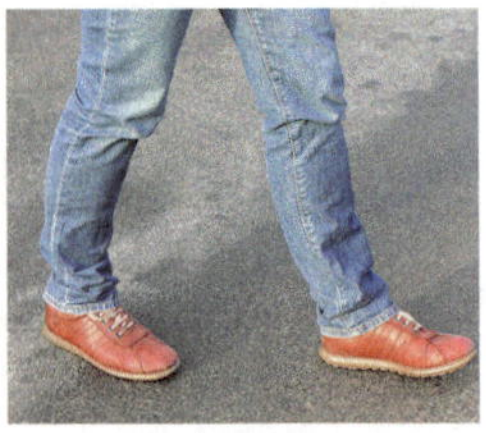

Schritt

a) Miss die Länge eines Tisches in Spannen (Ellen).
Vergleiche dein Ergebnis mit den Ergebnissen deiner Mitschüler.

b) Miss die Längen weiterer Gegenstände. Überlege dir zuerst, mit welchem Körpermaß gemessen werden soll. Vergleicht eure Ergebnisse.

c) Welche Probleme könnt ihr feststellen? Wie könnte man sie lösen?

Verstehen

Jenny und Sarah wohnen nebeneinander. Wie lang ist der Weg zwischen ihren Wohnhäusern?

Merke Die **Länge** ist eine Größe, die angibt, wie weit zwei Orte voneinander entfernt sind. Die Länge wird z. B. mit einem Maßband, einem Zollstock oder einem Lineal gemessen.

HINWEIS
Für Kommazahlen gilt:
1,5 km steht für 1 km und 500 m.
1,5 m steht für 1 m und 50 cm.

Beispiel 1
Der Weg zwischen den Häusern ist 20 Meter lang.

20 m
Zahlenwert ↙ ↘ Einheit

Merke So kann man **Einheiten der Länge** in andere Einheiten umrechnen:

Kilometer (km):	1 km = 1000 m
Meter (m):	1 m = **10** dm = 100 cm = 1000 mm
Dezimeter (dm):	1 dm = **10** cm = 100 mm
Zentimeter (cm):	1 cm = **10** mm
Millimeter (mm):	1 mm

Bei den Längenmaßen ist die **Umwandlungszahl 10.**
Ausnahme:
Bei der Umrechnung von **km in m** und von **m in km** ist die **Umwandlungszahl 1000.**

Beispiel 2
Um in die **nächstkleinere** Einheit umzurechnen, muss man mit 10 multiplizieren.

m		dm		cm		mm
2	· 10 →	20	· 10 →	200	· 10 →	2000

2 m = 20 dm = 200 cm = 2000 mm

Beispiel 3
Um in die **nächstgrößere** Einheit umzurechnen, muss man durch 10 dividieren.

mm		cm		dm		m
3000	: 10 →	300	: 10 →	30	: 10 →	3

3000 mm = 300 cm = 30 dm = 3 m

Beispiel 4

Um **von km in m** umzurechnen, muss man mit 1000 multiplizieren.

km		m
4	· 1000 →	4000

4 km = 4000 m

Beispiel 5

Um **von m in km** umzurechnen, muss man durch 1000 dividieren.

m		km
5000	: 1000 →	5

5000 m = 5 km

Üben und anwenden

1 Ordne im Heft den Tieren die richtige Körperlänge zu.

Blauwal; 22 cm; Floh; 3 mm; 26 m; 3,5 m; 4 cm; Elefant; Raupe; Meerschweinchen

2 Schreibe die Längen in den nächstkleineren Einheiten.

Beispiel 15 m = 150 dm

a) 7 cm b) 3 m c) 25 dm
d) 110 m e) 2 km f) 12 m
g) 2,6 m h) 7,2 km i) 2,05 cm

3 Ergänze die Tabelle im Heft.

cm	1	8	20		
mm				500	250

4 Wandle die Längen um.

a) in m:
2 km; 4 km; 200 km; 12,5 km; 1,23 km

b) in km:
2000 m; 6000 m; 1200 m; 290 m; 2222 m

5 Schreibe die Aufgaben in dein Heft. Ordne die Längen aus der Randspalte richtig zu.

a) 350 cm = ▢ b) 35 km = ▢
c) 30 m = ▢ d) 30 mm = ▢
e) 300 cm = ▢ f) 350 m = ▢

6 Auf einem neuen Stoffballen sind 10 m Stoff.

a) Von einem neuen Ballen wurden 6 m Stoff verkauft. Wie viel m sind noch übrig?

b) Auf einem Ballen sind noch 2,50 m Stoff. Wie viel m wurden schon verkauft?

1 Ordne die Einheit im Heft zu.

a) Entfernung Münster – Köln: 150 ▢
b) Breite eines DIN-A4-Blatts: 21 ▢
c) Länge des Klassenraums: 11 ▢
d) Bleistiftstrich: 1 ▢
e) Länge des Geodreiecks: 16 ▢
f) Schrittlänge: 1 ▢
g) Körperlänge einer Ameise: 4 ▢

m, mm, cm, km, m, cm, mm

2 Schreibe die Längen fortlaufend in kleineren Einheiten.

Beispiel 3 m = 30 dm = 300 cm = 3000 mm

a) 15 cm b) 2 m c) 14 dm
d) 123 m e) 4 km f) 2,5 m
g) 7,7 dm h) 12,5 km i) 13,02 m

3 Ergänze die Tabelle im Heft.

m	2	18	1,5		
mm				3000	250

4 Wandle die Längen um.

a) in m:
2 km; 12 km; 0,5 km; 1,23 km; 1,003 km

b) in km:
4000 m; 600 m; 329 m; 1290 m; 22 m

5 Ergänze die Einheiten im Heft.

a) 6 m = 60 ▢ b) 800 mm = 80 ▢
c) 2000 m = 2 ▢ d) 7 km = 7000 ▢
e) 300 cm = 3 ▢ f) 5 m = 50 ▢
g) 150 cm = 1,5 ▢ h) 1200 m = 1,2 ▢

6 Simone und Till wandern. Der Wanderweg ist 10 km lang. Bis zum Ziel sind es noch 2,6 km. Wie viel Kilometer (wie viel Meter) sind sie bereits gewandert?

NACHGEDACHT

Mit welchem Messgerät kann man jeweils messen?
- *Bleistiftlänge*
- *Körpergröße*
- *Raumhöhe*
- *Seillänge*
- *Kopfumfang*
- *Buslänge*

HINWEIS

Lösungen zu Aufgabe 5 (lila):
3 m 3500 mm 35 000 m 0,35 km 3 cm 3000 cm

Gewicht (Masse)

Entdecken

SCHON GEWUSST?
Gewicht wird auch als Masse bezeichnet.

1 Mit einer Waage kann man messen, wie schwer etwas ist.

elektronische Waage

Tafelwaage

a) Das linke Bild zeigt eine elektronische Waage. Wo werden solche Waagen verwendet?
b) Auf der Tafelwaage liegen auf der rechten Seite drei Pflastersteine und auf der linken Seite sechs Wägestücke. Wie groß ist das Gewicht der Pflastersteine mindestens? Begründe.
c) Nenne noch andere Arten von Waagen. Wo werden sie verwendet?

2 Gib mindestens vier verschiedene Tiere an und schätze deren Gewicht. Vergleiche nun deine Schätzungen mit Angaben aus einem Lexikon oder mithilfe des Internets.

Verstehen

Beim Tierarzt wird der Hundewelpe Oskar regelmäßig gewogen.

Merke Das **Gewicht** ist eine Größe, die angibt, wie schwer etwas ist.
Das Gewicht wird mit einer Waage gemessen.

Beispiel 1
Beim letzten Tierarztbesuch wog Oskar 500 g.
Wenn er ausgewachsen ist, wird er etwa 25 kg wiegen.

500 g → Zahlenwert, Einheit

Merke So kann man **Einheiten des Gewichts** in andere Einheiten umrechnen:

Tonne (t):	1 t = **1000** kg = 1 000 000 g
Kilogramm (kg):	1 kg = **1000** g
Gramm (g):	1 g

Bei Gewichten ist die **Umwandlungszahl 1000**.

HINWEIS
Für Kommazahlen gilt: 1,5 kg steht für 1 kg und 500 g. 1,5 g steht für 1 g und 500 mg.

Beispiel 2
Um in die **nächstkleinere** Einheit umzurechnen, muss man mit 1000 multiplizieren.

t		kg		g
2	· 1000 →	2000	· 1000 →	2 000 000

2 t = 2000 kg = 2 000 000 g

Beispiel 3
Um in die **nächstgößere** Einheit umzurechnen, muss man durch 1000 dividieren.

g		kg		t
4 000 000	: 1000 →	4000	: 1000 →	4

4 000 000 g = 4000 kg = 4 t

Üben und anwenden

1 Ordne im Heft die Gewichte 150 t; 10 g; 1 kg; 70 kg; 450 kg; 1,4 t und 7 t den Bildern richtig zu.

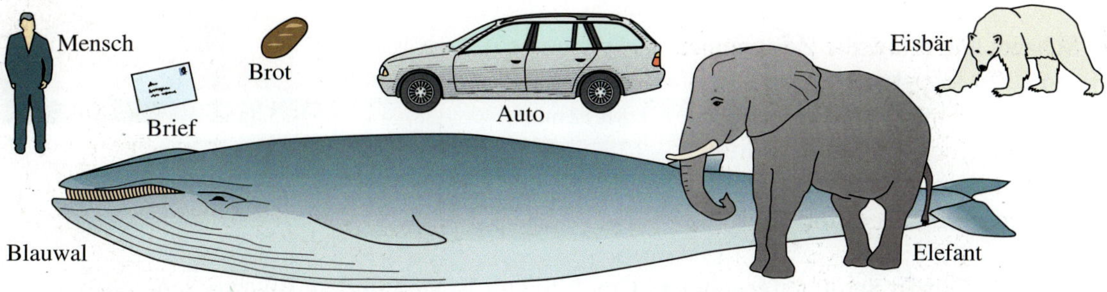

2 Schreibe in dein Heft.
Welches Gewicht ist genauso schwer wie …

a) 3 kg:	300 g	oder	3000 g?
b) 7 kg:	7000 g	oder	70 000 g?
c) 2 t:	2000 kg	oder	20 000 kg?
d) 12 000 g:	12 kg	oder	120 kg?
e) 70 t:	7000 kg	oder	70 000 kg?
f) 5000 g:	5 kg, 50 kg	oder	500 kg?

2 Es gehören immer zwei Gewichtsangaben zusammen. Welche sind es?
Schreibe sie geordnet in dein Heft.

4,4 t | 4000 g | 44 kg | 4 400 000 g | 40 t | 440 g | 44 000 g | 4 kg | 0,44 kg | 40 000 kg

3 Wandle die Gewichtsangaben um.

a) von kg in g:

kg	6	12	31	103	200
g					

b) von g in kg:

g	2000	9000	120 000	500
kg				

c) von t in kg:

t	3	27	116	20	100
kg					

3 Wandle die Gewichtsangaben um.

a) von kg in g:

kg	9	24	195	130	0,2
g					

b) von g in kg:

g	3000	7000	100 000	750
kg				

c) von t in kg:

t	6	49	137	200	0,75
kg					

HINWEIS
Beispiele zu Aufgabe 3 (lila):
zu a):
3 kg = 3000 g
zu b):
8000 g = 8 kg
zu c):
1 t = 1000 kg

4 Gewichtsangaben umwandeln

a) Wandle in die kleinere Einheit um.
Beispiel 2 kg 500 g = 2500 g
6 kg 500 g; 9 kg 200 g; 15 kg 600 g;
4 t 500 kg; 7 t 850 kg; 20 t 883 kg

b) Wandle in die größere Einheit um.
Beispiel 2 kg 500 g = 2,5 kg
7 kg 500 g; 1 kg 900 g; 25 kg 300 g;
8 t 500 kg; 19 t 240 kg; 100 t 715 kg

4 Schreibe das Gewicht einmal in die größere Einheit und einmal in die kleinere Einheit.
Beispiel 5 kg 400 g = 5,4 kg = 5400 g

a) 3 kg 200 g
b) 4 t 500 kg
c) 5 kg 480 g
d) 9 kg 700 g
e) 45 t 950 kg
f) 5 t 683 kg
g) 9 kg 90 g
h) 32 kg 20 g
i) 3 t 99 kg
j) 5 t 40 kg
k) 40 t 100 kg
l) 100 t 40 kg

HINWEIS
103-1
Der Webcode führt zu weiteren Übungen zum Umrechnen von Gewichtseinheiten.

5 Sortiere das Domino in deinem Heft.

Start	8,8 kg
8000 g	80 g
88 000 g	Ende
80 000 kg	8,2 t
8200 g	8 t
0,08 kg	80 t
8000 kg	8 kg
8200 kg	88 kg
8800 g	8,2 kg

Zeit

Entdecken

1 Schätze und ordne die Zeitspannen zu. Wie lange dauert …
a) ein 100-Meter-Lauf?
b) ein Lied deiner Lieblingsband?
c) der Bau eines Einfamilienhauses?
d) ein Flug zum Mond?
e) ein Flug von Düsseldorf nach New York?

8 h 52 min | 20 s | 3 Tage | 3 min 29 s | 1 Jahr

2 Um 6:45 Uhr ist Sarah aufgestanden. Um 7:20 Uhr ist sie mit dem Bus zur Schule gefahren und war 15 Minuten unterwegs. Um 8:00 Uhr fängt die Schule an. Jede Unterrichtsstunde dauert 45 Minuten. Nach der Schule hat Sarah eine Stunde für die Hausaufgaben gebraucht.
a) Notiere alle Zeitangaben, die in dem Text vorkommen.
Kannst du die Zeitangaben sortieren? Beschreibe, wie du sortiert hast.
b) Jetzt ist es 15:10 Uhr. Wie lange ist Sarah schon wach?
Erkläre, wie du vorgehen kannst, um das zu berechnen. Worauf musst du achten?

Verstehen

Stefan darf am Tag 45 Minuten lang fernsehen.
Er entscheidet sich oft für eine Sportsendung, die um 17:15 Uhr beginnt.
Sie endet um 18:00 Uhr.

Merke Ein **Zeitpunkt** ist ein genau festgelegter Termin, z. B. der 13. Juli oder 11:30 Uhr. Eine **Zeitspanne** ist die Dauer zwischen zwei Zeitpunkten, z. B. eine Stunde, ein Jahr oder von 15 Uhr bis 18 Uhr.

HINWEIS
11:30 Uhr wird „11 Uhr 30" gesprochen. Manchmal wird die Schreibweise 11.30 Uhr verwendet.

Beispiel 1
Zeitpunkt: Die Sendung beginnt um 17:15 Uhr.
Zeitspanne: Die Sendung dauert 45 Minuten.

45 min → Zahlenwert (45), Einheit (min)

Merke So kann man **Einheiten der Zeit** in andere Einheiten umrechnen:

Jahr:	1 Jahr = 365 Tage			
Tag:		1 Tag = 24 h		
Stunde (h):			1 h = 60 min =	3 600 s
Minute (min):			1 min =	60 s
Sekunde (s):				1 s

Beispiel 2
So kann man in **kleinere** Einheiten umrechnen:

Tage		h		min		s
2	·24 →	48	·60 →	2880	·60 →	172 800

2 Tage = 48 h = 2880 min = 172 800 s

Beispiel 3
So kann man in **größere** Einheiten umrechnen:

s		min		h		Tage
345 600	:60 →	5760	:60 →	96	:24 →	4

345 600 s = 5760 min = 96 h = 4 Tage

Üben und anwenden

1 Handelt es sich um einen Zeitpunkt oder eine Zeitspanne? Ordne zu.
a) Die Nachrichten beginnen um 18:30 Uhr.
b) Das Training beginnt um 16:00 Uhr.
c) Eine Schulstunde dauert 45 Minuten.
d) Der Zug kommt um 14:11 Uhr an.
e) Die Fahrt nach Bochum dauert 1 Stunde.
f) Der Kinofilm dauert 2 Stunden

2 Zeiteinheiten umrechnen
a) Rechne in Sekunden um.
Beispiel 3 min = 3 · 60 s = 180 s
① 5 min; 8 min; 10 min
② 20 min; 50 min; 18 min
b) Rechne in Minuten um.
Beispiel 120 s = (120 : 60) min = 2 min
① 360 s; 180 s; 300 s
② 540 s; 420 s; 3600 s

3 Für Werbefotos von Uhren werden diese oft auf 10:10 Uhr oder 13:50 Uhr gestellt. Die Zeiger bilden ein „lächelndes Gesicht“. Wie viel Zeit liegt zwischen 10:10 Uhr und 13:50 Uhr?

4 Addiere die Zeitspannen.
Beispiel 2 h 15 min + 4 h 25 min = 6 h 40 min
a) 3 h 20 min + 5 h 30 min
b) 7 h 45 min + 1 h 5 min
c) 12 min 10 s + 4 min 30 s
d) 1 h 20 min 11 s + 2 h 10 min 8 s

5 Sarah möchte vom Hauptbahnhof zur Königsallee fahren. Sie hat im Internet einige Verbindungen gefunden. Welche Verbindung sollte sie nehmen? Begründe deine Antwort.

	ab Hbf	an Königsallee
Bus	14:10 Uhr	15:00 Uhr
U-Bahn	14:10 Uhr	14:45 Uhr
S-Bahn	14:05 Uhr	14:20 Uhr
Straßenbahn	13:50 Uhr	14:30 Uhr

1 Handelt es sich um einen Zeitpunkt oder eine Zeitspanne? Ordne zu.
a) Ich komme um 18 Uhr zu dir.
b) Die Pause beginnt um 9:35 Uhr.
c) Der Unterricht dauert von 8 Uhr bis 14 Uhr.
d) Eine Woche dauert 7 Tage.
e) Ali wurde um 15:04 Uhr geboren.

2 Zeiteinheiten umrechnen
a) Rechne in Sekunden um.
① 15 min; 45 min; 60 min
② 4 min 35 s; 2 min 3 s; 5 min 55 s
③ 10 min 15 s; 25 min 30 s; 30 min 19 s
b) Rechne in Minuten um.
① 360 s; 3600 s; 840 s
② 124 s; 3003 s; 256 s
③ 3 h; 5 h; 2 h 30 min

3 Wie viel Zeit liegt jeweils zwischen den beiden Uhrzeiten?
a) von 8:10 Uhr bis 8:45 Uhr
b) von 7:24 Uhr bis 8:24 Uhr
c) von 15:45 Uhr bis 16:30 Uhr
d) von 7:45 Uhr bis 12:35 Uhr
e) von  bis 

4 Addiere die Zeitspannen.
a) 10 h 35 min + 3 h 18 min
b) 2 h 27 min + 4 h 54 min
c) 7 min 38 s + 13 min 22 s
d) 47 min 48 s + 1 h 46 min 16 s
e) 3 h 32 min 20 s + 2 h 27 min 40 s

5 Kai und Alex wollen mit der Bahn von Essen nach Hamm fahren. Sie haben die vier Möglichkeiten gefunden. Welchen Zug sollten sie nehmen? Begründe deine Antwort.

Zug	ab Essen Hbf	an Hamm Hbf
ICE	15:17 Uhr	15:59 Uhr
RE	15:29 Uhr	16:13 Uhr
RE	15:53 Uhr	16:36 Uhr
IC	15:59 Uhr	16:43 Uhr

HINWEIS
105-1
Unter dem Webcode findest du weitere Übungen zum Thema Zeit.

HINWEIS
Es gibt auch Uhren, die die Zeit digital anzeigen.

SCHON GEWUSST?
Die Drehung der Erde um ihre Achse bestimmt die Dauer eines Tages. Findest du heraus, was die Dauer eines Monats und die Dauer eines Jahres bestimmt?

Thema Maßstab

Mithilfe von Maßstabsleisten kann man angeben, ob etwas vergrößert oder verkleinert dargestellt wird.

1 Käfer – verkleinert oder vergrößert?

Marienkäfer

Feldsandläufer

Kartoffelkäfer

Blütenbock

Maikäfer

a) Welche Käfer sind vergrößert, welche sind verkleinert dargestellt?

b) Gib die ungefähre Länge der Tiere in der Wirklichkeit an.
Du kannst das mithilfe der Maßstabsleiste und einem Lineal über den Bildern herausfinden.

Merke Um sehr große Gegenstände abzubilden, werden sie **verkleinert** dargestellt.
Um sehr kleine Gegenstände sichtbar zu machen, werden sie **vergrößert** dargestellt.

Auch Stadtpläne und Landkarten sind verkleinerte Darstellungen der Wirklichkeit. Der Maßstab einer Karte gibt an, wievielmal kleiner die Karte gegenüber der Wirklichkeit dargestellt ist.

Diese Karte von Nordrhein-Westfalen ist im Maßstab 1 : 2 500 000 abgebildet (gelesen: „1 zu 2 500 000").

Das bedeutet:
1 cm auf der Karte sind in Wirklichkeit 2 500 000 cm, also 25 km.
(Erinnere dich:
2 500 000 cm = 25 000 m = 25 km)

NACHGEDACHT
Gibt man die Strecke von Düsseldorf nach Münster in einen Routenplaner ein, wird eine Strecke von etwa 130 km angezeigt. Woran kann das liegen?

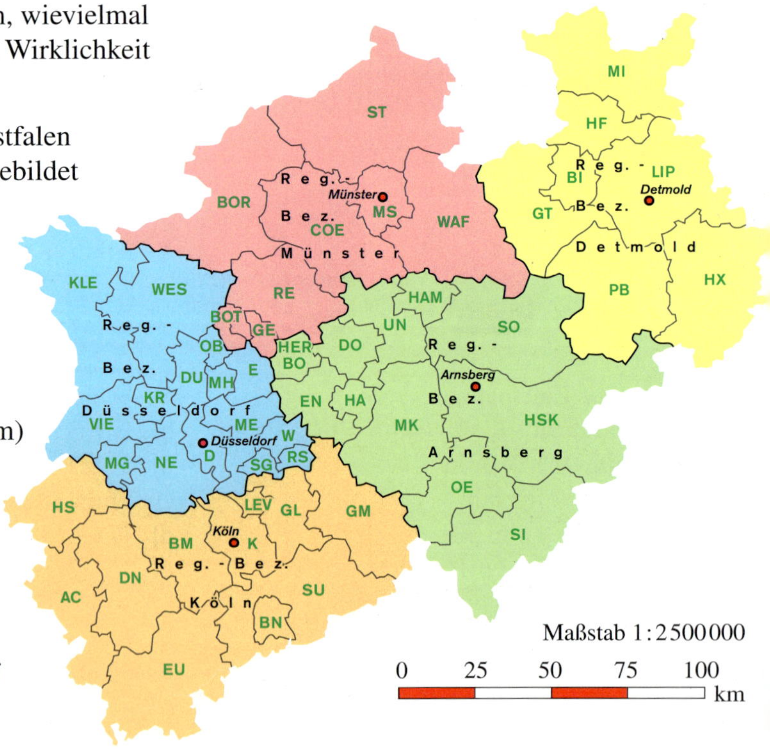

Beispiel

Der Abstand zwischen Düsseldorf und Münster beträgt auf der Karte 4 cm.
4 · 25 km = 100 km.
In Wirklichkeit sind Düsseldorf und Münster 100 km voneinander entfernt.

Merke Als **Maßstab** bezeichnet man das Verhältnis zwischen Bild und Wirklichkeit.
Er gibt an, wie stark die Dinge verkleinert oder vergrößert dargestellt werden.
1 : 100 000 bedeutet: 1 cm in der Darstellung sind 100 000 cm = 1 km in der Wirklichkeit.

2 Miss in der Karte auf S. 106 jeweils die Entfernungen zwischen den angegebenen Städten und runde auf ganze cm. Rechne die Angaben in die wirklichen Entfernungen um.
a) Köln–Arnsberg b) Münster–Detmold c) Köln–Münster

3 Auf der Karte sind Museum (A), Parkhaus (B) und Bootshaus (C) durch Kreuze markiert. Miss mit einem Lineal die Entfernungen zwischen je zwei Gebäuden.
Übertrage und ergänze die Tabelle im Heft.

	Länge auf der Karte	Länge in der Wirklichkeit
A–B		
B–C		
A–C		

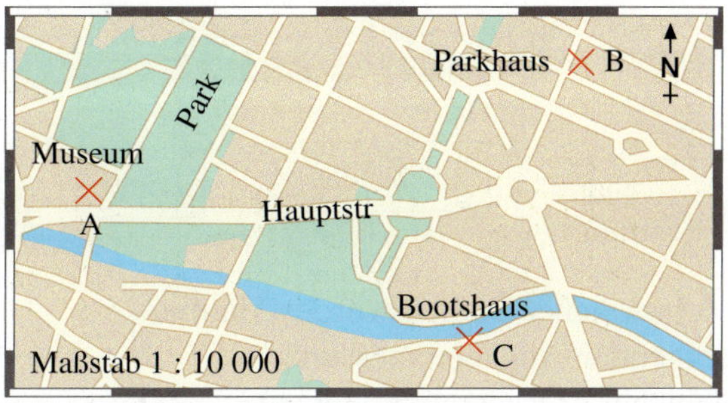

4 Katharina hat eine Zeichnung von ihrem Zimmer im Maßstab 1 : 100 angefertigt.
a) Miss die Längen und Breiten von Schrank, Bett und Schreibtisch. Berechne, wie groß die Möbel in der Wirklichkeit sind.
b) Katharina möchte auch noch ihr Bücherregal einzeichnen. Das ist in der Wirklichkeit 1 m breit und 30 cm tief. Wie groß ist es in der Zeichnung?
c) Miss dein eigenes Zimmer aus und erstelle eine Zeichnung im Maßstab 1 : 100. Beachte hierzu den Hinweis in der Randspalte.

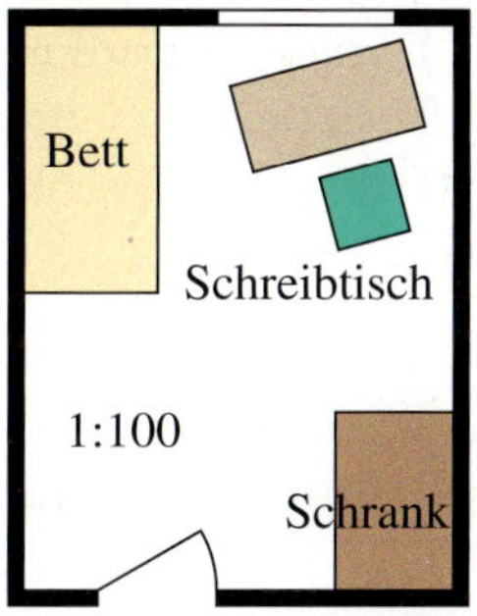

5 Bestimme die wirklichen Entfernungen.

a) in Metern:

Luftlinie	Entfernung im Stadtplan im Maßstab 1 : 25 000
Schule – Rathaus	7 cm
Schule – Sportplatz	5 cm
Schule – Kirche	4,5 cm

b) in Kilometern:

Luftlinie	Entfernung in der Landkarte im Maßstab 1 : 16 000 000
Köln – Madrid	9 cm
Köln – Warschau	6 cm
Köln – Rom	7 cm

6 Die Karte in der Randspalte ist im Maßstab 1 : 6 000 000 abgebildet. Sie zeigt den Verlauf des Rheins zwischen Düsseldorf und Koblenz.
a) Miss die Länge des Flusses von Düsseldorf bis Koblenz. Wie lang ist der Rhein zwischen den beiden Städten in Wirklichkeit? Berechne.
b) Kann die errechnete Länge mit der exakten Länge des Rheins übereinstimmen? Begründe deine Antwort.

7 Matchbox-Spielzeugautos werden im Maßstab 1 : 64 hergestellt.
Ein Mini ist in der Wirklichkeit 371 cm lang, 166 cm breit und 141 cm hoch.
a) Wie lang, wie breit und wie hoch ist das Spielzeugauto?
b) Welche Gegenstände fallen euch ein, die es als Modelle gibt?

HINWEIS
107-1
Unter dem Webcode findest du ein Arbeitsblatt zum Thema Maßstab.

HINWEIS
Um maßstabsgerecht zu zeichnen, musst du alle Längen im gleichen Maßstab umrechnen.

Klar so weit?

→ Seite 96

Größen im Alltag

1 Zu welcher Größe gehört welche Angabe? Ordne sie im Heft richtig zu.

300 m | 45 min | 17 Jahre | 35 Gramm | Gewicht | 3,70 € | 5 Kilometer | Geld | 5 Sekunden | Länge | 1,5 cm | 15 Stunden | Zeit | 2 Cent

2 In welcher Einheit würdest du die folgenden Angaben messen? Welches Messgerät passt dazu?
a) Höhe beim Hochsprung
b) Inhalt der Spardose
c) Dauer einer Zugfahrt
d) Gewicht eines Hundes

2 In welcher Einheit würdest du die folgenden Angaben messen? Welche Messgeräte würdest du benutzen?
a) Höhe eines Schranks
b) Zeit beim 50-m-Lauf
c) Gewicht deiner Schultasche
d) Dauer einer Busfahrt

→ Seite 98

Geld

3 Berechne das Rückgeld im Heft.

Kaufpreis	gegeben	Wechselgeld
24,00 €	30,00 €	
4,50 €	10,00 €	
34,90 €	40,00 €	
72,30 €	80,00 €	

3 Ergänze die fehlenden Werte im Heft.

Kaufpreis	gegeben	Wechselgeld
14,90 €	20,00 €	
38,70 €	50,00 €	
	35,00 €	4,11 €
41,32 €		8,68 €

4 Rechne die Beträge in € mit Komma um.
a) 300 ct b) 420 ct
c) 129 ct d) 245 ct
e) 3 € 12 ct f) 2 € 110 ct

4 Rechne in die angegebene Einheit um.
a) 330 ct (€) b) 2122 ct (€)
c) 2 € 81 ct (€) d) 2,34 € (ct)
e) 3 € 10 ct (ct) f) 139 € 59 ct (ct)

→ Seite 100

Länge

5 Rechne die Längenangaben um.
a) in cm:
2 m; 12 m; 3,75 m; 6 dm; 12,4 dm
b) in m:
310 cm; 21,8 dm; 15,9 km; 21 900 mm

5 Rechne die Längenangaben in die angegebene Einheit um.
a) 13 cm (m) b) 120 mm (m)
c) 2010 mm (dm) d) 124 dm (mm)
e) 1290 m (km) f) 1,32 km (dm)

6 Auf einem Stadtplan im Maßstab 1 : 2000 beträgt der Abstand zwischen Kino und Hauptbahnhof 4 cm. Berechne die tatsächliche Entfernung in Metern.

6 Auf einem Stadtplan im Maßstab 1 : 50 000 beträgt der Abstand zwischen Schule und Marktplatz 3 cm. Berechne die tatsächliche Entfernung in Metern.

Gewicht (Masse)

→ Seite 102

7 Ordne im Heft den Instrumenten das passende Gewicht zu.

200 kg | Querflöte | 400 g | Klavier | 4 kg | Schlagzeug | 40 kg | Gitarre

8 Rechne die Angaben um.

a) von kg in g:

kg	7	35	0,5	30	1000
g					

b) von g in kg:

g	5000	750	12	30 000
kg				

9 Addiere die Gewichtsangaben im Heft. Gib dabei das Ergebnis immer in der kleineren Einheit an.

a) 2 kg + 100 g
b) 300 g + 150 kg
c) 3 kg + 280 g
d) 1 t + 23 kg + 610 g

7 Schätze, wie schwer die folgenden Gegenstände sind.

a) ein Tisch
b) ein Buch
c) ein Kleiderschrank
d) eine Zahnbürste
e) ein Toaster
f) eine Topfpflanze
g) ein Stuhl
h) ein Auto

8 Rechne die Angaben um.

a) von kg in g:

kg	50	2,7	0,4	700	1,02
g					

b) von g in kg:

g	12 034	14	149203	0,1
kg				

9 Addiere die Gewichtsangaben im Heft. Gib dabei das Ergebnis immer in allen vorkommenden Einheiten an.

a) 8 kg + 103 g
b) 300 g + 151 kg
c) 3 t + 289 kg
d) 1 t + 233 kg + 610 g

Zeit

→ Seite 104

10 Zeitpunkt oder Zeitspanne?

a) Max braucht 10 min bis zur Schule
b) Der Bus fährt um 7:05 Uhr ab.
c) Anna ist 10 Jahre alt.

11 Es ist jetzt 3:00 Uhr. Wie spät ist es …

a) in einer Stunde?
b) in zehn Minuten?
c) in 30 Minuten?
d) in 24 Stunden?

12 Rechne die Einheiten um.

a) 120 Minuten in Stunden
b) 3 Stunden in Minuten
c) 4 Minuten in Sekunden
d) 3 Tage in Stunden

13 Addiere die Zeitspannen.

a) 1 h 20 min + 2 h 25 min
b) 1 h 50 min + 1 h 20 min

10 Zeitpunkt oder Zeitspanne?

a) Eine Halbzeit dauert 45 Minuten.
b) Der Zug hält für 10 Minuten in Duisburg.
c) Am Nachmittag soll es regnen.

11 Es ist jetzt 13:25 Uhr. Wie spät ist es …

a) in dreieinhalb Stunden?
b) in einer Viertelstunde?
c) in 70 Minuten?
d) in 720 Minuten?

12 Rechne die Einheiten um.

a) fünf Tage in Stunden
b) 3 Stunden in Sekunden
c) 14,5 Minuten in Sekunden
d) 2 Wochen in Minuten

13 Addiere die Zeitspannen.

a) 1 h 45 min + 4 h 35 min
b) 12 h 36 min + 9 h 16 min

Vermischte Übungen

1 Lucy hat Fehler in ihren Hausaufgaben. Beschreibe, was sie falsch gemacht hat.

a) 25 kg + 12 m = 37 m
b) 13 kg + 7 g = 20 kg
c) 3 h + 15 t = 15,3 t
d) 25 m + 20 cm = 25,20
e) 10 km + 10 m = 1010 m
f) 20 ct + 13 € = 20,13 €

2 Ordne die Längen.
Beginne mit der kürzesten.
a) 9 cm; 9 dm; 9 mm; 10 dm; 10 cm
b) 8 cm; 7 dm; 5 mm; 1 m; 2 cm
c) 75 m; 0,75 km; 7,5 km; 1400 m; 1400 dm
d) 4 dm; 0,5 m; 0,3 km; 42 cm; 390 mm

2 Schätze die Höhen der folgenden Gebäude und ordne sie nach ihrer Höhe.
Beginne mit der kleinsten.

Eiffelturm	Garage
Einfamilienhaus	Fernsehturm
Zelt	Hundehütte

3 Zahle folgende Geldbeträge mit möglichst wenigen Münzen und Scheinen aus.
a) 6 € b) 31 €
c) 2,60 € d) 17,20 €
e) 13,25 € f) 29,99 €

3 Zahle folgende Geldbeträge mit möglichst wenigen Münzen und Scheinen aus.
a) 36 € b) 42 €
c) 13,80 € d) 36,70 €
e) 16,25 € f) 19,99 €

ERINNERE DICH
Wie man schriftlich addiert, kannst du auf S. 80 nachlesen.

4 Erkan hat im Gemüsegeschäft eingekauft:

Tomaten:	3,50 €
Salat:	1,20 €
Kohlrabi:	4,30 €
Karotten:	2,00 €
Artischocken:	5,50 €
Rotkohl:	2,10 €

Was kostet der gesamte Einkauf?
Kommt er mit 20 € aus?

4 Im Einkaufskorb sind:

Tomaten:	1 kg 200 g
Salat:	400 g
Kohlrabi:	800 g
Paprika:	1 kg 100 g
Rotkohl:	475 g
Karotten:	300 g
Artischocke:	230 g

Wie schwer ist der gesamte Einkaufskorb, wenn er leer 425 g wiegt?

5 Geld umrechnen
a) Schreibe die Beträge in Cent.
2 € 2,45 € 16,09 €
b) Schreibe die Beträge in Euro mit Komma.
300 ct 654 ct 4579 ct
6503 ct 10 006 ct 7 ct

5 Schreibe die Beträge erst in Cent und dann in Euro mit Komma.
a) 1 € 1 ct b) 50 € 50 ct
c) 1 € 15 ct d) 76 € 1 ct
e) 9 € 9 ct f) 100 € 10 ct
g) 19 € 36 ct h) 380 € 45 ct

6 Rechne in die in Klammern angegebene Einheit um.
a) 20 kg (g) b) 12 000 000 g (t)
c) 10 t (kg) d) 3280 g (kg)
e) 120 g (kg) f) 1976 g (t)
g) 0,06 kg (g) h) 1 000 300 g (kg)

6 Schreibe in beiden angegebenen Einheiten, einmal mit Komma und einmal ohne Komma.
a) 8 kg 3 g b) 9 t 2 kg
c) 4 t 300 kg d) 4 t 9 g
e) 8 kg 15 g f) 3 t 700 g
g) 2 kg 3 g h) 3 t 2 g

7 Immer drei Längenangaben gehören zusammen. Ordne sie im Heft richtig zu.

3 m | 0,3 km | 300 cm | 30 dm | 300 m | 0,3 m | 30 mm | 3 cm | 3000 dm | 3 dm | 0,3 dm | 30 cm

8 Ein Karton enthält 40 Pakete Butter zu je 250 g.

a) Gib das gesamte Gewicht der Butter in Kilogramm an.
b) Acht Pakete sind schon verkauft. Wie viel Kilogramm Butter sind noch übrig?

9 Übertrage und ergänze die Tabelle im Heft.

h	3	5		
min		300	720	
s				36 000

10 Nora hat Geburtstag. Ihre 6 Freunde kaufen für sie ein Geschenk. Das Geschenk kostet 24 €.
a) Wie viel muss jeder bezahlen?
b) Sie kaufen noch eine Karte für 1,80 €. Wie viel müssen die sechs Freunde bezahlen?
c) Wie viel muss jeder bezahlen, wenn drei Freunde absagen und nicht zu dem Geburtstag kommen?

11 Übertrage und ergänze die Tabelle im Heft.

Zug	ab Duisburg	an Dortmund	Fahrzeit
ICE	8:59 Uhr	9:37 Uhr	
ICE	9:05 Uhr	9:41 Uhr	
RE	9:09 Uhr	9:46 Uhr	
IC	9:46 Uhr	10:21 Uhr	

12 Tim sagt: „Ich bin 132 Monate alt." Stefan sagt: „Ich bin 12 Jahre alt." Wer ist älter?

7 Ergänze im Heft die Zeichen (>, < oder =).
a) 60 m 3 cm □ 63 m
b) 38 cm □ 3 dm
c) 0,75 km □ 75 m
d) 55 m □ 55 dm
e) 0,8 m □ 80 cm
f) 5 km 800 m □ 5,08 km
g) 300 m 33 cm □ 330 dm
h) 408 m □ 400 m 8 cm
i) 0,994 km □ 990 m 4 dm

8 Jakob bereitet Waffelteig für vier Personen vor.
a) Wie viel wiegt der Teig? Gib das Gewicht in g und kg an.
b) Schreibe das Rezept für 12 Personen auf. Wie viel wiegt der Teig dann?

Waffelteig für vier Personen
250 g Butter, 0,5 kg Mehl, 4 Eier (wiegen etwa 220 g), 30 g Zucker, 5 g Backpulver

9 Übertrage und ergänze die Tabelle im Heft.

h	2		12		
min		180			1440
s				25 200	

10 Ein Lastkahn kann 2500 t Kohle laden. Kann er die Kohle von 41 Güterwaggons aufnehmen, wenn jeder Waggon mit 61 t beladen ist?

11 Übertrage und ergänze die Tabelle im Heft.

Zug	ab Düsseldorf	an Hamm	Fahrzeit
ICE	11:52 Uhr	12:59 Uhr	
RE	11:54 Uhr		1:19
ERB		13:34 Uhr	1:22
IC	13:29 Uhr	14:54 Uhr	

12 Moritz Vater sagt: „Heute habe ich 32 400 s gearbeitet." Kann das stimmen?

HINWEIS
111-1
Der Webcode führt zu weiteren Übungen zu Längen.

13 Bestimme die Höhe der Bäume.

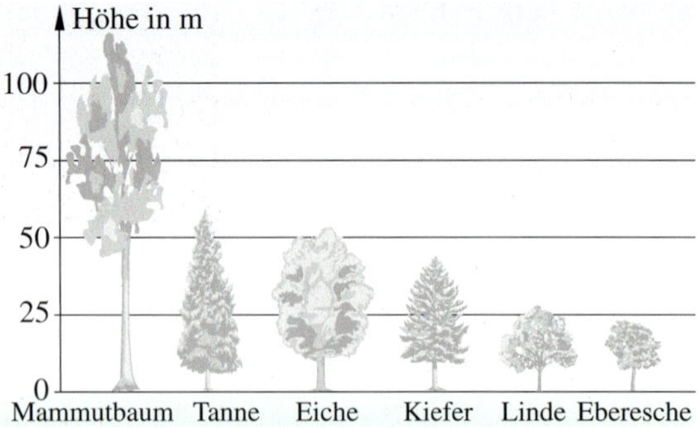

13 Bestimme den monatlichen Niederschlag in mm mit der Skala.

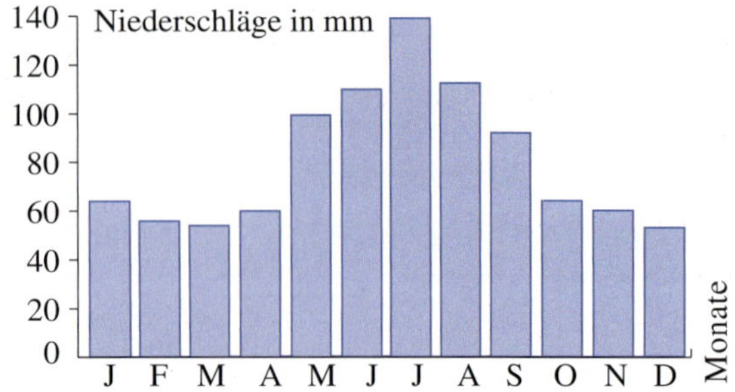

NACHGEDACHT
Familie Becker möchte mit einer Gondel fahren. Die Gondel kann nicht mehr als 120 kg tragen. Wie oft muss die Gondel für die Familie Becker fahren? Bei jeder Fahrt muss ein Erwachsener dabei sein.

14 In der Klasse 5 c wurde eine Umfrage zum Alter (in Jahren) der Schülerinnen und Schüler durchgeführt.
So sah das Ergebnis aus:

Alter	10	11	12
Anzahl	7	12	3

a) Wie alt sind alle Schülerinnen und Schüler der Klasse 5 c zusammen, wenn man ihre Lebensjahre addiert?
b) Rechne die Gesamtzahl an Jahren in Tage um.

14 In der Klasse 5 d wurde eine Umfrage zur Körpergröße (in cm) der Schülerinnen und Schüler durchgeführt.
So sah das Ergebnis aus:

Größe	143	144	145	146	147
Anzahl	3	3	8	5	2

a) Wie groß sind alle Schülerinnen und Schüler der Klasse 5 d zusammen, wenn man ihre Größenangaben addiert?
b) Rechne die Gesamtzahl der Größe von cm in m und mm um.

15 „Die Staulänge auf der A40 beträgt 13,5 km."
Nimm an, dass alle PKWs, die in dem Stau stehen, gleich viel Platz benötigen.
Wie viele PKW stehen etwa in diesem Stau?
Tipp: Eine Angabe fehlt. Welche ist es? Schätze die Angabe.

16 20 Schüler möchten ein Klassenfest feiern.
Sie benötigen 58 €.
In der Klassenkasse sind 34 €.

16 Fünf Freunde haben auf dem Flohmarkt Bücher und CDs verkauft.
Sie haben 120,50 € eingenommen.
Die Platzmiete betrug 12 €.

17 Fünf Brötchen kosten bei einem Bäcker 1,00 €. Wie viel kostet ein Brötchen?
Erkläre deinen Rechenweg.

17 12 Kilogramm kosten 3,60 €.
Wie viel kosten 2 kg Äpfel.
Erkläre deinen Rechenweg.

18 Der Fahrplan der U 11
a) Wie lange braucht die U 11 vom Hauptbahnhof bis zur Universität?
b) Wie oft fährt die U 11 zwischen 16 Uhr und 17 Uhr?

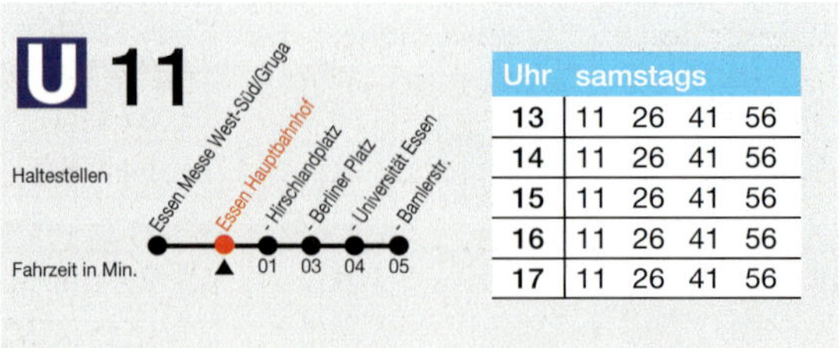

Uhr	samstags			
13	11	26	41	56
14	11	26	41	56
15	11	26	41	56
16	11	26	41	56
17	11	26	41	56

18 Mirja ist am Samstag um 15 : 30 Uhr am Berliner Platz mit einem Freund verabredet. Sie kommt um 15 : 11 Uhr am Hauptbahnhof an. Welche Bahnen kann sie nehmen?

19 So kann man ausrechnen, wie weit ein Gewitter entfernt ist.
„Wenn du den Blitz siehst, zählst du die Sekunden, bis du den Donner hörst.
Rechne die Sekundenzahl mal 330.
Dann weißt du, wie viel Meter das Gewitter ungefähr entfernt ist.“
Wie weit ist das Gewitter entfernt?

a) 9 s **b)** 6 s **c)** 4 s **d)** 3 s **e)** 7 s **f)** 8 s

SCHON GEWUSST?
Die Regel in Aufgabe 19 beruht darauf, dass der Schall in einer Sekunde etwa 330 Meter zurücklegt.

20 Miss die Breite und die Höhe eines Fensters. Zeichne das Fenster im Maßstab 1 : 50 in dein Heft. Wie breit und wie hoch ist das Fenster in deiner Zeichnung?

20 Miss die Länge und Breite einer Tischplatte. Zeichne die Tischplatte jeweils im Maßstab 1 : 10 und 1 : 20 in dein Heft. Welche Maße hat die Tischplatte in deiner Zeichnung?

21 Mia trainiert für die Landesmeisterschaft im Schwimmen.
Pro Tag trainiert sie 80 Bahnen im 25-m-Becken. Sie trainiert viermal in der Woche.

a) Wie viel m schwimmt sie pro Woche?
b) Wie viel km schwimmt sie pro Monat?

21 Eine Formel-1-Rennstrecke ist 6700 m lang. Die Fahrzeuge müssen 66 Runden zurücklegen. Das Rennen dauert 2 Stunden. Wie viele Kilometer haben die Fahrzeuge in einer Stunde zurückgelegt?
Wie viele Runden sind das?

22 Fußball-Bundesliga
In der Saison 2011/2012 spielten fünf Mannschaften aus Nordrhein-Westfalen in der 1. Fußball-Bundesliga.
Im Wettkampf „Jeder gegen jeden“ muss jede Mannschaft zweimal gegen jede andere Mannschaft antreten: im Heimspiel und im Auswärtsspiel.

a) Wie viele Spiele muss ein Verein nur in NRW spielen?
b) Suche dir einen der fünf Vereine aus. Wie weit ist es von der ausgesuchten Stadt zu den anderen vier Städten? Übertrage dazu die Tabelle in dein Heft. Miss auf der Karte mit einem Lineal und trage die gemessene Entfernung in die Tabelle im Heft ein.

Stadt	Entfernung auf der Karte	Entfernung in der Wirklichkeit
Köln		
Leverkusen		
Dortmund		
Gelsenkirchen		
Mönchengladbach		

c) Wie weit musste die Fußballmannschaft zu den Spielen jeweils fahren?
Trage dazu die wirklichen Entfernungen auch in die Tabelle ein.
d) Wie weit muss die von dir ausgesuchte Mannschaft in der Saison 2010/2011 insgesamt fahren? Erkläre deinen Rechenweg.

Checkliste 114-1

Teste dich!

(10 Punkte)

1 Verschiedene Größen

a) Nenne alle Größen, die du kennst.

b) Nenne zu allen genannten Größen jeweils zwei verschiedene Einheiten.

(7 Punkte)

2 Welche Größe wird mit welchem Messgerät gemessen? Ordne richtig zu.

① Breite einer Tür	a) Maßband
② Laufzeit beim 100-m-Lauf	b) Zollstock
③ Gewicht eines Menschen	c) Lineal
④ Beginn des Unterrichts	d) Stoppuhr
⑤ Gewicht der Zutaten beim Backen	e) Armbanduhr
⑥ Weite beim Weitsprung	f) Personenwaage
⑦ Breite einer Buchseite	g) Küchenwaage

(6 Punkte)

3 Übertrage die Tabelle in dein Heft und ergänze die fehlenden Werte.

a)

Kaufpreis	gegeben	Wechselgeld
4,55 €	20,00 €	
3,98 €	100,00 €	
38,19 €	40,00 €	

b)

Kaufpreis	gegeben	Wechselgeld
31,69 €	50,00 €	
	40,00 €	21,11 €
16,70 €		34,00 €

(10 Punkte)

4 In dem Bild der Alpen bei Oberstdorf haben die Berge unübliche Höhenangaben.

a) Schreibe die Höhen der Berge in Metern auf und ordne sie nach ihrer Höhe. Beginne mit dem kleinsten.

b) Wie groß ist der Höhenunterschied zwischen dem höchsten und dem niedrigsten Berg?

(14 Punkte)

5 Rechne die Größenangaben in die in Klammern angegebene Einheit um.

a) 4 km (m)
b) 18 000 kg (t)
c) 3,60 € (ct)
d) 5000 cm (dm)
e) 3,5 t (kg)
f) 4590 g (kg)
g) 1,6 km (dm)
h) 1,06 km (m)
i) 2 h (min)
j) 3450 ct (€)
k) 30 975 cm (mm)
l) 3 Tage (h)
m) 55 mm (cm)
n) 5000 mm (m)

(6 Punkte)

6 Wie viel Zeit vergeht …

a) von 8:12 Uhr bis 11:26 Uhr?
b) von 5:55 Uhr bis 6:44 Uhr?
c) von 16:35 Uhr bis 18:12 Uhr?
d) von 8:05 Uhr bis 0:04 Uhr?
e) von 22:34 Uhr bis 0:45 Uhr?
f) von 22:22 Uhr bis 8:08 Uhr?

(6 Punkte)

7 Wandle in eine geeignete Einheit um und addiere.

a) 4,6 t + 500 kg
b) 5,45 € + 7,01 € + 1129 ct
c) 2 h + 35 min
d) 17 m + 138 cm + 13,4 dm – 1,78 m
e) 6,3 kg + 450 g + 300 kg
f) 320 m + 1,2 km + 4 dm

8 Eine Rolle Teppichboden im Baumarkt ist 40 m lang. *(6 Punkte)*
Es wurden folgende Stücke verkauft: 4,50 m; 6,75 m; 15 dm; 328 cm
a) Wie viel Meter Teppichboden wurden insgesamt verkauft?
b) Wie viel Meter Teppichboden befinden sich noch auf der Rolle?
c) Ein Kunde kauft 8 m Fußleisten. 1 m Fußleiste kostet 4,50 €.
Wie viel kosten die Fußleisten des Kunden?

9 Herr Lindemann fährt fünfmal pro Woche mit dem Auto zu seinem 14 km entfernten Arbeitsplatz und zurück. Jeden Samstag fährt er 10 km zum Sport und zurück. *(6 Punkte)*
a) Wie viele km legt er in einer Woche zurück?
b) Wie viele km legt er in 12 Wochen zurück?
c) Vor 12 Wochen war der Tachostand bei 27 876 km. Jetzt zeigt er 30 126 km.
Wie viel Kilometer ist Herr Lindemann zusätzlich gefahren?

10 Tim packt täglich seine Schultasche. *(9 Punkte)*

Heft:	80 g	Buch:	520 g
Etui:	460 g	Sportbeutel:	1,1 kg
Atlas:	0,86 kg	leere Tasche:	1,05 kg

	Mo	Di	Mi	Do	Fr
Hefte	3	5	4	4	5
Bücher	3	4	1	4	2
Etui	1	1	1	1	1
Sportbeutel	0	0	1	0	1
Atlas	0	1	1	0	0

a) Wie viel muss Tim an jedem Tag tragen?
b) An welchem Tag muss Tim am meisten tragen?
c) An welchem Tag ist die Tasche am leichtesten?
d) Tim darf seinen Atlas in der Schule lassen.
An welchem Tag muss er nun am meisten tragen?

11 Der Airbus A340-600 wiegt ohne Passagiere, Gepäck und Treibstoff 177 t. *(10 Punkte)*
In das Flugzeug steigen 440 Passagiere ein, die durchschnittlich etwa 70 kg wiegen.
Jeder Passagier hat 20 kg Gepäck bei sich.
Vor dem Start wird das Flugzeug mit 120 t Treibstoff betankt.
Das maximale Startgewicht beträgt 365 t.
Darf der Airbus starten?

12 Christian hat eine Modelleisenbahn im Maßstab 1 : 160 (Spur N). *(10 Punkte)*
a) Christian möchte gerne wissen, wie groß seine Lokomotiven in Wirklichkeit wären.
Er misst für seine Diesellok 7 cm und für seine Dampflok 12 cm.
Rechne in die wirklichen Längen um.

b) Ein IC-Zug kann bis zu 400 m lang sein.
Wie lang wäre ein Modell dieses Zuges auf Christians Anlage?
c) Wie lang wäre ein 4,8 m langes Auto auf Christians Anlage?
d) Wie hoch wäre ein 216 m hoher Fernsehturm auf der Anlage?

Gold: 94–100 Punkte, Silber: 77–93 Punkte, Bronze: 60–76 Punkte

Zusammenfassung

→ Seite 96

Größen im Alltag

Länge, Gewicht, Zeit und Geld sind **Größen**.
Eine Größe wird durch einen Zahlenwert und eine Einheit angegeben.
Beim **Messen** von Größen wird mit einer festgelegten Einheit verglichen.

5 cm
Zahlenwert ← → Einheit

Eine Unterrichtsstunde dauert 45-mal so lang wie 1 Minute: $45 \cdot 1\,\text{min} = 45\,\text{min}$

→ Seite 98

Geld

Geld ist eine Größe, die angibt, wie viel etwas wert ist.

Einheiten von Geld:
1 € = 100 ct   5,91 € = 5 € 91 ct

→ Seite 100

Länge

Die **Länge** ist eine Größe, die angibt, wie weit z. B. zwei Orte voneinander entfernt sind.
Die Länge kann man mit einem Maßband, einem Zollstock oder einem Lineal messen.

Einheiten der Länge:
1 km = 1000 m   7,421 km = 7 km 421 m
1 m = 10 dm   5,6 m = 5 m 6 dm
1 dm = 10 cm
1 cm = 10 mm

→ Seite 102

Gewicht (Masse)

Das **Gewicht** ist eine Größe, die angibt, wie schwer etwas ist.
Das Gewicht kann man mit einer Waage messen.

Einheiten des Gewichts:
1 t = 1000 kg   2,8 t = 2 t 800 kg
1 kg = 1000 g

→ Seite 104

Zeit

Ein **Zeitpunkt** ist ein genau festgelegter Termin.
Eine **Zeitspanne** ist die Dauer zwischen zwei Zeitpunkten.
Die Zeit kann man mit einer Uhr oder Stoppuhr messen.

Zeitpunkt: 9:15 Uhr, 4. Mai
Zeitspanne: 30 Sekunden, die Sommerferien

Einheiten der Zeit:
1 Jahr = 365 Tage
1 Tag = 24 h
1 h = 60 min
1 min = 60 s

→ Seite 106

Maßstab

Der **Maßstab** gibt an, wie stark die Dinge verkleinert oder vergrößert dargestellt werden.

1 : 100 000 bedeutet:
1 cm in der Darstellung sind 100 000 cm = 1 km in der Wirklichkeit.

Natürliche Zahlen multiplizieren und dividieren

Bea liebt bunte Ballbäder.
Weißt du, wie viele Bälle darin sind:
100, 1000 oder 100 000?
Ganze 24 Beutel hat Bea ausgeschüttet.
In jedem Beutel waren 150 Bälle.
Die Bälle gibt es in acht Farben.
Jede kommt gleich häufig vor.

Noch fit?

Einstieg

1 Plättchen legen
Beschreibe, wie die 24 Plättchen angeordnet wurden.

2 Plättchen selbst legen
Ordne die Plättchen wie bei Aufgabe 1 an.
Es müssen alle Reihen vollständig sein.

a)

b)

c)

d)

HINWEIS
Du kannst die Plättchen auf Kästchenpapier aufmalen.

3 Addition und Subtraktion
Rechne im Kopf oder schriftlich.

a) 22 + 17
b) 77 + 124
c) 999 + 456
d) 652 + 589
e) 96 – 75
f) 467 – 39
g) 704 – 263
h) 31 000 – 9964
i) 9471 + 741 + 18
j) 614 – 55 – 65

Aufstieg

1 Plättchen legen
Beschreibe, wie die 24 Plättchen angeordnet wurden.

2 Plättchen selbst legen
Ordne die Plättchen wie bei Aufgabe 1 an.

a) Zeichne sie in dein Heft.
b) Bei welchen Zahlen sind verschiedene Anordnungen möglich?
Zeichne eine weitere Anordnung in dein Heft.
① 18 ② 30
③ 27 ④ 16
⑤ 9 ⑥ 11
c) Welche Rechnungen stellen die Anordnungen dar?

3 Addition und Subtraktion
Rechne im Kopf oder schriftlich.

a) 237 + 652
b) 882 + 59
c) 125 + 78
d) 1247 + 6557
e) 218 – 107
f) 336 – 148
g) 2003 – 424
h) 87 786 – 10 009
i) 65 + 784 + 6609
j) 703 – 406 – 288

4 Zahlen runden
Ordne jeder Zahl aus dem linken Kasten zwei gerundete Zahlen aus dem rechten Kasten zu.
Es wurde auf verschiedene Stellen gerundet.

728 12 048 791
2358 2657

2000 12 000 790 720
2300 3000 700 2400 12 050
730 800 2700 2600

Einstieg

5 Malfolgen erkennen
Welche Zahlen fehlen jeweils in den Malfolgen?

a) 3-er Reihe: 3; 6; 9; ▢; 15; 18; ▢; …
b) 7-er Reihe: 7; ▢; 21; ▢; 35; ▢; 49; ▢; …
c) 8-er Reihe: ▢; 16; 24; ▢; ▢; ▢; 56; ▢; …
d) 9-er Reihe: ▢; 81; ▢; ▢; 54; ▢; ▢; 27; …

Aufstieg

5 Malfolgen erkennen
In welcher Malfolge kommen diese Zahlen vor?

a) 3; 9; 18; 21; 30
b) 2; 6; 8; 10; 14
c) 5; 15; 20; 25; 45
d) 7; 21; 35; 70
e) 12; 18; 42; 54
f) 1; 2; 5; 7; 9; 10
g) 50; 70; 90; 100
h) 11; 33; 99; 121

6 Additionsmauern
Übertrage die Additionsmauern in dein Heft und ergänze sie.

a)
12		
4	8	5

b)
37		
16		
7		

7 Grundaufgaben
Schreibe Aufgabe und Ergebnis ins Heft.

a) 3 · 4 b) 6 · 2 c) 4 · 5
d) 5 · 7 e) 10 · 10 f) 9 · 9
g) 8 · 10 h) 20 · 2 i) 5 · 12

8 Aufgaben mit gleichem Ergebnis
Welche Aufgaben haben dasselbe Ergebnis? Übertrage ins Heft und ordne richtig zu.

16 + 23	42 + (38 + 77)
(42 + 38) + 77	(11 – 4) – 6
19 – 15	23 + 16
11 – 4 – 6	15 – 19

9 Grundaufgaben
Schreibe Aufgabe und Ergebnis ins Heft.

a) 12 : 3 b) 20 : 4 c) 18 : 6
d) 18 : 2 e) 22 : 2 f) 40 : 5
g) 36 : 9 h) 100 : 50 i) 72 : 8

10 Zahlen verdoppeln und halbieren
a) Wie viel ist das Doppelte von 10 (200; 6500; 22 000; 2 Mio.)?
b) Wie viel ist die Hälfte von 40 (600; 7000; 40 000; 8 Mio.)?

11 Im Kopf multiplizieren
Oma Gerda hat Geburtstag. Jedes ihrer sieben Enkelkinder schenkt ihr fünf rote Rosen. Aus wie vielen Rosen besteht der Strauß, den sie erhält?

12 Gerecht teilen
Kann man 25 Bonbons auf vier Kinder aufteilen?

6 Additionsmauern
Übertrage die Additionsmauern in dein Heft und ergänze sie.

a)
59		
31		9

b)
101		
12		15

7 Grundaufgaben
Schreibe Aufgabe und Ergebnis ins Heft.

a) 3 · 8 b) 7 · 2 c) 3 · 3
d) 6 · 9 e) 4 · 25 f) 5 · 20
g) 5 · 13 h) 6 · 13 i) 8 · 12

8 Aufgaben mit gleichem Ergebnis
Finde Aufgaben mit denselben Ergebnissen. Schreibe sie mit Lösung ins Heft.

3 · 5 | 20 + 6 | 8 · 10 | 2 + 10 | 10 + 2 | 5 · 3 | 20 – 6 | 10 · 8

9 Grundaufgaben
Schreibe Aufgabe und Ergebnis ins Heft.

a) 24 : 3 b) 30 : 5 c) 40 : 4
d) 36 : 6 e) 50 : 10 f) 100 : 5
g) 26 : 2 h) 63 : 9 i) 32 : 8

10 Zahlen verdoppeln und halbieren
a) Verdopple jede Zahl dreimal. 1500; 10 000; 300 000; 2 Mio.
b) Halbiere jede Zahl dreimal. 88; 400; 6000; 2 Mio.

11 Im Kopf multiplizieren
Die Sportlehrer teilen die Klassen zum Basketballspielen ein. Je 5 Schüler bilden eine Mannschaft.
a) Die Klasse 5 a kann 6 Mannschaften bilden. Wie viele Schüler hat die Klasse?
b) Die Klasse 5 b hat 25 Schüler. Wie viele Mannschaften sind möglich?

12 Gerecht teilen
Marie möchte ihre 46 Bonbons mit ihren drei Freundinnen teilen.

Im Kopf multiplizieren

Entdecken

1 Vier Freunde wollen mit dem Zug zum Meisterschaftsspiel fahren.

a) Welche Tickets sollen sie kaufen?

b) Begründe deine Antwort einmal durch eine Addition und einmal durch eine Multiplikation.

Tickets:
Einzelkarte 14 €
Gruppenkarte
(bis zu 4 Personen) 52 €

2 Quadrat im Quadrat

a) Wie geht das Muster weiter?
Zeichne die nächsten beiden Bilder in dein Heft.

b) Was bedeuten die Zahlen unter den Bildern?

c) Kannst du vorhersagen, wie viele rote und gelbe Kästchen das 9. und 10. Bild haben?

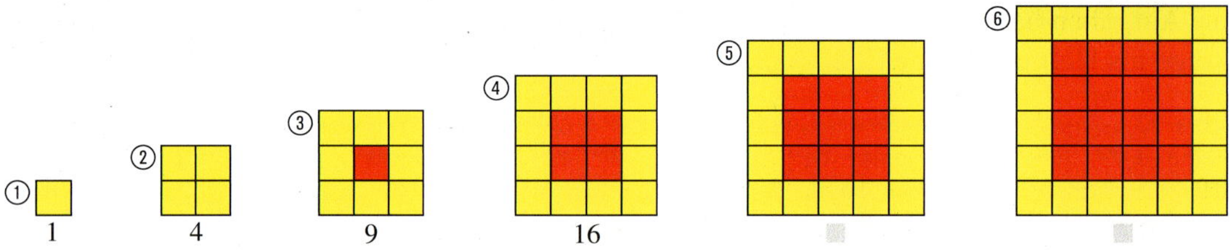

Verstehen

Wie viele Flaschen Limo sind im Kasten?

Um die Anzahl der Flaschen zu berechnen, kann man addieren: $6 + 6 + 6 + 6 = 24$

Oder man multipliziert:
Es gibt 4 Reihen und in jeder Reihen stehen 6 Flaschen:
$4 \cdot 6 = 24$

Merke **Multiplizieren** bedeutet auch malnehmen oder vervielfachen.

$4 \cdot 6 = 24$

mal **Produkt**
(Ergebnis der Multiplikation)

Beispiel 1

a) $3 \cdot 5 = 5 + 5 + 5 = 15$

b) $4 \cdot 1 = 1 + 1 + 1 + 1 = 4$

c) $1 \cdot 4 = 4$

d) $3 \cdot 0 = 0 + 0 + 0 = 0$

e) $0 \cdot 3 = 0$

Man zahlt pro Flasche 8 ct Pfand. Wie viel Pfand zahlt man ungefähr für alle Flaschen Limo?

Merke Das Rechnen mit gerundeten Zahlen nennt man **Überschlagsrechnung**.

Das Zeichen $\approx$ bedeutet:
… ist etwa, ungefähr so viel wie …

Beispiel 2

$24 \cdot 8$

Man rundet: $24 \approx 20$ und $8 \approx 10$

Dann multipliziert man: $20 \cdot 10 = 200$

Man zahlt ungefähr 200 ct = 2 € Pfand.

Üben und anwenden

1 Schreibe als Multiplikation und rechne aus.
a) $2 + 2 + 2 + 2$
b) $5 + 5 + 5$
c) $6 + 6 + 6 + 6 + 6$
d) $10 + 10$
e) $9 + 9 + 9 + 9$

1 Schreibe kürzer und rechne aus.
a) $4 + 4 + 4 + 4 + 4 + 4 + 4 + 4 + 4 + 4 + 4$
b) $7 + 7 + 7 + 7 + 7 + 7 + 7 + 7$
c) $15 + 15 + 15 + 15 + 15$
d) $23 + 23 + 23 + 23$
e) $12 + 12 + 12 + 12 + 12 + 12$

2 Beschreibe, wie du jeweils die Gesamtanzahl bestimmst.
a)

b)

c)

3 Übertrage die Tabellen und fülle sie aus.

$\cdot 3$ →	
2	6
3	
4	
6	
12	

$\cdot 10$ →	
2	
4	
6	
10	
12	

$\cdot 8$ →	
2	
3	
4	
8	
12	

3 Übertrage die Tabelle und fülle sie aus.

·	4	6	18	30	48
2	8				
3					
4					
6					
12					

4 Berechne im Kopf.
a) $3 \cdot 4$　b) $8 \cdot 4$　c) $9 \cdot 4$　d) $6 \cdot 4$
e) $2 \cdot 7$　f) $8 \cdot 7$　g) $5 \cdot 7$　h) $11 \cdot 7$
i) $5 \cdot 9$　j) $10 \cdot 9$　k) $9 \cdot 9$　l) $20 \cdot 9$

4 Berechne im Kopf.
a) $7 \cdot 8$　b) $8 \cdot 9$　c) $9 \cdot 3$　d) $6 \cdot 9$
e) $7 \cdot 4$　f) $8 \cdot 5$　g) $3 \cdot 5$　h) $4 \cdot 6$
i) $5 \cdot 7$　j) $10 \cdot 5$　k) $20 \cdot 5$　l) $30 \cdot 5$

5 Überschlage die Produkte im Kopf.
a) $102 \cdot 99$　b) $63 \cdot 77$
c) $48 \cdot 45$　d) $85 \cdot 204$
e) $7001 \cdot 897$　f) $24 \cdot 41$

5 Überschlage die Produkte im Kopf.
a) $66 \cdot 42$　b) $81 \cdot 9$
c) $38 \cdot 50$　d) $75 \cdot 23$
e) $150 \cdot 49$　f) $103 \cdot 75$

6 Stelle zu der Aufgabe eine sinnvolle Frage und beantworte sie. Denke auch daran, eine Rechnung aufzuschreiben.
Im Fahrradkeller einer Schule stehen neun Fahrradständer.
In jeden Fahrradständer passen 12 Fahrräder.

6 Ein Krankenhaus erhält täglich 20 Kartons mit je 24 Flaschen Milch.
Wie viele Flaschen sind das in einer Woche?
Wie viele Flaschen sind das in einem Monat?
Überschlage, wie viele Flaschen es in einem Jahr sind.

7 Schreibe als Rechenaufgabe und löse sie.
a) Multipliziere 8 mit 20.
b) Verdopple die Zahl 13.
c) Bilde das Produkt aus 12 und 4.

7 Schreibe als Rechenaufgabe und löse sie.
a) Multipliziere 11 mit 6.
b) Verfünffache die Zahl 12.
c) Berechne das Produkt aus 45 und 3.

HINWEIS
121-1
Wusstest du, dass man mit Fingern besonders gut multiplizieren kann? Unter diesem Webcode findest du hierzu einige Hinweise.

Im Kopf dividieren

Entdecken

1 Auf dieser Palette stehen 960 Flaschen Limo.
a) Wie viele Kästen Limo stehen jeweils übereinander?
b) Wie viele Kästen stehen in jeder Reihe nebeneinander?
c) Wie viele Kästen stehen insgesamt auf der Palette?
d) Wie viele Flaschen stehen in einem Kasten?

2 Zur Klasse 5 a der Goethe-Schule gehören 32 Schülerinnen und Schüler. Für einen Ausflug nach Xanten wird ein Bus bestellt.
a) Im Bus hat jede Reihe 4 Plätze.
Wie viele Reihen muss der Bus mindestens haben?
Zeichne eine mögliche Anordnung der Sitzplätze in dein Heft.
b) Wie viel muss jedes der 32 Kinder zahlen, wenn der Bus 320 € kostet?

Verstehen

Die Trikots der Volleyballmannschaft sollen bedruckt werden.

Herr Borgmann vergleicht die Angebote im Internet: Ist es günstiger, die Trikots einzeln oder im 6er-Pack bedrucken zu lassen?

Dazu dividiert er den Preis durch die Anzahl der Trikots.

HINWEIS
0 : 7 = 0,
denn 0 · 7 = 0
Aber:
7 : 0 geht nicht.
Durch Null darf nie geteilt werden!

Merke **Dividieren** bedeutet auch gleichmäßig verteilen, aufteilen oder teilen durch …

24	:	6	=	4
	durch			**Quotient** (Ergebnis der Division)

Beispiel 1
Welches Angebot ist günstiger?
Er rechnet: 24 : 6 = 4
Beim 6er-Pack kostet ein Aufdruck 4 €, also ist dieses Angebot günstiger.

Um das Ergebnis einer Division zu überprüfen, macht man die Umkehrrechnung.

Merke Das Multiplizieren ist die **Umkehrrechnung** des Dividierens.

Das Dividieren ist die **Umkehrrechnung** des Multiplizierens.

Beispiel 2

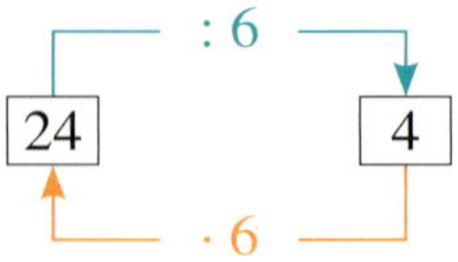

24 : 6 = 4,
denn 4 · 6 = 24
Die Probe ist die Umkehrrechnung.

Üben und anwenden

1 Jede Division kann man durch eine Multiplikation überprüfen.

a) Erklärt euch gegenseitig das Beispiel rechts.

b) Übertrage die Muster ① und ② in dein Heft und ergänze sie.

①
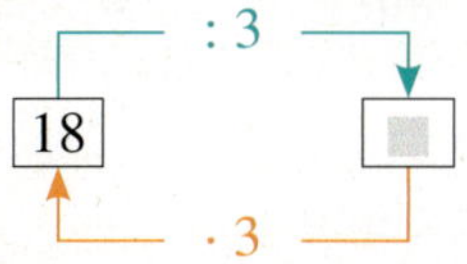

②
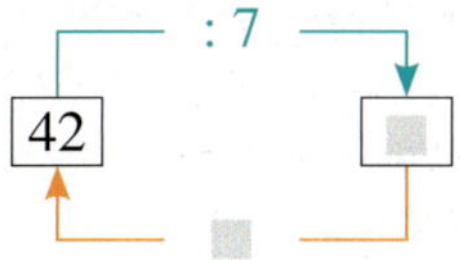

Beispiel
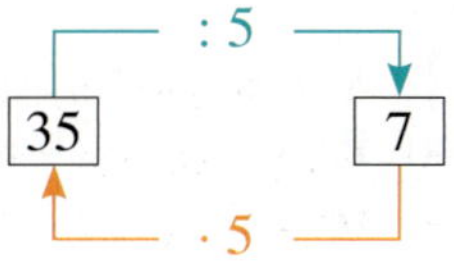

c) Denke dir drei weitere Divisionsaufgaben aus und zeichne jeweils das Muster in dein Heft.

2 Dividiere.

a) 27 : 9 b) 49 : 7 c) 80 : 10
d) 64 : 8 e) 30 : 5 f) 24 : 4
g) 48 : 6 h) 56 : 7 i) 72 : 8
j) 36 : 6 k) 36 : 9 l) 18 : 3

2 Dividiere.

a) 45 : 5 b) 81 : 9 c) 54 : 9
d) 45 : 9 e) 25 : 5 f) 27 : 3
g) 77 : 11 h) 99 : 11 i) 84 : 12
j) 39 : 13 k) 60 : 10 l) 145 : 5

3 Übertrage und löse im Heft.

a)

:	2	4	6	8
24	12			
48				
72				

b)

:	2	4	6	8
120	60			
144				
240				

3 Übertrage und löse die Tabelle im Heft.

:	2	3	4	6	8	12
48	24					
240						
960						

HINWEIS

123-1

Hier findest du ein Arbeitsblatt mit der Tabelle zu Aufgabe 3.

4 Überprüfe dein Ergebnis mit einer Probe.

a) 72 : 6 b) 84 : 7 c) 90 : 6
d) 85 : 5 e) 120 : 8 f) 100 : 25
g) 208 : 2 h) 132 : 11 i) 102 : 6

4 Überprüfe dein Ergebnis mit einer Probe.

a) 60 : 10 b) 250 : 5 c) 480 : 12
d) 350 : 7 e) 720 : 90 f) 760 : 40
g) 1250 : 250 h) 133 : 7 i) 169 : 13

5 Stelle zu den Aufgaben eine sinnvolle Frage. Löse dann die Textaufgaben.

a) Tischtennisbälle werden in Packungen zu je drei Stück verkauft.
360 Tischtennisbälle werden verpackt.

b) Fabian bringt an seinem Geburtstag jedem Mitschüler eine Brezel mit (Preis 50 ct). Beim Bäcker zahlt er 13 €.

5 Wenn du ruhig sitzt, atmest du in der Stunde etwa 900-mal.

a) Wie viele Atemzüge sind das in der Minute?

b) Während man Sport treibt, verdoppelt sich die Anzahl der Atemzüge pro Stunde. Berechne die Anzahl der Atemzüge pro Minute.

6 Schreibe als Rechenaufgaben und löse sie.

a) Dividiere 24 durch 4.
b) Teile 75 durch 5.
c) Berechne den Quotienten aus 77 und 7.

6 Schreibe als Rechenaufgaben und löse sie.

a) Dividiere 168 durch 8.
b) Teile 75 durch 5.
c) Berechne den Quotienten aus 550 und 5.

7 Finde Divisionsaufgaben ohne Rest und schreibe sie in dein Heft.

Beispiel 65 : 5 = 13

65	60	52
35	22	63
19	96	72

:

4	13	7
15	5	19
11	12	6

=

1	2	13
8	5	7
12	9	4

Rechenvorteile bei der Multiplikation

Entdecken

ERINNERE DICH
Das Vertauschungsgesetz sagt, bei welchen Rechnungen man zwei Zahlen tauschen darf.
Auf S. 76 kannst du dies nachlesen.

1 Arbeitet in Gruppen zusammen.

a) Prüft, ob das Vertauschungsgesetz bei allen vier Grundrechenarten gilt: bei der Addition, bei der Subtraktion, bei der Multiplikation und bei der Division.

b) Präsentiert eure Ergebnisse in der Klasse: Gestaltet dazu ein Plakat. Denkt daran, für jede Grundrechenart ein passendes Beispiel aufzuschreiben.

2 Rechenbäume

a) Stelle die beiden Aufgaben als Rechenbaum in deinem Heft dar und ergänze sie.
① $2 \cdot (5 \cdot 17)$ ② $(2 \cdot 5) \cdot 17$
Was stellst du fest?
Welche Rechnung findest du einfacher?

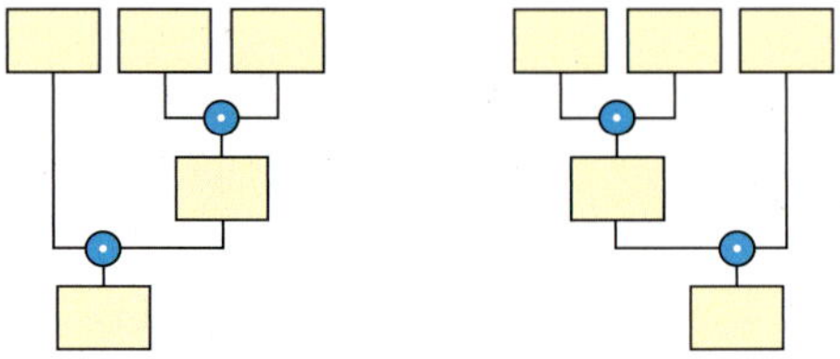

b) Gilt dies auch für die Division?
Denke dir ein Beispiel aus und prüfe es mithilfe von Rechenbäumen.

Verstehen

Auf dem Backblech sind 9 Reihen mit je 4 Brötchen in einer Reihe, also $9 \cdot 4 = 36$ Brötchen.
Wenn der Bäcker das Blech umdreht, hat er 4 Reihen mit je 9 Brötchen: $4 \cdot 9 = 36$.

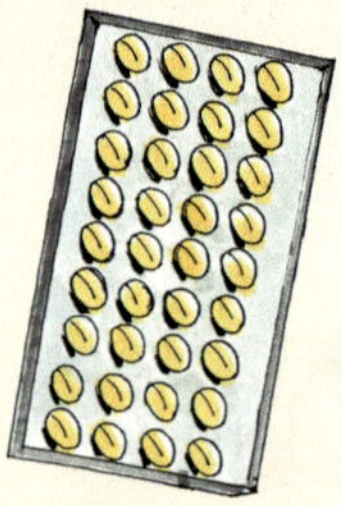

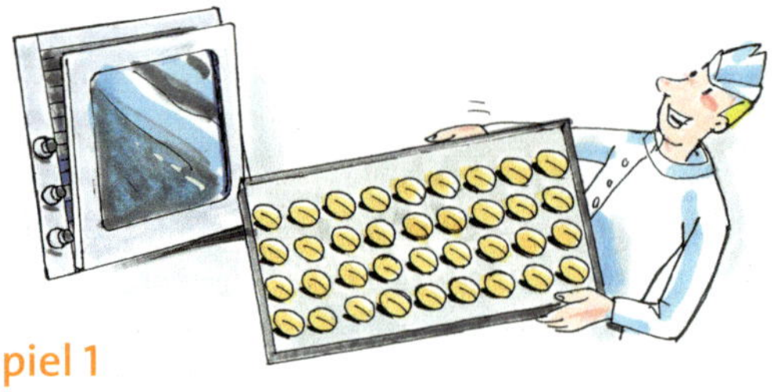

Merke Vertauschungsgesetz

Beim **Multiplizieren** dürfen die Zahlen **beliebig vertauscht** werden.
Das Ergebnis ändert sich dabei nicht.

Beispiel 1

a) $8 \cdot 9 = 72$
$9 \cdot 8 = 72$

b) $2 \cdot 7 \cdot 5 = 14 \cdot 5 = 70$
$2 \cdot 5 \cdot 7 = 10 \cdot 7 = 70$

Manchmal ist es auch vorteilhaft, Zahlen mit Klammern zusammenzufassen.

Merke Verbindungsgesetz

Beim **Multiplizieren** dürfen einzelne Zahlen beliebig **durch Klammern zusammengefasst** werden.

Beispiel 2

$9 \cdot 4 \cdot 25$
$= (9 \cdot 4) \cdot 25$
$= 36 \cdot 25$
$= 900$

$9 \cdot 4 \cdot 25$
$= 9 \cdot (4 \cdot 25)$
$= 9 \cdot 100$
$= 900$

Aber Vorsicht: Beim Dividieren gelten diese beiden Gesetze nicht.

Merke Beim **Dividieren** dürfen die Zahlen **nicht vertauscht** werden.

Beim **Dividieren** dürfen die Zahlen **nicht beliebig durch Klammern zusammengefasst** werden.

Beispiel 3

$12 : 6 = 2$ **aber** $6 : 12 = ?$

Beispiel 4

$(20 : 10) : 2$
$= 2 : 2$
$= 1$

aber

$20 : (10 : 2)$
$= 20 : 5$
$= 4$

Üben und anwenden

1 Berechne und vergleiche.

a) 7 · 8 und 8 · 7
b) 3 · 11 und 11 · 3
c) 15 · 9 und 9 · 15
d) 3 · 61 und 61 · 3
e) 81 : 9 und 9 : 81

2 Rechne vorteilhaft, indem du jeweils zwei Zahlen vertauschst.

a) 5 · 87 · 2 b) 2 · 78 · 5
c) 25 · 7 · 8 d) 5 · 13 · 4
e) 18 · 90 · 5 f) 7 · 2 · 6 · 5
g) 3 · 5 · 4 · 2 h) 4 · 5 · 9 · 5

3 Georg schwimmt 25 Bahnen in einem 50-m-Becken. Susi schwimmt 50 Bahnen in einem 25-m-Becken. Vergleiche.

4 Berechne und vergleiche.

a) (3 · 2) · 5 und 3 · (2 · 5)
b) (5 · 5) · 4 und 5 · (5 · 4)
c) (2 · 6) · 7 und 2 · (6 · 7)
d) (4 · 25) · 6 und 4 · (25 · 6)
e) Welche Rechnung war jeweils einfacher?

5 Setze Klammern und rechne vorteilhaft.

a) 98 · 5 · 2 b) 34 · 5 · 20
c) 72 · 2 · 5 d) 37 · 25 · 4
e) 65 · 20 · 5 f) 97 · 5 · 20
g) 37 · 200 · 5 h) 87 · 20 · 5

6 Vertausche zuerst, bevor du Klammern setzt.

a) 2 · 67 · 5 b) 20 · 24 · 5
c) 4 · 11 · 5 d) 5 · 17 · 5 · 4

7 Zerlege eine Zahl in ein Produkt, sodass du vorteilhaft rechnen kannst.

Beispiel 64 · 50
= (32 · 2) · 50 = 32 · (2 · 50)
= 32 · 100 = 3200

a) 12 · 50 b) 38 · 5 c) 16 · 25

8 Ein Schulgebäude hat 4 Stockwerke mit jeweils 7 Klassenräumen. In jedem Klassenraum stehen 25 Stühle. Wie viele Stühle gibt es insgesamt in dem Schulgebäude?

1 Berechne und vergleiche das Ergebnis mit getauschten Zahlen.

a) 9 · 8 b) 12 · 3
c) 8 · 22 d) 25 · 8
e) 7 · 100 f) 101 · 6
g) 81 : 9 h) 0 · 4538

2 Rechne vorteilhaft, indem du jeweils zwei Zahlen vertauschst.

a) 2 · 336 · 5 b) 25 · 12 · 20
c) 25 · 7 · 8 d) 15 · 13 · 6
e) 12 · 14 · 15 f) 2 · 7 · 25 · 2
g) 3 · 4 · 25 · 5 h) 7 · 15 · 3 · 2

3 Frau Winter zahlt vier Tage jeweils 125 € auf ihr Konto ein. Herr Sommer an 125 Tagen jeweils nur 4 €. Vergleiche.

4 Berechne und vergleiche das Ergebnis, wenn du die Klammern anders setzt.

a) 200 · (5 · 3) b) 4 · (25 · 7)
c) (16 · 5) · 4 d) (10 · 6) · 20
e) (5000 : 10) : 5 f) 15 : (5 · 3)
g) Welche Rechnung war jeweils einfacher?

5 Rechne vorteilhaft.

a) 43 · 5 · 20 b) 8 · 50 · 7
c) 27 · 8 · 125 d) 2 · 50 · 9
e) 7 · 4 · 5 f) 12 · 15 · 4
g) 8 · 25 · 19 h) 13 · 20 · 50

6 Rechne vorteilhaft mit dem Vertauschungsgesetz und dem Verbindungsgesetz.

a) 50 · 52 · 2 b) 25 · 99 · 4
c) 8 · 13 · 125 d) 2 · 46 · 4 · 125

7 Zerlege eine Zahl in ein Produkt, sodass du vorteilhaft rechnen kannst.
Beachte den Hinweis in der Randspalte.

a) 120 · 25 b) 114 · 50
c) 48 · 125 d) 60 · 250
e) 264 · 50 f) 326 · 500

8 In einer Baumschule sind 28 Reihen mit jeweils 50 Buchen bepflanzt.
Jede Buche wird für 4 € verkauft..
Wie viel bringt der Verkauf der Buchen ein?

ERINNERE DICH
Das Vertauschungsgesetz und das Verbindungsgesetz gelten auch für die Addition.

HINWEIS
Einige Produkte helfen dir beim schnellen Rechnen, z. B.:
2 · 50 = 100
4 · 25 = 100
5 · 20 = 100
8 · 125 = 1000

Rechenregeln sinnvoll nutzen

Entdecken

HINWEIS
126-1
Hier gibt es vorbereitete Zahlenkarten für das Spiel.

1 Spielt in Kleingruppen.
Jede Gruppe benötigt Karten mit den Zahlen von 1 bis 49.
Die Zahlenkarten werden gemischt und verdeckt auf einen Stapel gelegt.

Jeder Spieler bekommt ein Spielfeld wie im Bild. Jetzt wird eine Zahlenkarte gezogen und die Zahl genannt.
Jeder Spieler sucht nun drei benachbarte Zahlen im Spielfeld, die in einer Rechnung die Zahl der Zahlenkarte ergibt.
Es sind die Rechenzeichen +, –, · und : erlaubt.

Beispiel Die Zahl 22 wird gezogen.
Timm rechnet: $3 \cdot 7 + 1$
Lisa rechnet: $2 + 4 \cdot 5$

Wer zuerst eine richtige Rechnung nennt, erhält die Zahlenkarte.
Am Ende gewinnt der Spieler oder die Spielerin mit den meisten Zahlenkarten.

HINWEIS
Zuerst kommt die Punktrechnung (· und :), dann die Strichrechnung (+ und –). Wenn man zuerst addieren oder subtrahieren möchte, muss man eine Klammer setzen.

2 Leonie und Julian haben für die Klassenfeier 9er-Packungen Trinktüten eingekauft.
Leonie hat 7 Packungen, Julian hat 5 Packungen mitgebracht.
Leonie und Julian möchten wissen, wie viele Trinktüten sie nun haben.

Leonie rechnet so:

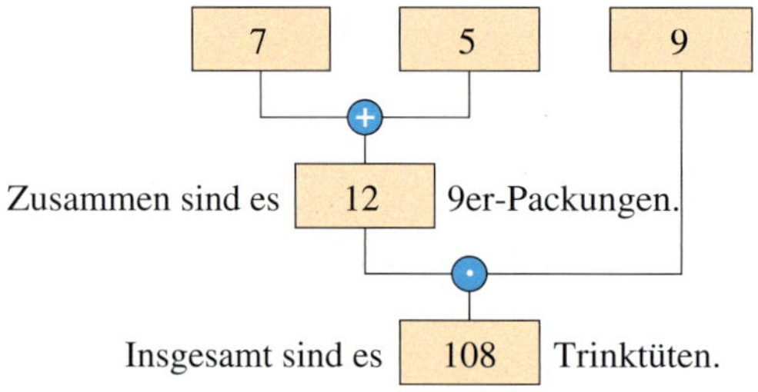

$(7 + 5) \cdot 9 = 108$

Julian rechnet so:

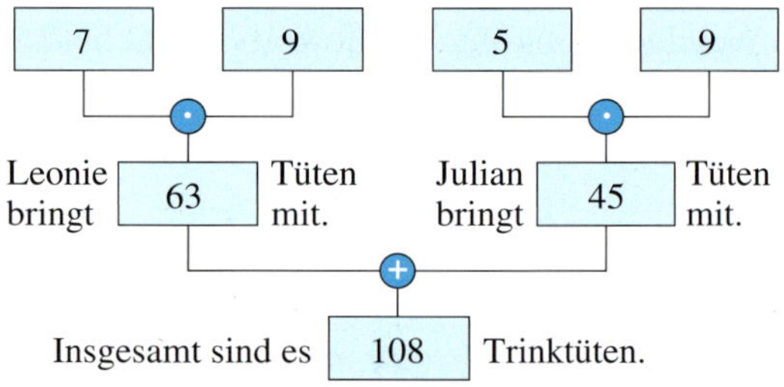

$7 \cdot 9 + 5 \cdot 9 = 108$

Verstehen

Kommen verschiedene Rechenzeichen in einer Rechnung vor, muss man folgende Regeln und Gesetze beachten.

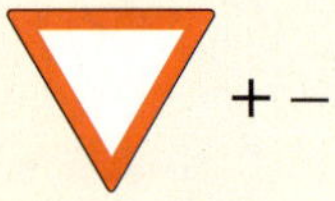

Merke **Vorrangregeln**

1. Was in **Klammern** steht, wird immer **zuerst** ausgerechnet.
2. **Punktrechnung vor Strichrechnung** (mal und durch vor plus und minus)
3. Ansonsten **von links nach rechts**

Beispiel 1

a) $(5 + 7) \cdot 2$
$= 12 \cdot 2 = 24$

b) $5 + 7 \cdot 2$
$= 5 + 14 = 19$

c) $45 : 3 \cdot 4$
$= 15 \cdot 4 = 60$

d) $3 + 8 : (6 - 4) - 1$
$= 3 + 8 : 2 - 1$
$= 3 + 4 - 1$
$= 7 - 1$
$= 6$

Klammern dürfen also nicht immer einfach weggelassen werden.
Es gibt aber ein Gesetz, wie man Klammern auflösen kann.

Merke Verteilungsgesetz

Beim Multiplizieren mit einer Summe oder Differenz in Klammern darf man auch einzeln multiplizieren und dann addieren oder subtrahieren.

Das Verteilungsgesetz gilt auch für die Division.

Beispiel 2

a) $(3 + 5) \cdot 2$
$= 3 \cdot 2 + 5 \cdot 2$
$= \quad 6 \quad + \quad 10$
$= 16$

b) $(100 - 3) \cdot 7$
$= 100 \cdot 7 - 3 \cdot 7$
$= \quad 700 \quad - \quad 21$
$= 679$

c) $(16 + 32) : 8 = 16 : 8 + 32 : 8 = 2 + 4 = 6$

d) $(12 - 6) : 3 = 12 : 3 - 6 : 3 = 4 - 2 = 2$

HINWEIS
So kann man sich das Verteilungsgesetz vorstellen:

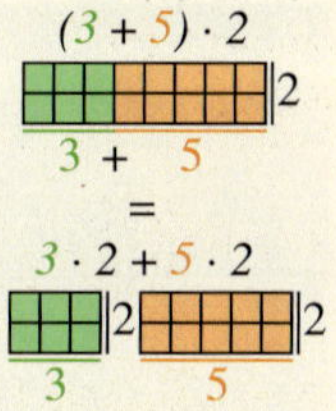

Üben und anwenden

1 Berechne. Achte auf die Vorrangregeln.
a) $(9 + 6) \cdot 4$ b) $9 + 6 \cdot 4$
c) $(12 - 2) : 5$ d) $12 - 2 : 5$
e) $8 \cdot 4 + 5$ f) $8 \cdot (4 + 5)$
g) $(8 + 4) \cdot 5$ h) $8 + 4 \cdot (2 + 1) - 2$

2 Ordne die Aufgaben nach der Größe der Ergebnisse.
a) $(5 + 3) \cdot (7 - 4)$ b) $5 + 3 \cdot 7 - 4$
c) $(5 + 3) \cdot 7 - 4$ d) $5 + 3 \cdot (7 - 4)$
e) $5 + (3 \cdot 7) - 4$ f) $3 + 5 \cdot 4 - 7$

3 Ordne jeweils eine Aufgabe mit Klammer aus dem blauen Kasten einer Aufgabe mit gleichem Ergebnis aus dem gelben Kasten zu.

① $(17 + 8) \cdot 3$	a) $17 \cdot 3 - 8 \cdot 3$
② $(17 - 8) \cdot 3$	b) $33 \cdot 3 - 14 \cdot 3$
③ $(33 - 14) \cdot 3$	c) $36 : 3 + 6 : 3$
④ $(36 + 6) : 3$	d) $36 : 3 - 6 : 3$
⑤ $(36 - 6) : 3$	e) $17 \cdot 3 + 8 \cdot 3$

4 Rechne vorteilhaft mit dem Verteilungsgesetz wie im Beispiel.
Beispiel $42 \cdot 8$
$= (40 + 2) \cdot 8 = 40 \cdot 8 + 2 \cdot 8 = 320 + 16 = 336$
a) $21 \cdot 7$ b) $24 \cdot 6$
c) $9 \cdot 18$ d) $45 \cdot 5$
e) $99 \cdot 12$ f) $84 : 7$

1 Berechne. Achte auf die Vorrangregeln.
a) $(2 + 7) \cdot 9$ b) $17 + 3 \cdot 4$
c) $(10 - 4) : 2$ d) $10 - 4 : 2$
e) $(5 + 3) \cdot (7 - 4)$ f) $5 + 3 \cdot (7 - 4)$
g) $5 + 3 \cdot (7 + 1) - 4$ h) $4 + 6 : (7 - 4) - 3$

2 Übertrage die Aufgaben ins Heft. Setze Klammern so, dass die Rechnung richtig wird.
a) $9 + 6 \cdot 4 = 60$ b) $2 + 3 \cdot 3 + 3 = 30$
c) $9 + 6 \cdot 4 = 33$ d) $4 + 4 \cdot 4 = 32$
e) $20 - 3 - 2 = 19$ f) $4 \cdot 4 + 4 = 20$

3 Wende das Verteilungsgesetz an.
Tipp: Bei g) und h) musst du das Verteilungsgesetz rückwärts anwenden.
Beispiel
$17 \cdot 4 + 3 \cdot 4 = (17 + 3) \cdot 4 = 20 \cdot 4 = 80$
a) $(10 + 8) \cdot 3$ b) $(80 + 7) \cdot 8$
c) $(15 + 7) \cdot 12$ d) $(90 - 6) \cdot 7$
e) $(120 - 8) \cdot 9$ f) $(15 + 12) : 3$
g) $32 \cdot 8 - 19 \cdot 8$ h) $4 \cdot 78 - 68 \cdot 4$

4 Zerlege eine Zahl in eine Summe oder Differenz, so dass du mit dem Verteilungsgesetz rechnen kannst.
Beispiel $87 \cdot 20 = (80 + 7) \cdot 20 = \ldots$
a) $23 \cdot 7$ b) $301 \cdot 5$
c) $98 \cdot 8$ d) $9 \cdot 402$
e) $12 \cdot 299$ f) $116 : 4$

NACHGEDACHT
Welche Aufgabe gehört zu diesem Rechenbaum?

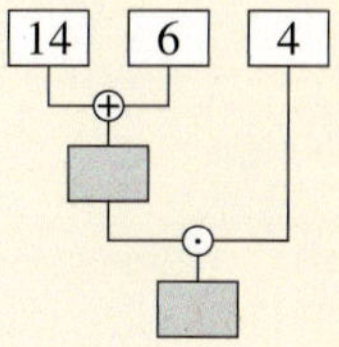

5 Eine Judogruppe besteht aus acht Mitgliedern. Sie bestellen gemeinsam neue Anzüge und neue Gürtel. Jeder Anzug kostet 27 €, ein Gürtel kostet 9 €. Wie viel kostet die Bestellung insgesamt?
Berechne das Ergebnis einmal mit Klammern und einmal ohne Klammern.

Schriftlich multiplizieren

Entdecken

1 Tara und Robin haben an der Tafel die Aufgabe 312 · 3 unterschiedlich gelöst:

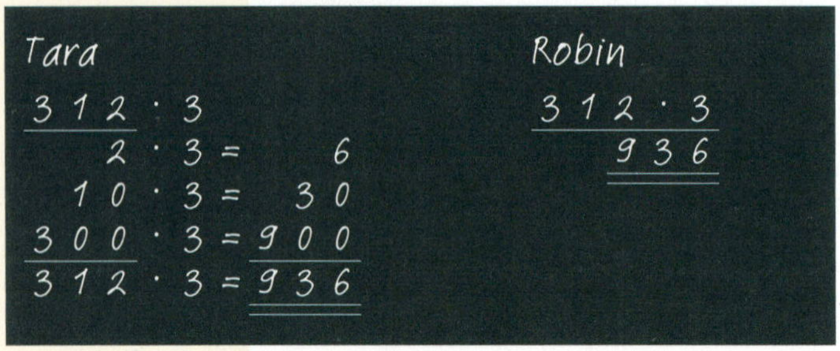

a) Beschreibe die beiden Lösungswege.

b) Vergleiche die Lösungswege von Tara und Robin. Findest du auch in Robins Lösungsweg die Zwischenergebnisse 900; 30 und 6 von Tara?

c) Rechne die Aufgabe 432 · 2 einmal wie Tara und einmal wie Robin.

d) Rechne auch die Aufgabe 236 · 5 wie Tara und Robin. Was ist hier anders?

Verstehen

Die Jahrgangsstufen 5 und 6 planen ein gemeinsames Fest.
Alle 213 Schüler zahlen je 3 €.
Wie viel Geld ist das zusammen?
213 · 3

Man überschlägt: 213 · 3 ≈ 200 · 3 = 600. Die Schüler haben ungefähr 600 € eingesammelt.

> **Merke** Beim **schriftlichen Multiplizieren** multipliziert man nacheinander die Einer, die Zehner, die Hunderter, …
>
> Man kann auch mit Zwischenergebnissen **halbschriftlich multiplizieren**.

Beispiel 1

halbschriftliches Multiplizieren:

H	Z	E				H	Z	E
2	1	3	·	3				
		3	·	3	=			9
	1	0	·	3	=		3	0
2	0	0	·	3	=	6	0	0
2	1	3	·	3	=	6	3	9

schriftliches Multiplizieren:

	H	Z	E
2	1	3 ·	3
	6	3	9

3 · 3E = 9E
3 · 1Z = 3Z
3 · 2H = 6H

Kurzform:
213 · 3
639

Insgesamt haben die Schülerinnen und Schüler 639 € eingesammelt.

Beispiel 2

Wenn man 232 · 7 schriftlich multipliziert, darf man den **Übertrag** nicht vergessen:

① Einer

				E
2	3	2	·	7
				4

7 · 2E = 14E
4 E hinschreiben
1 Zehner behalten

② Zehner

			Z	E
2	3	2	·	7
			2	4

7 · 3Z = 21Z
21Z + 1Z = 22Z
2Z hinschreiben
2 Hunderter behalten

③ Hunderter

T	H	Z	E	
2	3	2	·	7
1	6	2	4	

7 · 2H = 14H
14H + 2H = 16H
6H hinschreiben
1 Tausender hinschreiben

Kurzform:
232 · 7
1624

Auf dem Fest soll gegrillt werden. Der Förderverein zahlt für jedes Kind 34 €.
Wie viel Geld ist das? $213 \cdot 34$

Vor der schriftlichen Multiplikation überschlägt man das Ergebnis:
$213 \cdot 34 \approx 200 \cdot 35 = 7000$. Der Verein zahlt ungefähr 7000 € dazu.

Merke Bei der **Multiplikation mit zwei- oder mehrstelligen Zahlen** multipliziert man die erste Zahl mit den …, Hundertern, Zehnern, Einern der zweiten Zahl und addiert dann stellengerecht die Zwischenergebnisse.

Beispiel 3

① Zehner multiplizieren

				Z	E
2	1	3	·	3	4
		6	3	9	

② Einer multiplizieren

				Z	E
2	1	3	·	3	4
		6	3	9	
			8	5	2

③ Zwischenergebnisse addieren

2	1	3	·	3	4
		6	3	9	
+			8	5	2
		1	1		
		7	2	4	2

Kurzform:

$$\begin{array}{r} 213 \cdot 34 \\ \hline 639 \\ +\;852 \\ {\scriptstyle 1\,1}\; \\ \hline 7242 \end{array}$$

Üben und anwenden

1 Überschlage das Ergebnis.
Multipliziere dann schriftlich.

a) $32 \cdot 4$ b) $32 \cdot 3$ c) $43 \cdot 4$
d) $54 \cdot 5$ e) $65 \cdot 6$ f) $76 \cdot 7$
g) $87 \cdot 8$ h) $98 \cdot 9$ i) $121 \cdot 6$

2 Multipliziere schriftlich.
Denke dabei an den Übertrag.

a) $64 \cdot 4$ b) $45 \cdot 5$ c) $26 \cdot 8$
d) $421 \cdot 3$ e) $148 \cdot 6$ f) $173 \cdot 5$
g) $56 \cdot 8$ h) $56 \cdot 80$ i) $56 \cdot 800$
j) $98 \cdot 7$ k) $98 \cdot 70$ l) $980 \cdot 70$

3 In einer Kantine werden täglich etwa 320 Mahlzeiten verkauft. Wie viele Mahlzeiten sind das in vier Tagen?

1 Überschlage das Ergebnis.
Multipliziere dann schriftlich.

a) $122 \cdot 3$ b) $162 \cdot 4$ c) $224 \cdot 5$
d) $717 \cdot 7$ e) $313 \cdot 6$ f) $482 \cdot 5$
g) $211 \cdot 8$ h) $990 \cdot 2$ i) $118 \cdot 9$

2 Multipliziere schriftlich.
Beachte dabei die Bedeutung der Null.

a) $320 \cdot 4$ b) $502 \cdot 4$ c) $106 \cdot 7$
d) $305 \cdot 8$ e) $710 \cdot 9$ f) $751 \cdot 8$
g) $8850 \cdot 6$ h) $7858 \cdot 7$ i) $3125 \cdot 8$
j) $5206 \cdot 5$ k) $2020 \cdot 5$ l) $9063 \cdot 9$

3 Der Eintritt in den Freizeitpark kostet für Schüler 7,00 €. Wie viel müssen 27 Schülerinnen und Schüler insgesamt bezahlen?

HINWEIS
zu Aufgabe 2 (lila und türkis):
Als Lösungswort ergeben sich je zwei Hauptstädte.
208 (K) 225 (N)
256 (A) 448 (B)
686 (L) 742 (S)
865 (A) 888 (R)
1263 (A) 1280 (M)
2008 (O) 2440 (K)
4480 (E) 6008 (U)
6390 (A) 6860 (I)
10 100 (I)
25 000 (D)
26 030 (R)
44 800 (R)
53 100 (M)
55 006 (A)
68 600 (N)
81 567 (D)

4 Löse das Rätsel im Heft.
Überlege bei den Multiplikationen, ob die Rechnung nicht einfacher wird, wenn du das Vertauschungsgesetz anwendest.

waagerecht	senkrecht
A $7 \cdot 8$	**A** $113 \cdot 5$
B $22 \cdot 3$	**B** $2 \cdot 34$
D $4 \cdot 71$	**C** $8 \cdot 81$
E $3 \cdot 177$	**D** $5 \cdot 422$
G $56 \cdot 2$	**F** $4 \cdot 79$
I $3 \cdot 22\,003$	**H** $5 \cdot 4$

A			B	C
		D		
E	F			
	G		H	
I				

5 Übertrage die Tabellen in dein Heft und fülle sie aus.

a)

·	2	5
14	28	
54		
61		
72		
93		

b)

·	3	8
18	54	
41		
72		
84		
115		

6 Überschlage zuerst und multipliziere dann.

a) 243 · 3 b) 413 · 2
c) 493 · 3 d) 253 · 2
e) 345 · 4 f) 533 · 3
g) 624 · 5 h) 417 · 6
i) 642 · 7 j) 183 · 8
k) 345 · 6 l) 215 · 8
m) 942 · 6 n) 385 · 7

7 Familie Peters wohnt in Paderborn. Sie wollen Verwandte in Magdeburg besuchen. Eine Strecke ist 291 km lang. Wie viele Kilometer legen sie insgesamt auf der Hin- und Rückfahrt zurück?

8 Welche der Zahlen in Klammern ist das richtige Ergebnis? Begründe deine Antwort mithilfe eines Überschlags.

a) 23 · 12 = ? (132; 276; 376; 428)
b) 32 · 19 = ? (608; 758; 1141; 1158)
c) 62 · 35 = ? (180; 617; 1217; 2170)
d) 142 · 35 = ? (3497; 4970; 7526; 49 700)
e) 97 · 65 = ? (630; 6305; 9765; 63 500)

9 Übertrage die Aufgaben in dein Heft und ordne ihnen das richtige Ergebnis zu.

654 · 407 | 27 744 | 9 · 873 | 349 149 | 117 | 266 178 | 7857 | 289 · 96 | 0 | 5 · 212 | 1060 | 9 · 13 | 543 · 643 | 0 · 45 987

NACHGEDACHT
Der Multiplikationsstern hat besondere Ergebnisse.

5 Übertrage die Tabelle in dein Heft und fülle sie aus.

·	5	9	7	6	8	3
24						
96						
178				1068		
219						
590						

6 Überschlage zuerst und multipliziere dann.

a) 24 738 · 5 b) 39 941 · 9
c) 42 531 · 4 d) 74 245 · 3
e) 76 217 · 8 f) 711 281 · 4
g) 1 634 431 · 9 h) 3 938 075 · 4

Ergebnisse zur Selbstkontrolle:
123 690; 170 124; 222 735; 359 469; 609 736; 2 845 124; 14 709 879; 15 752 300

7 Ein Fernfahrer fährt jede Woche dreimal von Bochum nach Hamburg und zurück. Die einfache Entfernung zwischen den beiden Städten beträgt 364 km. Wie viele Kilometer legt er in einer Woche zurück?

8 Welche der Zahlen im Kasten ist das richtige Ergebnis? Begründe deine Antwort mithilfe eines Überschlags.

a) 257 · 23
b) 114 · 46
c) 343 · 57
d) 74 · 196
e) 101 · 498

5244 41 504 50 299 524 5911 14 504 5191 47 19 551 50 298

9 Multipliziere.

a)

b)

10 Multipliziere schriftlich.

a) 39 · 28 b) 31 · 56
c) 316 · 15 d) 705 · 19
e) 617 · 176 f) 729 · 729
g) 3815 · 62 h) 4371 · 52
i) 6111 · 51 j) 6312 · 41
k) 2381 · 67 l) 5321 · 685

11 Beschreibe die Fehler in den Rechnungen.

a)
```
  23 · 125
    23
+   46
+  150
  2865
```
b)
```
  38 · 265
      79
+    228
+    190
     497
```
c)
```
  125 · 23
   375
+  250
  4005
```
d)
```
  701 · 25
    214
+   355
   2495
```

12 In einem Getränkehandel sind nebeneinander 16 Kisten Mineralwasser mit je 12 Flaschen aufgestellt. Es werden immer 5 Kisten übereinandergestapelt.
Wie viele Flaschen sind es insgesamt?

10 Multipliziere schriftlich.

a) 671 · 17 b) 729 · 27
c) 230 · 17 d) 80 · 845
e) 9880 · 35 f) 2432 · 72
g) 4256 · 12 h) 4417 · 18
i) 9563 · 40 j) 8829 · 91
k) 38 894 · 221 l) 62 340 · 592

11 Übertrage ins Heft und setze die richtigen Ziffern ein.

a)
```
  523 · ▢▢
   4184
+  2092
  ▢▢▢▢▢
```
b)
```
  437 · ▢▢
   3933
+  1311
  ▢▢▢▢▢
```
c)
```
  335 · ▢9
   2345
+  ▢▢▢▢
  ▢▢▢▢▢
```
d)
```
  6▢3 · 45
   ▢69▢
+  ▢36▢
  ▢▢▢▢▢
```

12 Wie viele Sekunden hat ein Tag?
Diese Überlegungen helfen dir:
– Wie viele Stunden hat ein Tag?
– Wie viele Minuten hat eine Stunde?
– Wie viele Sekunden hat eine Minute?

HINWEIS
Lösungen zu Aufgabe 10 (lila):

13 Vervollständige die Multiplikationsmauern in deinem Heft.

a)
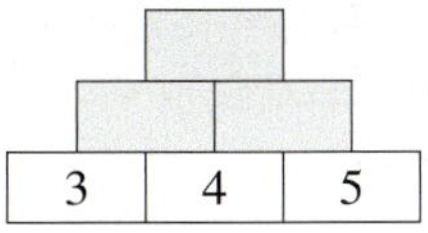

b)
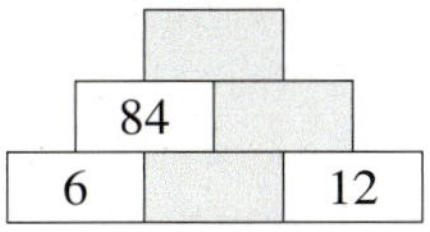

c)
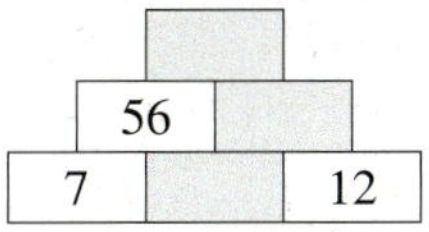

d)
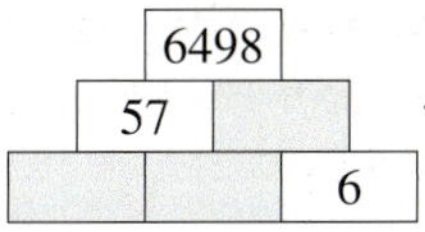

Lerncheck

1 Gerade Linien
a) Finde im Bild je zwei Strecken, Strahlen und Geraden.
b) Finde zwei Geraden, die parallel zueinander liegen.
c) Finde zwei Geraden, die senkrecht aufeinander stehen.

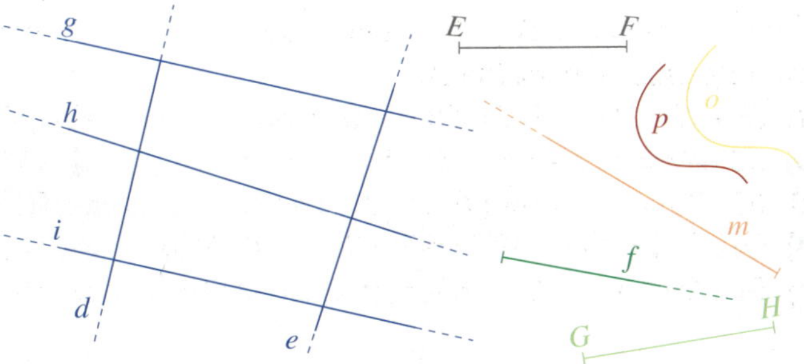

2 Zeichne 6 Punkte in dein Heft.
Verbinde die Punkte nacheinander mit Strecken, sodass sich die Strecken nicht schneiden.
Wie viele Strecken hast du eingezeichnet?

3 Zeichnen mit dem Geodreieck
a) Zeichne mit dem Geodreieck vier zueinander parallele Geraden in dein Heft. Benachbarte Geraden sollen einen Abstand von 2 cm haben.
b) Welchen Abstand haben die beiden Geraden, die ganz außen liegen?

Schriftlich dividieren

Entdecken

1 15 Spieler der Schulmannschaft möchten ein Länderspiel besuchen. Für Busfahrt, Verpflegung und Eintritt sind insgesamt 390 € zu zahlen.

a) Berechne, wie viel jeder für die Reise bezahlen muss.
Benutze dabei folgende Rechenwege:

①
390 : 15 =
300 : 15 = …
90 : 15 = …
…

②
390 : 15 = …
− 30
…

b) Erkläre, welcher Rechenweg für dich einfacher ist.

c) Berechne die Aufgabe 1648 : 4 wie in a). Welcher Rechenweg ist einfacher?

Verstehen

Sieben Freunde haben gemeinsam Lotto gespielt und 952 € gewonnen.
Das Geld soll nun auf die sieben Freunde gerecht aufgeteilt werden: 952 : 7

Merke Beim **schriftlichen Dividieren** dividiert man nacheinander …, Hunderter, Zehner, Einer. Dabei schreibt man jeweils das Ergebnis der Umkehrrechnung unter die entsprechende Stelle und subtrahiert.

HINWEIS
*Bei der **halbschriftlichen Division** zerlegt man die Zahlen so, dass sich die Zahlen gut teilen lassen, und addiert dann die Zwischenergebnisse:*
952 : 7
700 : 7 = 100
210 : 7 = 30
42 : 7 = 6
952 : 7 = 136

Beispiel 1

① Hunderter dividieren:

H Z E … H Z E
9 5 2 : 7 = 1
− 7 ← · 7
2

7 passt 1-mal in die 9:
1 im Ergebnis unter H schreiben
nun 1 H · 7 = 7 H
dann 9 H − 7 H = 2 H

② Zehner dividieren:

H Z E … H Z E
9 5 2 : 7 = 1 3
− 7 ↓
2 5
− 2 1 ← · 7
4

5 Zehner herunterziehen:
2 H + 5 Z = 20 Z + 5 Z = 25 Z
7 passt 3-mal in die 25:
3 im Ergebnis unter Z schreiben
nun 3 Z · 7 = 21 Z
dann 25 Z − 21 Z = 4 Z

③ Einer dividieren:

H Z E … H Z E
9 5 2 : 7 = 1 3 6
− 7
2 5
− 2 1 ↓
4 2
− 4 2 ← · 7
0

2 Einer herunterziehen:
4 Z + 2 E = 40 E + 2 E = 42 E
7 passt 6-mal in die 42:
6 im Ergebnis unter E schreiben
nun 6 E · 7 = 42 E
dann 42 E − 42 E = 0 E

Kurzform:
952 : 7 = 136
−7
25
−21
42
−42
0

Jeder Spieler bekommt 136 € ausgezahlt.

Merke Häufig gehen Divisionen nicht auf. Es bleibt ein **Rest**.

Beispiel 2

a) 5 : 2 = 2 R 1

b) 39 : 4 = 9 R 3

Manchmal muss man bei der schriftlichen Division auch zwei Ziffern nacheinander herunterziehen, um dividieren zu können.

Beispiel 3

```
  T H Z E       T H Z E
  2 4 6 6 : 8 = 0 3 0 8   R 2
– 2 4 ↓ ↓
    0 6 6
    – 6 4
        2
```

2 T: geht nicht
24 H: 8 passt 3-mal in die 24, schreibe 3
3 H · 8 = 24 H, 24 H – 24 H = 0
6 Z herunterziehen
6 Z: geht nicht, schreibe 0
6 E herunterziehen
66 E: 8 passt 8-mal in die 66, schreibe 8, 8 E · 8 = 64 E
66 E – 64 E = 2 E Rest, schreibe R 2

Beispiel 4

①

```
  H Z E         H Z E
  9 6 6 : 2 1 = 0 4
– 0
  9 6
– 8 4 ←—— · 21
  1 2
```

9 H: geht nicht
96 Z: 21 passt 4-mal in die 96
4 Z · 21 = 84 Z
96 Z – 84 Z = 12 Z

②

```
  H Z E         H Z E
  9 6 6 : 2 1 = 0 4 6
– 8 4 ↓
  1 2 6
– 1 2 6 ←—— · 21
      0
```

6 E herunterziehen:
126 E: 21 passt 6-mal in die 126
6 E · 21 = 126 E
126 E – 126 E = 0 E

Kurzform:

```
  966 : 21 = 46
– 84
  126
– 126
    0
```

ERINNERE DICH
Das Ergebnis einer Division kann durch eine Multiplikation überprüft werden (Umkehrrechnung):

```
 46 · 21
 92
+ 46
 966
```

Üben und anwenden

1 Übertrage die Rechnungen in dein Heft und ergänze die fehlenden Ziffern.

a)
```
  1 9 2 : 6 = 3 □
– □ □
    1 2
  – □ □
      0
```

b)
```
  7 2 4 0 : 8 = □ 0 □
– □ □
    0 4
  –   0
      □ □
    – □ □
        0
```

c)
```
  5 0 4 0 : 9 = □ □ 0
– 4 5
    5 4
  – □ □
      0 0
    – 0 0
        0
```

d)
```
  6 1 8 1 : 7 = □ □ 3
– □ □
    5 □
  – □ □
      2 □
    – □ □
        0
```

1 Übertrage die Rechnungen in dein Heft und ergänze die fehlenden Ziffern.

a)
```
  5 1 1 2 : 2 4 = 2 □ □
– □ □
    3 1
  – □ □
      7 2
    – □ □
        0
```

b)
```
  4 4 1 0 0 : 4 5 = □ □ 0
– 4 0 5
    □ □ □
  – □ □ □
        0 0
      –   □
          0
```

c)
```
  7 5 4 8 : 3 7 = □ 0 □
– □ □
    1 4
  –   0
    1 4 8
  – □ □ □
        0
```

d)
```
  9 5 5 5 : 6 5 = □ □ □
– □ □
  3 0 □
– □ □ □
    4 5 □
  – □ □ □
        0
```

2 Dividiere schriftlich.
Prüfe dein Ergebnis durch eine Multiplikation.

a) 128 : 8
b) 296 : 4
c) 475 : 5
d) 192 : 6
e) 434 : 7
f) 288 : 9
g) 1925 : 5
h) 2592 : 6

2 Dividiere schriftlich.
Prüfe dein Ergebnis durch eine Multiplikation.

a) 466 : 2
b) 265 : 5
c) 693 : 9
d) 732 : 3
e) 864 : 4
f) 861 : 7
g) 1116 : 9
h) 6135 : 3

HINWEIS
Du behältst besser den Überblick, wenn du jede Ziffer und jedes Rechenzeichen in ein Kästchen in deinem Heft schreibst.

HINWEIS
Beim Überschlag einer Division ist es besser, nicht genau die Zahlen zu runden, sondern Zahlen zu wählen, die man gut dividieren kann.

HINWEIS
Ergebnisse zu Aufgabe 4 (lila): Hier sind die Zahlen und die Reste durcheinander geraten.

123; 136; 143; 161; 166; 209; 237; 342; 711

R 1; R 2; R 2; R 2; R 3; R 3; R 4; R 5; R 6

HINWEIS
Beachte die Punkt-vor-Strich-Regel: erst multiplizieren oder dividieren, und dann addieren oder subtrahieren.

3 Überschlage die Ergebnisse der Divisionsaufgaben.
Beachte den Hinweis in der Randspalte.
Beispiel 6738 : 2 ≈ 6800 : 2 = 3400

a) 4689 : 2 b) 1427 : 5
c) 7325 : 2 d) 6412 : 7
e) 3299 : 8 f) 99 980 : 9

4 Dividiere. Es bleibt jeweils ein Rest.

a) 713 : 3 b) 719 : 5 c) 986 : 8
d) 839 : 4 e) 954 : 7 f) 999 : 6
g) 1423 : 2 h) 2742 : 8 i) 1454 : 9

Zur Kontrolle: Die Ergebnisse stehen in der Randspalte.

5 Übertrage und ergänze die Tabelle im Heft.

:	2	4	8
752			
1448			
4496			
44 960			

6 Überschlage zuerst. Rechne dann schriftlich. Oft bleibt ein Rest.

a) 1724 : 2 b) 1635 : 5
c) 1954 : 7 d) 2948 : 8
e) 3189 : 4 f) 4138 : 3
g) 6234 : 9 h) 6714 : 4

7 Führe zu den Rechnungen aus Aufgabe 6 die Probe durch.
Beispiel 2731 : 3 = 910 R 1
Probe: 910 · 3 + 1 = 2731

8 Bilde vier Divisionsaufgaben ohne Rest.

114; 3024; 9072; 24 792 : 7; 6; 8; 9

9 Dividiere große Zahlen.
Was fällt dir auf?
Beispiel 405 : 5 = 81
40 500 : 5 = 8100

a) 425 : 5; 425 000 : 5
b) 203 : 7; 20 300 : 7
c) 344 : 8; 344 000 : 8
d) 708 : 4; 7 080 000 : 4

3 Überschlage die Ergebnisse der Divisionsaufgaben.
Beispiel 6411 : 5 ≈ 6500 : 5 = 1300

a) 3588 : 5 b) 2318 : 8
c) 7777 : 2 d) 1347 : 3
e) 4108 : 7 f) 6869 : 2
g) 7523 : 6 h) 29 766 : 9

4 Dividiere. Es bleibt jeweils ein Rest.

a) 279 : 6 b) 423 : 7 c) 545 : 3
d) 591 : 8 e) 572 : 9 f) 653 : 4
g) 2137 : 6 h) 3409 : 8 i) 7369 : 5

Zur Kontrolle: Es treten nacheinander die folgenden Reste auf: 3; 3; 2; 7; 5; 1; 1; 1; 4

5 Übertrage und ergänze die Tabelle im Heft.

:	2	4	8
948			
6112			
19 264			
46 072			

6 Dividiere schriftlich und multpliziere dann als Probe.

a) 2221 : 5 b) 4621 : 8
c) 5218 : 3 d) 6385 : 7
e) 7216 : 2 f) 8342 : 6
g) 9421 : 4 h) 4008 : 9

7 Dividiere jeweils durch 4, 5, 6 und 7.

a) 31 538 b) 76 431
c) 80 211 d) 84 520
e) 603 405 f) 654 209

8 Wie viele Divisionen sind möglich?
Bei welchen bleibt kein Rest?

16 458; 11 656; 17 171; 17 883 : 6; 7; 8; 9

9 Berechne die Aufgaben im Heft.
Vergleiche die Ergebnisse.
Was fällt dir auf?

a) 11 220 : 2 und 11 220 : 20
b) 33 250 : 5 und 33 250 : 50
c) 31 360 : 4 und 31 360 : 40
d) 68 950 : 7 und 68 950 : 70
e) 50 760 : 9 und 50 760 : 90

10 Auf dem Geflügelhof Müller werden die Eier in Sechserkartons verpackt. Wie viele Kartons brauchte man jeweils im Juni, Juli und August?

Juni:	2370 Eier
Juli:	2375 Eier
August:	2390 Eier

10 Daniel hat bei einem Gewinnspiel gewonnen: 12 345 Freikilometer mit der Bahn. Er möchte mit seinen Eltern verreisen. Wie viele Kilometer kann jeder fahren? Wie viel können sie fahren, wenn auch noch Daniels Bruder mitkommt?

11 Dividiere schriftlich.

a) 882 : 21 b) 924 : 11
c) 3875 : 31 d) 3528 : 42
e) 285 : 19 f) 406 : 14
g) 504 : 21 h) 918 : 34

11 Dividiere schriftlich.

a) 8954 : 11 b) 3029 : 13
c) 10 660 : 41 d) 58 052 : 92
e) 408 : 12 f) 648 : 18
g) 884 : 52 h) 1278 : 71

12 Lisa hat 6630 durch 39 dividiert.

```
 6630 : 39 = 17
– 39
  273
– 273
    0
```

a) Arbeitet in Gruppen zusammen. Hat Lisa richtig gerechnet? Begründet eure Aussagen.
b) Dividiert 630 durch 21. Erklärt an diesem Beispiel, welche Bedeutung die Null hat.
c) Dividiert schriftlich: ① 3230 : 19 ② 17 360 : 31

13 Dividiere. Hier bleibt jeweils ein Rest.

a) 231 : 17 b) 243 : 21
c) 384 : 31 d) 762 : 46
e) 862 : 61 f) 3185 : 12
g) 53 671 : 25 h) 22 510 : 183

13 Dividiere. Hier bleibt jeweils ein Rest.

a) 482 : 31 b) 652 : 34
c) 775 : 35 d) 772 : 92
e) 6312 : 19 f) 6538 : 21
g) 17 646 : 72 h) 18 402 : 88

NACHGEDACHT
Max behauptet: „Wenn man eine einstellige Zahl teilt, kann niemals der Rest 9 auftreten." Was sagst du dazu? Welche Reste können auftreten, wenn man durch 13 dividiert?

14 Sieben Zahlen aus dem Zahlenfeld kannst du ohne Rest durch 15 dividieren.

465	470	475	480	485
490	495	500	505	510
515	520	525	530	535
540	545	550	555	560

14 Sieben Zahlen aus dem Zahlenfeld kannst du ohne Rest durch 24 dividieren.

432	438	444	450	456	462
468	474	480	486	492	498
504	510	516	522	528	534
540	546	552	564	570	576

15 Im Großmarkt:
Gibt es Preisnachlässe beim Kauf größerer Anzahlen?

a)

Anzahl Kiwi	20	100	200	500
Preis in €	3,80	18,00	34,20	80,75

b)

Anzahl Ananas	10	100	200	500
Preis in €	22,90	217,00	412,20	973,25

Klar so weit?

→ Seite 120

Im Kopf multiplizieren

1 Multipliziere im Kopf.

a) 6 · 3 b) 4 · 9 c) 6 · 8
d) 12 · 4 e) 15 · 6 f) 20 · 7
g) 22 · 2 h) 30 · 9 i) 102 · 5

2 Zeichne die Multiplikationsmauern ab und vervollständige sie.

a)

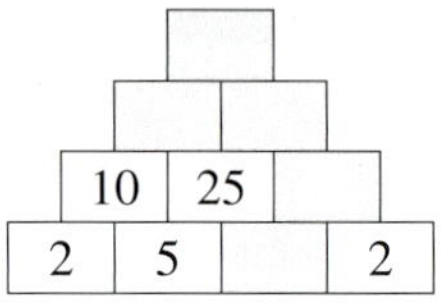

b)

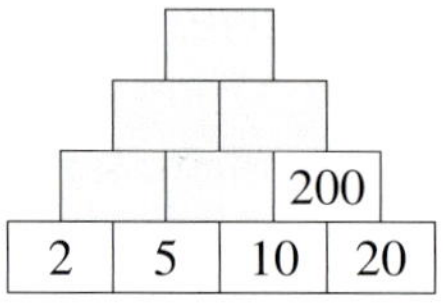

3 Übertrage und ergänze die fehlende Zahl.

a) 2 · □ = 18 b) 3 · □ = 27
c) 4 · □ = 32 d) 6 · □ = 42
e) 7 · □ = 70 f) 9 · □ = 108

1 Multipliziere im Kopf.

a) 12 · 2 b) 13 · 4 c) 6 · 14
d) 7 · 12 e) 15 · 8 f) 19 · 8
g) 32 · 7 h) 59 · 6 i) 203 · 9

2 Bilde aus den Zahlen alle Multiplikationen, die möglich sind, und berechne sie.

4, 7, 6, 5 · 7, 18, 22, 19

3 Übertrage und ergänze die fehlende Zahl.

a) 20 · □ = 480 b) □ · 60 = 480
c) 12 · □ = 480 d) □ · 6 = 480
e) 48 · □ = 480 f) □ · 4 = 480

→ Seite 122

Im Kopf dividieren

4 Dividiere im Kopf.

a) 10 : 2 b) 24 : 4 c) 27 : 9
d) 96 : 8 e) 112 : 4 f) 330 : 11
g) 96 : 48 h) 84 : 12 i) 128 : 4

5 Übertrage und ergänze die Tabelle im Heft.

a)

:	4	8
48		
112		
424		

b)

:	6	12
96		
132		
276		

4 Dividiere durch 2 (durch 4).

a) 28 b) 80 c) 32
d) 96 e) 64 f) 16
g) 72 h) 212 i) 100

5 Übertrage und ergänze in deinem Heft.

a) □ : 8 = 7 b) □ : 9 = 6
c) □ : 6 = 8 d) □ : 10 = 5
e) □ : 20 = 2 f) □ : 30 = 4
g) □ : 25 = 3 h) □ : 30 = 6
i) □ : 59 = 2 j) □ : 24 = 3

→ Seite 124

Rechenvorteile bei der Multiplikation

6 Rechne vorteilhaft, indem du jeweils zwei Zahlen vertauschst.

a) 2 · 36 · 5 b) 4 · 106 · 25
c) 50 · 996 · 2 d) 200 · 48 · 50
e) 125 · 14 · 8 f) 20 · 9 · 15

7 Setze Klammern und rechne vorteilhaft.

a) 13 · 2 · 5 b) 47 · 50 · 2
c) 37 · 25 · 4 d) 8 · 125 · 46
e) 88 · 5 · 4 f) 10 · 15 · 4 · 25

6 Rechne vorteilhaft, indem du jeweils zwei Zahlen vertauschst.

a) 5 · 687 · 2 b) 25 · 317 · 4
c) 20 · 33 · 50 d) 8 · 67 · 125
e) 4 · 61 · 75 f) 9 · 4 · 11 · 25

7 Setze Klammern und rechne vorteilhaft.

a) 98 · 5 · 2 b) 25 · 4 · 135
c) 601 · 8 · 125 d) 88 · 5 · 40
e) 7 · 500 · 4 · 3 f) 125 · 4 · 8 · 3

Rechenregeln sinnvoll nutzen

→ Seite 126

8 Berechne. Achte auf die Vorrangregeln.
a) 17 + 86 – 15 b) (15 + 7) · 3
c) 15 + 7 · 3 d) 4 + 6 : (8 – 5) – 3

8 Berechne.
a) 6 · (23 + 27) b) (38 – 27) · 9
c) 12 + 2 · (40 – 21) d) (16 + 9) : 5 + 174

9 Jonas und sein Bruder sparen zusammen ihr Taschengeld für ein neues Brettspiel. Jonas gibt jede Woche 4 € und sein Bruder 5 €. Wie viel Geld haben sie zusammen nach drei Wochen gespart? Berechne einmal mit Klammern und einmal ohne Klammern.

9 Eine Schatzkiste enthält 150 Goldmünzen und 150 Silbermünzen. Jede Goldmünze wiegt 16 Gramm und jede Silbermünze wiegt 21 Gramm. Wie schwer ist der Schatz? Berechne einmal mit Klammern und einmal ohne Klammern.

Schriftlich multiplizieren

→ Seite 128

10 Multipliziere schriftlich.
a) 113 · 11 b) 131 · 21 c) 213 · 23
d) 113 · 31 e) 131 · 32 f) 321 · 33

10 Multipliziere schriftlich.
a) 113 · 12 b) 113 · 32 c) 213 · 21
d) 213 · 31 e) 213 · 32 f) 233 · 44

11 Überschlage und multipliziere dann.
a) 85 · 11 b) 46 · 12 c) 57 · 15
d) 743 · 22 e) 623 · 35 f) 385 · 73
g) 821 · 81 h) 374 · 300 i) 761 · 248

11 Überschlage und multipliziere dann.
a) 324 · 43 b) 217 · 56 c) 436 · 39
d) 581 · 44 e) 2645 · 65 f) 87 · 3157
g) 4331 · 32 h) 76 · 1247 i) 5516 · 94

12 Jeder Schüler hat Schulbücher im Wert von 93 € bekommen. Wie teuer waren die Bücher für 28 Schüler insgesamt?

12 Von einem neuen Buch, das 22 € kostet, wurden in einem Monat 386 Stück verkauft. Wie viel Geld wurde damit eingenommen?

Schriftlich dividieren

→ Seite 132

13 Überschlage bevor du rechnest.
Bei den letzten fünf Aufgaben bleibt ein Rest.
a) 672 : 2 b) 378 : 9 c) 6549 : 3
d) 8680 : 7 e) 565 : 2 f) 589 : 5
g) 746 : 8 h) 4514 : 4 i) 4629 : 6

13 Überschlage zuerst, rechne dann schriftlich. Manchmal bleibt ein Rest.
a) 1724 : 2 b) 3189 : 4 c) 6714 : 6
d) 1635 : 5 e) 4138 : 3 f) 6385 : 7
g) 1954 : 10 h) 4621 : 11 i) 4944 : 12

14 Dividiere und rechne dann die Probe.
a) 6282 : 9 b) 1282 : 3 c) 2068 : 4
d) 806 : 10 e) 912 : 12 f) 2878 : 11
g) 1271 : 41 h) 7682 : 15 i) 5772 : 13

14 Dividiere und rechne dann die Probe.
a) 9735 : 3 b) 9824 : 4 c) 6565 : 5
d) 6315 : 15 e) 7854 : 11 f) 7635 : 12
g) 8680 : 10 h) 8832 : 16 i) 9216 : 13

15 Die 20 Schülerinnen und Schüler der Klasse 5 a machen eine Klassenfahrt nach Bad Kreuznach.
Die Klassenfahrt kostet 1500 €.
Berechne den Betrag, den jeder zahlen muss.

15 Aus 2400 g Teig werden Plätzchen gebacken. Für jedes Plätzchen benötigt man etwa 15 g Teig.
Wie viele Plätzchen kann man aus dem Teig höchstens herstellen?

Vermischte Übungen

1 Ordne die Dominosteine der Reihe nach. Rechne im Kopf.

Start	24 · 8

22	235 : 5

192	4 · 38

31	136 : 8

17	198 : 9

273	186 : 6

47	Ende

152	7 · 39

NACHGEDACHT
Berechne:
① 1 · 1
② 11 · 11
③ 111 · 111
Was fällt dir auf? Was ist wohl das Ergebnis bei diesen Multiplikationen?
1111 · 1111
11 111 · 11 111

2 Übertrage und ergänze die Tabelle im Heft.

·	5		7		8	
19				114		
23		207				69
27						

·	5		7		8	
13				117		
21		231				84
31						

2 Übertrage und ergänze die Tabelle im Heft.

·	3	10	0	90		200	14	22
17					102			
23								
	90							

:	2	3			6	12
360			90			
540				108		
720						

3 Wie heißt das Lösungswort?
Ordne die Buchstaben in der Reihenfolge der Lösungen:

a) 184 : 8
7 · 28
12 · 11
147 : 7
4 · 42

b) 6 · 22
231 : 11
12 · 14
207 : 9
4 · 49

H 21

M 23

A 196

E 168

T 132

3 Die Ergebnisse bilden in der richtigen Reihenfolge ein Lösungswort.

425 : 25 =
8500 : 17 =
5 · 4 · 3 · 2 · 0 =
12 · 14 =
125 · 8 =
3 · 4 · 5 · 6 =
420 : 15 =

T	17
N	360
S	168
A	500
D	28
E	1000
U	0

4 Übertrage das Rätsel in dein Heft und fülle die Felder aus.

senkrecht:
① 18 · 16
② 3 · 72
③ 35 · 297
④ 863 · 81
⑧ 17 · 41
⑨ 62 · 9

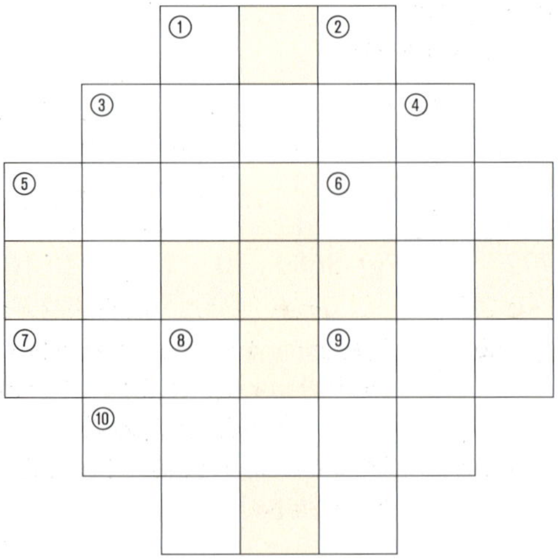

waagerecht:
③ 392 · 48
⑤ 17 · 24
⑥ 3 · 231
⑦ 83 · 12
⑨ 5 · 100
⑩ 7 · 8479

5 Überschlage zuerst das Ergebnis.
Rechne dann schriftlich.

a) 281 · 6 b) 4 · 531
c) 402 · 5 d) 888 · 7
e) 613 · 14 f) 559 · 21
g) 4606 : 7 h) 6280 : 8
i) 1682 : 3 j) 6280 : 9
k) 308 : 11 l) 3525 : 12

5 Rechne schriftlich.
Mache anschließend die Probe.

a) 972 · 3 b) 248 · 8
c) 652 · 16 d) 3208 · 202
e) 3654 : 6 f) 5412 : 7
g) 528 : 12 h) 758 : 15
i) 47 561 : 20 j) 1872 : 24
k) 2028 : 26 l) 3433 : 44

6 Familie Wildauer möchte fünf Tage lang Urlaub machen.
Was ist günstiger: Pension Weitsicht oder Haus Müller?

7 Berechne. Die Lösungen stehen in der Randspalte. Es ergibt sich ein Lösungswort.

a) 46 + 5 · 4 – 7 · 8 b) 15 + 3 · 4 – 9 + 12
c) 26 – 4 · 5 + 7 · 8 d) 26 · 4 – 5 · 7 + 8
e) 15 · 3 – 4 + 108 f) 15 · 3 · 4 – 9 + 12
g) 8 · 5 + 7 · 6 h) 97 + 88 · 12

7 Berechne. Beachte die Punkt-vor-Strich-Regel und die Klammern.

a) (9 + 6) · 30 b) (77 – 32) · (7 + 13)
c) (25 + 5 · 6) · 20 d) (47 + 6 · 2) · 4
e) (75 – 9 · 8) · 125 f) 27 : (25 – 8 · 2)
g) 13 · (14 – 8) + 57 h) 81 – 4 · (40 – 27)

HINWEIS
Ergebnisse zu Aufgabe 7 (lila):

8 Berechne. Achte dabei auf die Nullen.

a) 6 + 0 b) 0 + 12
c) 77 – 0 d) 0 – 77
e) 0 · 315 f) 9951 · 0
g) 14 : 0 h) 0 : 999
i) 102 · 304 j) 2006 : 6

8 Berechne.

a) 9963 + 0 b) 11 000 008 – 0
c) 0 – 123 456 d) 0 · 987 654
e) 876 314 : 0 f) 9951 · 0
g) 0 : 4 426 887 h) 1004 · 506
i) 3232 : 8 j) 102 007 : 101

9 Welche Aufgaben haben das gleiche Ergebnis?
Kannst du auch ohne Rechnen die Frage beantworten?

15 · 5 + 85 · 5 | (150 – 45) · 5 | 7 + 7 + 7 | 4 · (8 · 5) | 12 : 6 – 2 | 5 · 100
(4 · 8) · 5 | 100 · 5 | 7 · 3 | (15 + 85) · 5 | 12 : (6 – 2)

10 Herr Lenk kauft 4 Dosen Lakritz (je 2 €), 4 große Tafeln Schokolade (je 1,50 €) und 4 Päckchen Pralinen (je 3,50 €).
Berechne den Gesamtpreis.
Berechne einmal mit Klammern und einmal ohne Klammern.

10 Frau Köster kauft einen Blumenstrauß mit 3 Rosen, 3 Fresien und 3 Nelken.
Preise: 1 Rose: 1,30 €; 1 Fresie: 0,80 €;
1 Nelke: 0,90 €.
Wie würdest du den Preis für den Strauß berechnen?

Checkliste ↻ 140-1

Teste dich!

(12 Punkte)

1 Berechne im Kopf. Achte dabei auf die Vorrangregeln.

a) 5 · 9 · 2	b) 0 : 6	c) 18 – 12 : 2	d) 7 · 4 · 25
e) 12 : 6 : 2	f) (18 – 12) : 2	g) 5 · 28 · 2	h) 6 : 0
i) 27 + 123 : 3	j) 15 · 17 + 15 · 3	k) 180 : (18 + 12)	l) 21 · 13

(5 Punkte)

2 Ein Herz schlägt in einer Minute etwa 70-mal.
Wie oft schlägt es in einer Stunde (an einem Tag)?

(5 Punkte)

3 In der Andersen-Schule gibt es 84 neue Fünftklässler.
Sie werden in drei gleich große Klassen eingeteilt.
Berechne im Kopf, wie viele Schülerinnen und Schüler in jeder Klasse sind.

(5 Punkte)

4 Beschreibe und berichtige die Fehler.

a) 782 · 4
28328

b) 238 · 402
952
+ 476
9996

c) 357 · 509
1785
+ 357
+ 3213
185283

d) 75 · 234
140
+ 635
+ 280
20630

(8 Punkte)

5 Multipliziere schriftlich. Überschlage zuerst das Ergebnis.

a) 5262 · 3	b) 235 · 18	c) 1489 · 32	d) 7829 · 23
e) 37 686 · 11	f) 2423 · 62	g) 9004 · 15	h) 41 992 · 8

(12 Punkte)

6 Dividiere schriftlich. Manchmal bleibt ein Rest.

a) 513 : 2	b) 392 : 3	c) 724 : 8	d) 364 : 5
e) 41 992 : 8	f) 4395 : 5	g) 7632 : 6	h) 733 : 12
i) 21 805 : 7	j) 90 810 : 9	k) 2766 : 25	l) 1817 : 60

(8 Punkte)

7 Übertrage die beiden Rätsel in dein Heft und fülle sie aus.

a)

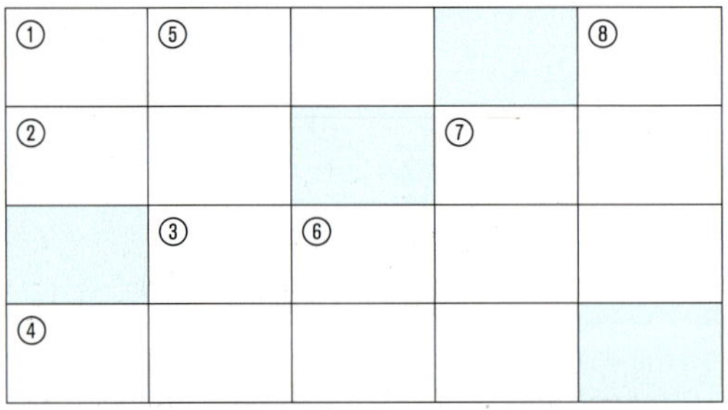

waagerecht
① 18 · 23
② 3577 : 49
③ 118 · 33
④ 65 352 : 42

senkrecht
⑤ 15 · 89
⑥ 17 · 5
⑦ 1488 : 3
⑧ 3234 : 11

b)

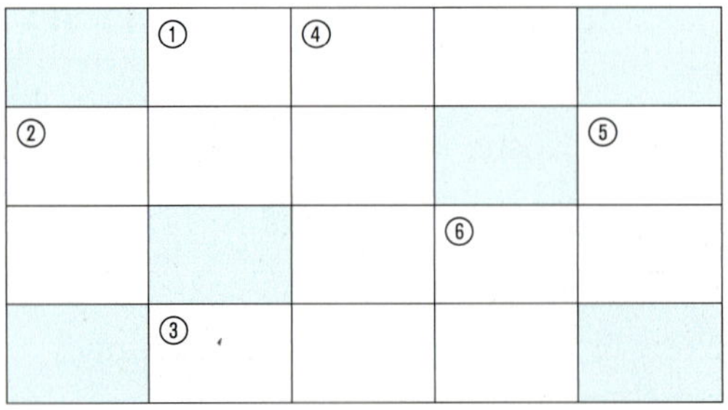

waagerecht
① 17 · 15
② 42 · 12
③ 41 · 16

senkrecht
① 360 : 18
② 486 : 9
④ 27 125 : 5
⑤ 1287 : 13
⑥ 1064 : 14

8 Rechne jeweils die Umkehraufgabe. Sind die Ergebnisse alle richtig? *(5 Punkte)*

6461 : 71 = 91	587 − 443 = 114	47 · 36 = 1691	97 + 79 = 176	435 : 14 = 31 R 1

9 In einer Fabrik werden Muffins verpackt. *(6 Punkte)*
Jedes Paket enthält 6 Muffins. 16 Pakete kommen in einen Karton.
80 Kartons passen auf eine Palette.

a) Wie viele Muffins sind in einem Karton? **b)** Wie viele Muffins sind auf einer Palette?

10 Übertrage die Rechenbäume ins Heft. Ergänze und schreibe die zugehörige Aufgabe auf. *(6 Punkte)*

a) **b)**

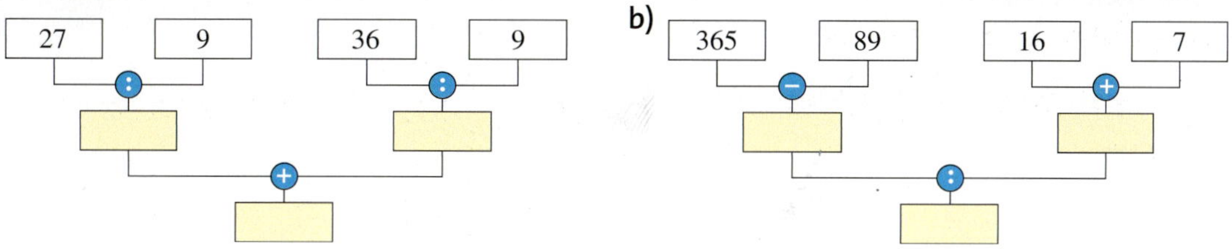

11 Der Sportverein „Victoria" plant eine Grillparty. *(6 Punkte)*
Es haben sich 15 Kinder und 12 Erwachsene angemeldet.
Frau Alldorf kauft für jedes Kind zwei Würstchen und für jeden Erwachsenen drei Würstchen ein.
Wie viele Würstchen kauft sie insgesamt?

12 Familie Weiland lässt ihr Wohnzimmer von einem Maler streichen. *(6 Punkte)*
Die Materialkosten betragen 58 €.
Eine Arbeitsstunde kostet 27 €.

a) Was kosten die Malerarbeiten, wenn der Maler 5 Stunden braucht?
b) In seiner Rechnung verlangt der Maler von Familie Weiland 382 €. Wie lange hat der Maler gearbeitet?

13 Berechne. Nutze dabei Rechenvorteile. *(9 Punkte)*

a) $832 + 18 + 83$ **b)** $9 \cdot 4 \cdot 5$ **c)** $8 \cdot 63 \cdot 125$
d) $67 - (2 + 5 + 6)$ **e)** $348 + 29 \cdot 5$ **f)** $18 \cdot 4 + 3 \cdot (15 - 12)$
g) $(7 + 17) : 3$ **h)** $12 : 4 + 23$ **i)** $(256 - 186) : (167 - 132)$

14 Ordne der Textaufgabe den passenden Rechenbaum zu und ergänze ihn in deinem Heft. *(7 Punkte)*
Schreibe auch die passende Rechnung in dein Heft.
Erfinde eine weitere Aufgabe zum anderen Rechenbaum und löse sie.

> In der Garage von Familie Meier stehen 3 Kisten Saft.
> In jeder Kiste befinden sich 10 Flaschen.
> Außerdem stehen 5 Flaschen Saft im Vorratsraum.

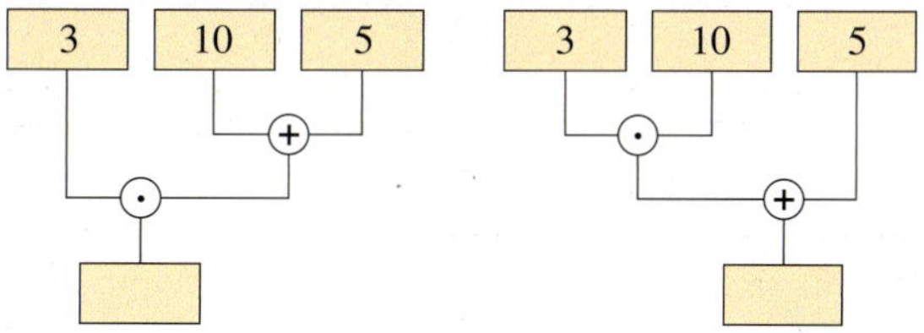

Zusammenfassung

→ Seite 120

Im Kopf multiplizieren

Multiplizieren bedeutet auch malnehmen oder vervielfachen.

$4 \cdot 18 = 72$
mal Produkt

→ Seite 122

Im Kopf dividieren

Dividieren bedeutet auch gleichmäßig verteilen oder teilen durch …
Durch 0 darf nie geteilt werden.

$72 : 4 = 18$
durch Quotient

Multiplikation und Division sind **Umkehrrechnungen** voneinander.

$72 : 4 = 18$, denn $18 \cdot 4 = 72$

→ Seite 124

Rechenvorteile bei der Multiplikation

Vertauschungsgesetz:
Beim Multiplizieren darf man Zahlen vertauschen.

$3 \cdot 5 = 5 \cdot 3$

Verbindungsgesetz:
Beim Multiplizieren dürfen Zahlen beliebig durch Klammern zusammengefasst werden.

$(3 \cdot 5) \cdot 2 = 3 \cdot (5 \cdot 2)$

→ Seite 126

Rechenregeln sinnvoll nutzen

Vorrangregel:
1. Der Wert in der Klammer wird zuerst berechnet. $(3 + 5) \cdot 2 = 8 \cdot 2 = 16$
2. Punktrechnung vor Strichrechnung $3 + 5 \cdot 2 = 3 + 10 = 13$
3. von links nach rechts $18 : 6 : 3 = 3 : 3 = 1$

Verteilungsgesetz:
Beim Multiplizieren (Dividieren) mit einer Summe oder Differenz in Klammern darf man auch einzeln multiplizieren (dividieren) und dann addieren oder subtrahieren.

$(5 + 4) \cdot 6 = 5 \cdot 6 + 4 \cdot 6$
$(5 - 4) \cdot 6 = 5 \cdot 6 - 4 \cdot 6$
$(12 + 6) : 3 = 12 : 3 + 6 : 3$
$(12 - 6) : 3 = 12 : 3 - 6 : 3$

→ Seite 128

Schriftlich multiplizieren

- nacheinander mit den …, Hunderter, Zehner, Einer der zweiten Zahl multiplizieren
- Zwischenergebnisse stellengerecht addieren

```
 52 · 25
 -------
   104
 + 260
 -------
  1300
 =======
```

→ Seite 132

Schriftlich dividieren

- nacheinander die …, Hunderter, Zehner, Einer dividieren
- Ergebnis der Umkehrrechnung unter die entsprechende Stelle schreiben und subtrahieren

```
 574 : 7 = 82      672 : 32 = 21
-56               -64
 ---               ---
  14                32
 -14               -32
 ---               ---
   0                 0
```

Flächen

Das Gemälde von Wassily Kandinsky trägt den Titel „Spitzen im Bogen“.

Der Künstler hat häufig Grundformen der Geometrie in verschiedenen Farben verwendet. Welche kannst du entdecken?

Noch fit?

Einstieg

1 Strecke, Strahl und Gerade
Welche Linien sind Strecken, welche Strahlen und welche sind Geraden?

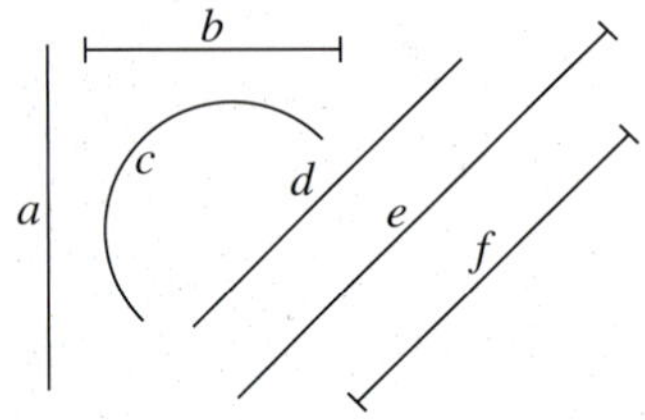

2 Strecken messen
Miss die Strecken mit deinem Lineal.

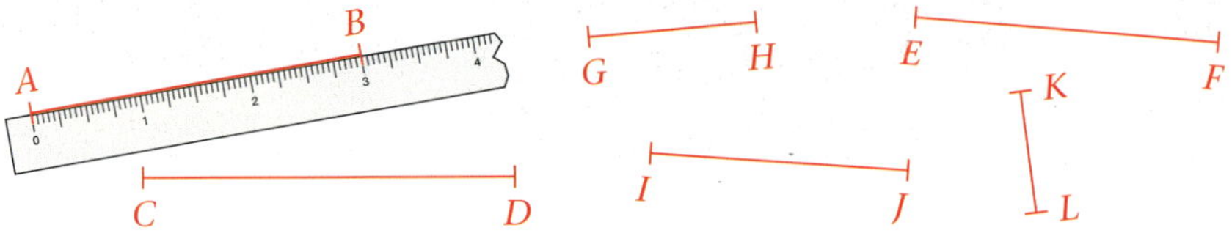

3 Strecken zeichnen
Zeichne Strecken mit den angegebenen Längen in dein Heft.

a) 4 cm
b) 20 mm
c) 30 mm
d) 35 mm
e) 3,5 cm
f) 7,2 cm

4 Parallele und senkrechte Geraden

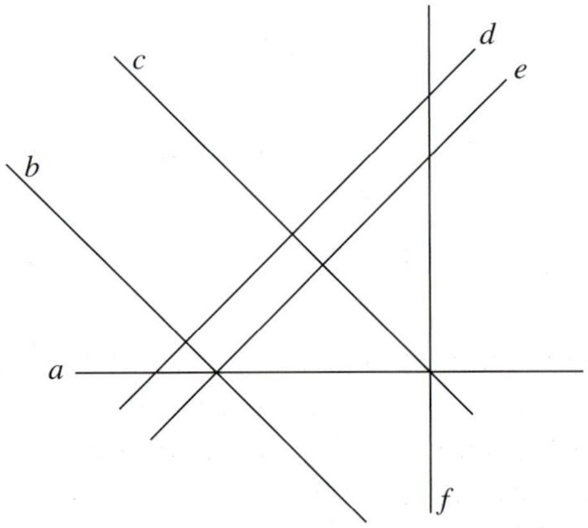

Gib jeweils Geraden in der Zeichnung an, …
a) die parallel zueinander sind.
b) die senkrecht zueinander sind.
c) die parallel und senkrecht zueinander sind.

5 Kästchen zählen
Wie viele Kästchen hat der Buchstabe „F“ im Bild?
Zeichne den Buchstaben „H“ in dein Heft.
Wie viele Kästchen hat er?

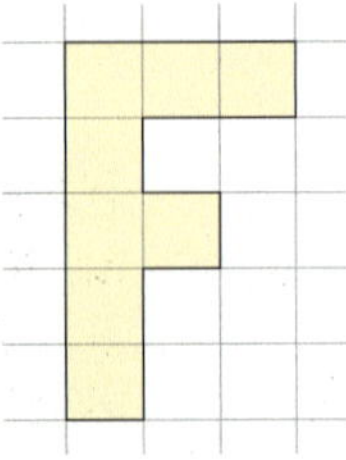

Aufstieg

1 Strecke, Strahl und Gerade
Zeichne in dein Heft.
Achte dabei auf die richtigen Bezeichnungen.
a) eine Strecke a mit einer Länge von 5 cm
b) einen Strahl b
c) zwei zueinander parallele Geraden g und h mit einem Abstand von 3 cm

3 Strecken zeichnen
Zeichne Strecken mit den angegebenen Längen in dein Heft.

a) 8 cm
b) 25 mm
c) 45 mm
d) 61 mm
e) 4,5 cm
f) 5 cm 7 mm

4 Parallele und senkrechte Geraden

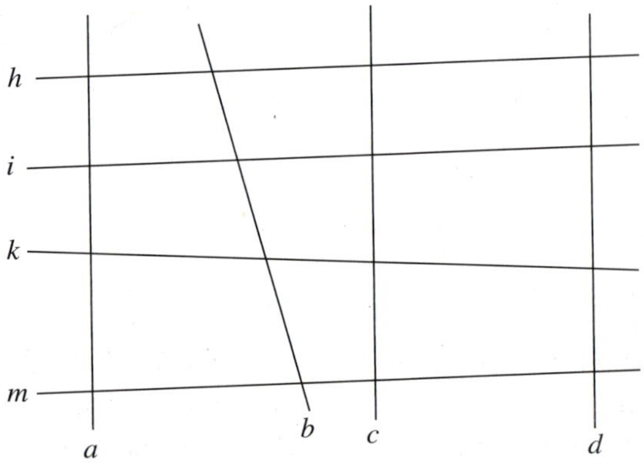

Gib jeweils Geraden in der Zeichnung an, …
a) die parallel zueinander sind.
b) die senkrecht zueinander sind.
c) die parallel und senkrecht zueinander sind.

5 Kästchen zählen
Wie viele Kästchen hat der Buchstabe „F“ im Bild?
Welchen Buchstaben kannst du mit dieser Anzahl an Kästchen noch zeichnen?

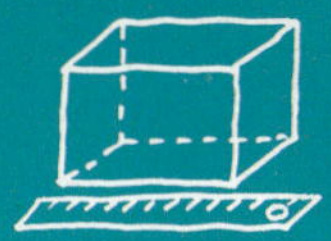

6 Anzahlen berechnen
Wie viele Flaschen Sprudel sind im Kasten? Schreibe eine passende Rechnung auf.

6 Anzahlen berechnen
Wie viele Flaschen Sprudel stehen auf der Palette? Schreibe eine passende Rechnung auf.

7 Längen umwandeln
Wandle in die nächstkleinere Einheit um.

Beispiel 5 cm = 50 mm

a) 7 cm **b)** 8 dm **c)** 11 m
d) 4 km **e)** 40 cm **f)** 3,5 cm

7 Längen umwandeln
Wandle in die nächstkleinere Einheit um.

a) 7 km **b)** 8 m **c)** 11 cm
d) 13 m **e)** 24 dm **f)** 4 cm
g) 250 cm **h)** 312 dm **i)** 7,5 m

8 Abstände messen
Zeichne die Figur ins Heft.

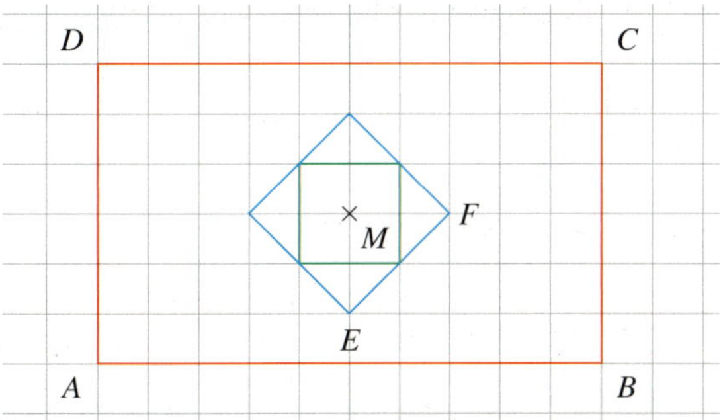

Miss mit dem Geodreieck folgende Abstände.

a) von *A* nach *B* **b)** von *B* nach *C*
c) von *E* nach *F* **d)** von *M* nach *D*
e) vom Punkt *M* zur Strecke $\overline{AD}$

8 Abstände messen
Zeichne die Figur ins Heft.

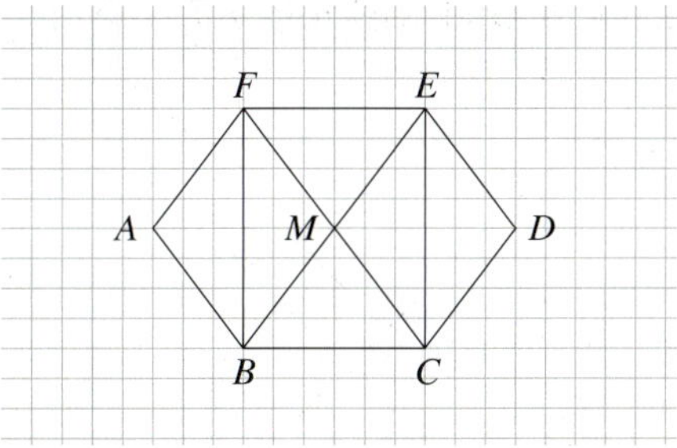

Miss mit dem Geodreieck folgende Abstände.

a) von *B* zu *C* **b)** von *E* nach *D*
c) von *C* nach *F* **d)** von *A* nach *D*
e) von *B* zur Strecke $\overline{CF}$
f) von *B* zur Strecke $\overline{ED}$

9 Längen addieren
Wie lang ist die Linie von *A* nach *B*? Miss jeweils zuerst die Teilstrecken.

10 Mit Längen rechnen
a) 20 cm + 45 cm **b)** 12 m + 80 m + 8 m
c) 48 mm + 5 cm **d)** 2 · 18 cm
e) 30 m – 500 cm **f)** 4 cm + 3 · 7 cm

10 Mit Längen rechnen
a) 301 m + 719 m **b)** 1 km + 71 m
c) 77 cm – 87 mm **d)** 4 · 19 cm
e) 60 m – 30 dm **f)** 1,5 m + 2,5 m · 8

HINWEIS
Beachte: Punktrechnung (·; :) geht vor Strichrechnung (+; –).

Vielecke beschreiben

Entdecken

HINWEIS
146-1
Unter dem Webcode findest du eine Linkliste zu Vasarely und anderen Künstlern.

1 Bei vielen Kunstwerken spielen geometrische Formen eine wichtige Rolle.
Beschreibe, welche geometrischen Formen die beiden Künstler jeweils benutzt haben.

Links:
Victor Vasarely, Homage of the Hexagon

Rechts:
Paul Klee, Burg und Sonne

2 Male selbst ein geometrisches Bild.
Benutze dabei nur geometrische Formen wie z. B. Kreise, Dreiecke, Vierecke und Fünfecke.
Male die einzelnen Flächen farbig aus.
Präsentiere dein Bild vor der Klasse und erläutere, wie du vorgegangen bist.

Verstehen

Bleiglasfenster werden aus unterschiedlich großen und bunten Glasscheiben zusammengesetzt.

Die bunten Glasscheiben sind in geradlinige Bleiruten eingesetzt.

Die einzelnen Flächen bezeichnet man als **Vielecke**.

HINWEIS
Das ist kein Vieleck:

Weißt du, warum?

Merke Jede geometrische Figur, die nur von Strecken begrenzt wird, heißt **Vieleck**.
Die Anzahl der Eckpunkte bestimmt den Namen der Fläche.
Die **Eckpunkte** werden mit großen Buchstaben bezeichnet.
Die einzelne Strecke, z. B. die Strecke $\overline{AB}$, wird **Seite einer Fläche** genannt.

Beispiel 1

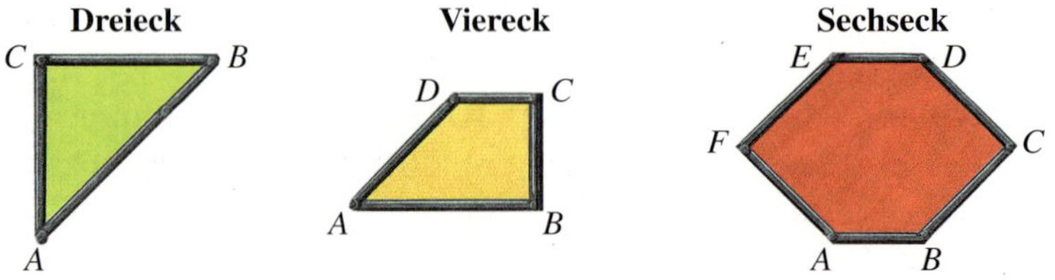

Üben und anwenden

1 Dieser Teppich ist aus bunten Flächen zusammengesetzt. Wo findest du …

a) ein Dreieck? b) ein Viereck?
c) ein Fünfeck? d) ein Sechseck?

1 Bleiglasfenster

a) Wie heißen die grünen Flächen des Fensters?
b) Die gelben Flächen haben jeweils 4 Eckpunkte. Gibt es auch Vierecke, die nicht gelb sind?
c) Gibt es noch andere Vielecke im Fenster?
d) Welche Flächen sind gleich groß?
e) Vergleiche die Vierecke. Was kannst du über die Seitenlängen und die Lage der Seiten bei den verschiedenen Vierecken sagen?

2 Wie heißen die Vielecke bei diesen Verkehrszeichen?

a)

b)

c)

d)

3 Zeichne jeweils folgende Vielecke ins Heft: ein Dreieck, ein Viereck, ein Fünfeck, ein Sechseck und ein Achteck.

a) Vergleiche mit deinem Tischnachbarn. Was fällt euch auf?
b) Wo findest du diese Vielecke im Alltag? Gib jeweils ein Beispiel an.

4 Verschiedene Vielecke

a) Wie heißen diese Vielecke?
b) Zeichne zu jeder Vielecksart zwei weitere Beispiele in dein Heft. Vergleiche mit deinem Tischnachbarn.

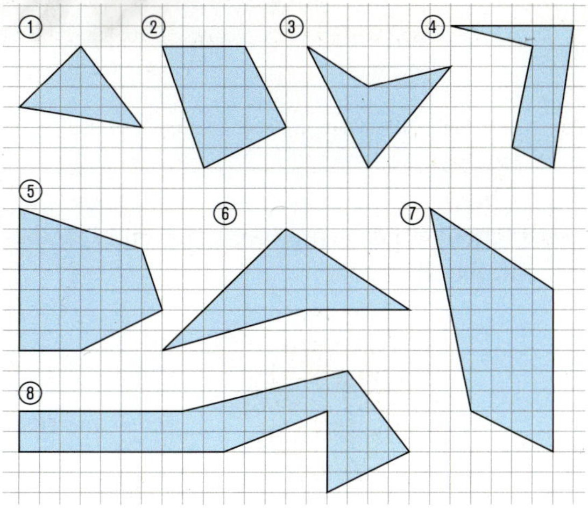

4 Vielecke im Koordinatensystem

a) Übertrage die Punkte in dein Heft und verbinde sie so, dass Flächen entstehen. Gib die Koordinaten an.
b) Gib jeweils den Namen der Fläche an.

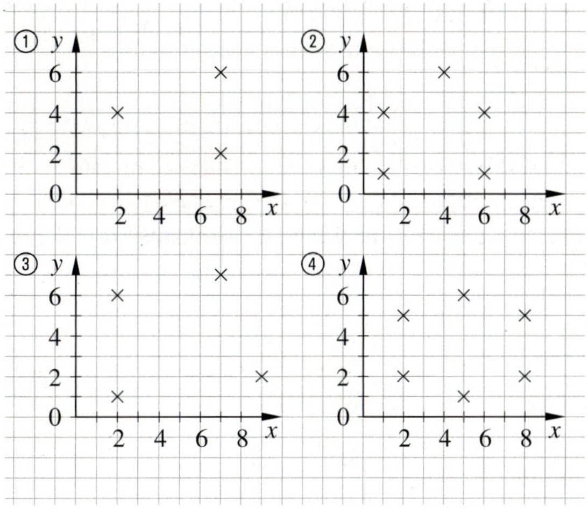

Besondere Vierecke

Entdecken

1 Schneide aus Transparentpapier zwei Streifen in unterschiedlichen Farben aus.
Nimm jeweils zwei Streifen und lege sie wie im Bild übereinander. Dort, wo die Streifen übereinander liegen, entsteht ein Viereck. Im Bild ist es grün.
Bewege die Streifen hin und her.
Welche Vierecksarten können entstehen?

ZUM WEITERARBEITEN
Erstellt ein Plakat, auf dem ihr die unterschiedlichen Vierecke, die entstehen können, beschreibt und skizziert.

2 Manche Vierecke haben gleiche Eigenschaften.
Arbeitet in kleinen Gruppen und sortiert die abgebildeten Vierecke nach gemeinsamen Eigenschaften. Präsentiert eure Ergebnisse vor der Klasse.

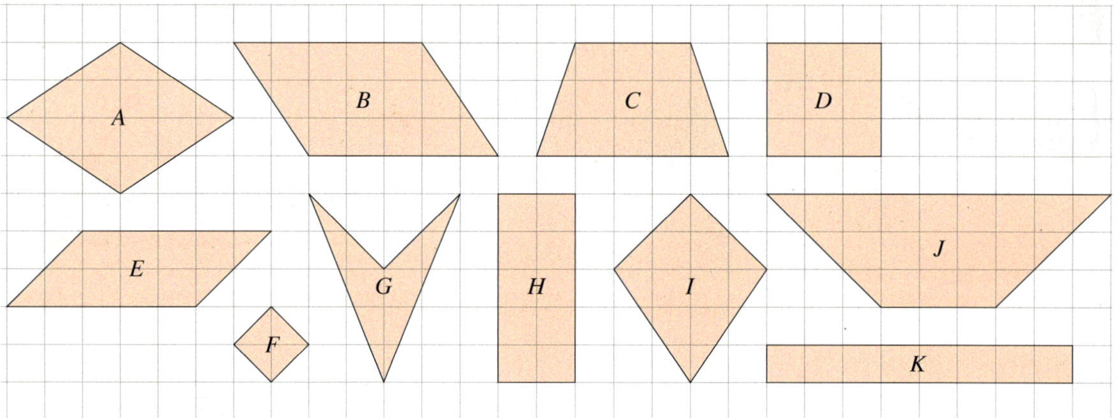

Verstehen

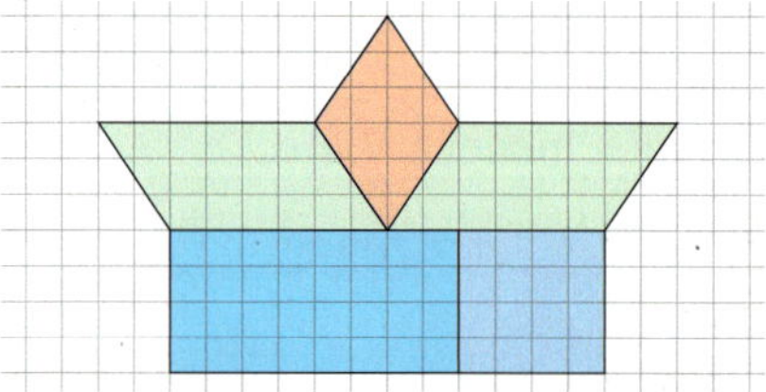

Firmenlogos bestehen oft aus verschiedenen Vierecken.

HINWEIS
Verschiedene Firmenlogos

> **Merke** Ein **Rechteck** ist ein Viereck.
> Gegenüberliegende Seiten sind parallel und gleich lang. Benachbarte Seiten sind senkrecht zueinander.
>
> **Quadrate** sind besondere Rechtecke mit vier gleich langen Seiten, die senkrecht zueinander stehen.

Beispiel 1

Die beiden grünen Vierecke und das rote Viereck unterscheiden sich vom Rechteck und Quadrat dadurch, dass benachbarte Seiten nicht senkrecht aufeinander stehen.
Sie heißen **Parallelogramme**.

> **Merke** Ein **Parallelogramm** ist ein Viereck.
> Gegenüberliegende Seiten sind parallel und gleich lang.

Beispiel 2

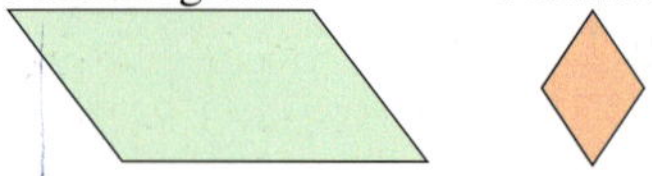

Üben und anwenden

1 Welche der folgenden Vierecke sind Rechtecke oder sogar Quadrate? Woran hast du das erkannt?

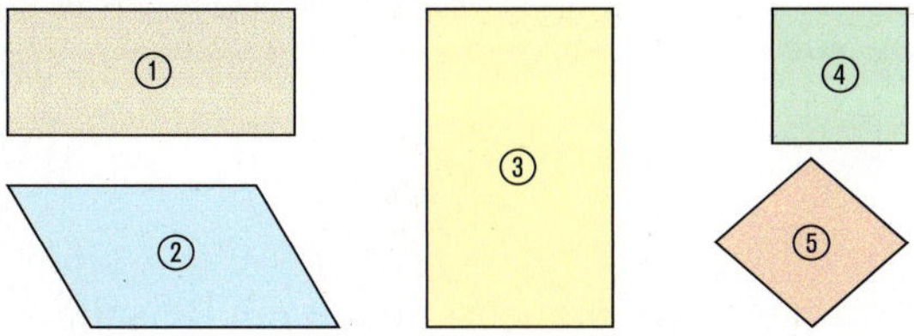

1 Wo findest du Rechtecke und Quadrate an diesem Gebäude?

ZUM WEITERARBEITEN
Welche der Vierecke sind Parallelogramme?

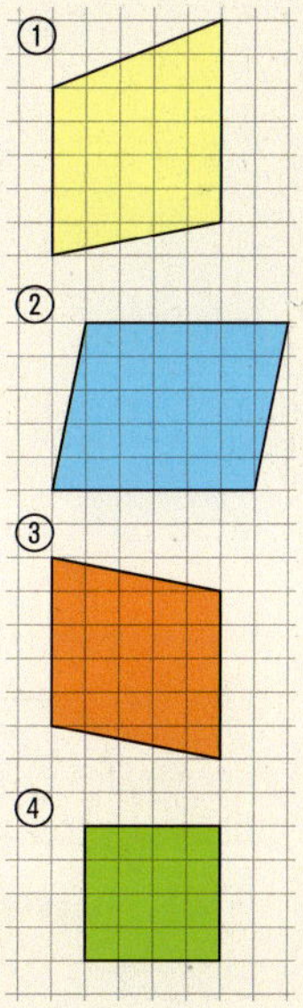

2 Das folgende Bild zeigt, wie man aus einem Blatt Papier ein Rechteck faltet. Falte ebenso verschiedene Rechtecke. Was haben alle Rechtecke gemeinsam?

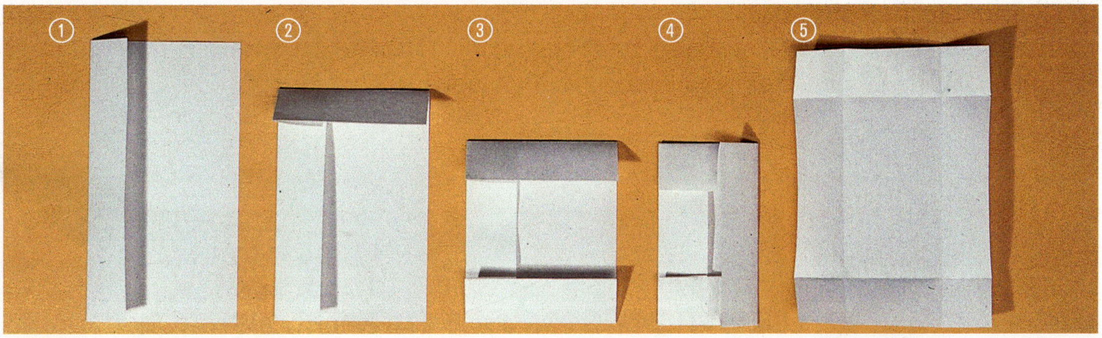

3 Nimm ein gefaltetes Rechteck.
a) Zeige mithilfe eines Geodreiecks, welche Faltlinien senkrecht aufeinander stehen.
b) Zeige mithilfe eines Geodreiecks, welche Faltlinien parallel zueinander sind.

3 Welche Seiten eines Rechtecks stehen senkrecht aufeinander? Welche Seiten eines Rechtecks sind parallel zueinander? Gilt das auch für Quadrate und Parallelogramme? Begründe eine Antworten.

4 Zeichne mit deinem Geodreieck das Rechteck mit $a = 6\,\text{cm}$ und $b = 4\,\text{cm}$ wie in den Bildern.

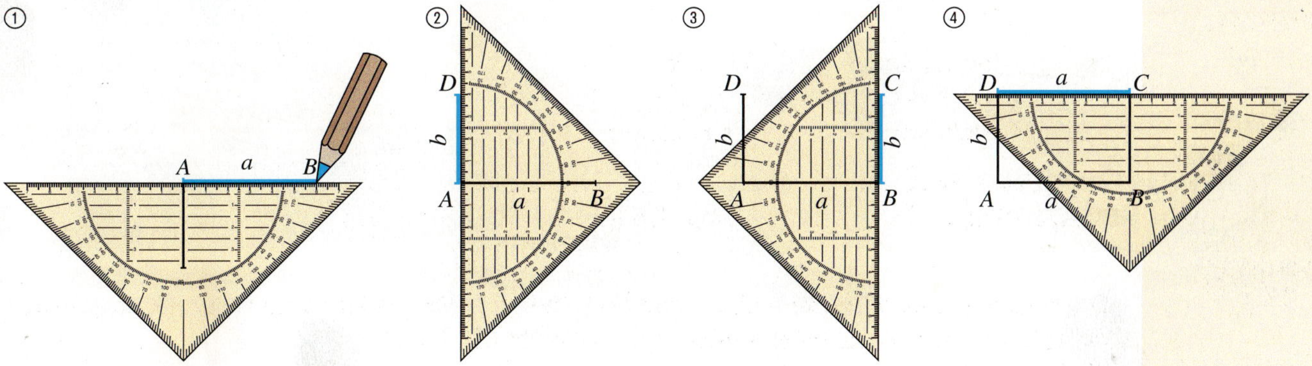

5 Zeichne Rechtecke.
a) Seite $a = 6\,\text{cm}$ Seite $b = 4\,\text{cm}$
b) Seite $a = 3\,\text{cm}$ Seite $b = 5{,}5\,\text{cm}$
c) Seite $a = 5\,\text{cm}$ Seite $b = 5\,\text{cm}$
d) Seite $a = 7\,\text{cm}$ Seite $b = 8\,\text{cm}$

5 Zeichne Rechtecke.
a) Länge 7 cm; Breite 2,5 cm
b) Länge 3,5 cm; Breite 8 cm
c) Länge 4,5 cm; Breite 8,5 cm
d) Länge 4,8 cm; Breite 4,8 cm

Methode Argumentieren und Begründen

Beim Begründen in der Mathematik gibt es eine klare Regel:
Wenn du etwas behauptest, musst du auch Gründe nennen.

Versuche für deine Begründungen Sätze zu bilden, wie
„Das ist so, weil …“
„Das muss so sein, denn …“
„Das kann nicht richtig sein, weil …“

Wenn du zeigen möchtest, dass eine Behauptung nicht stimmt, brauchst du nur ein Beispiel zu finden, das gegen diese Behauptung spricht. Man nennt dies ein **Gegenbeispiel**.

Wenn du aber eine Behauptung begründen willst, die *immer* gelten soll, z. B.
„In **allen** Vierecken ist …“ oder
„In **jedem** Rechteck gilt …“,
dann darf es kein einziges Gegenbeispiel geben, sonst hat man herausgefunden, dass die Behauptung nicht stimmt. Man sagt dann: „Die Behauptung ist widerlegt.“

1 Schau dir die Begründungen für die angegebene Behauptung im Bild an.

a) Sind alle Aussagen zu der Behauptung gut begründet?

b) Durch welche der Aussagen wird die Behauptung ausreichend begründet?

c) Zeige durch ein Gegenbeispiel, dass die Behauptung „Jedes Rechteck ist auch ein Quadrat.“ falsch ist.

2 Übertrage die Tabelle in dein Heft und fülle sie aus. Trage bei wahren Aussagen einen Haken in die Tabelle ein, bei falschen Aussagen ein Kreuz.

Die gegenüberliegenden Seiten sind gleich lang.			
Die benachbarten Seiten sind gleich lang.			
Die benachbarten Seiten sind senkrecht zueinander.			
Alle Seiten sind gleich lang.			

3 Welche der Behauptungen sind wahr, welche sind falsch? Begründe deine Antwort. Für falsche Aussagen findest du passende Gegenbeispiele in der Randspalte.

a) Jedes Rechteck ist auch ein Parallelogramm.

b) Jedes Parallelogramm ist auch ein Rechteck.

c) Jedes Quadrat ist auch ein Parallelogramm.

4 Entscheide, ob die Sätze richtig oder falsch sind.
Begründe deine Entscheidung. Die Gegenbeispiele in der Randspalte helfen dir dabei.

a) Wenn in einem Viereck die gegenüberliegenden Seiten gleich lang sind, dann ist es ein Rechteck.

b) Wenn in einem Viereck die gegenüberliegenden Seiten parallel zueinander sind, dann ist es ein Rechteck.

c) Wenn in einem Viereck die benachbarten Seiten senkrecht zueinander sind, dann ist es ein Rechteck.

5 Wie könnte Lena die Behauptung von Niko widerlegen?

6 Zeichne die Vierecke.

Dringend gesucht

Viereck mit vier gleich langen Seiten

WANTED

Parallelogramm, bei dem benachbarte Seiten senkrecht aufeinander stehen

7 „Ich sehe was, das du nicht siehst", behauptet Sarah. „Ich sehe nämlich
6 Parallelogramme,
3 Rechtecke und
2 Quadrate."
Siehst du das auch so?

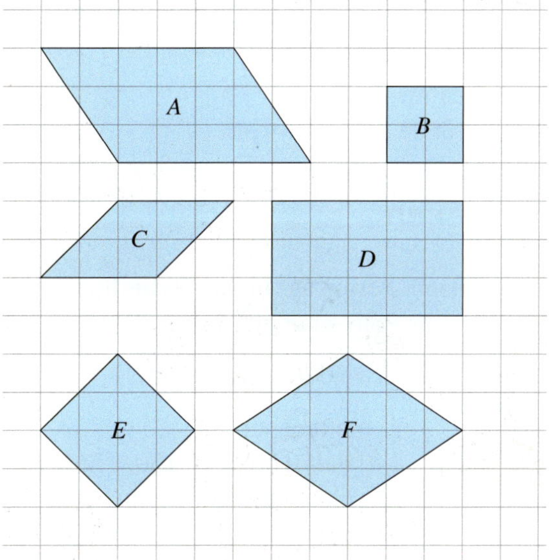

8 Zeichne mehrere mögliche Figuren auf Kästchenpapier, sodass die Eckpunkte auf den Gitterpunkten liegen.

a) ein Viereck, bei dem nur zwei gegenüberliegende Seiten parallel sind, aber nicht gleich lang

b) ein Viereck, das zwei Paare gleich langer benachbarter Seiten hat

c) ein Parallelogramm, bei dem alle vier Seiten 4 cm lang sind

HINWEIS
Gegenbeispiele zu Aufgabe 3 und 4:

①
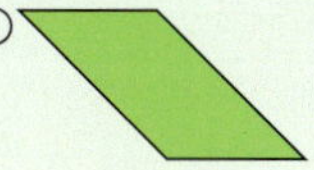

②

HINWEIS
Die Diagonalen in einem Viereck verbinden jeweils zwei Ecken, die sich gegenüber liegen.

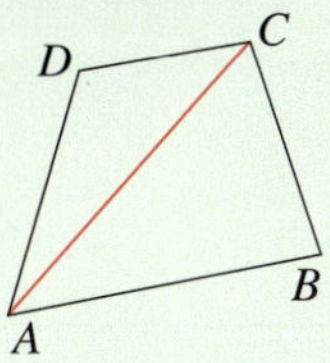

Umfang von Vielecken

Entdecken

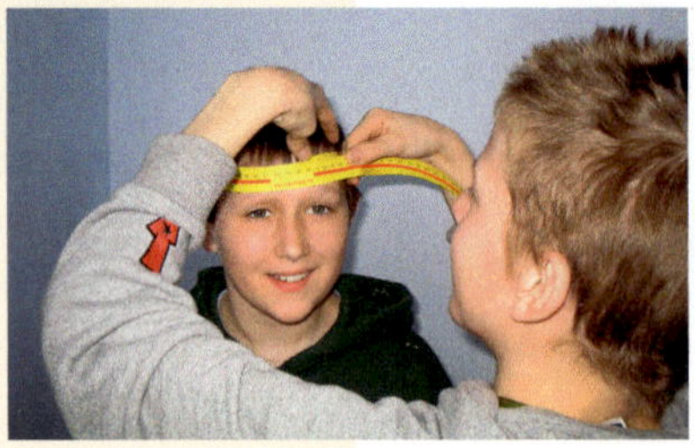

1 Vermessungen
Ihr benötigt ein Maßband.
Messt gegenseitig euren Kopfumfang. Wie geht ihr dabei vor?
Übertragt die Tabelle in eure Hefte und tragt eure Messergebnisse ein.

Name	Kopfumfang in cm
…	…

2 Auch Flächen haben einen Umfang.
a) Bestimme den Umfang der Flächen.
b) Bei welchen Flächen muss man zur Bestimmung des Umfangs nicht alle Seiten messen?
Begründe deine Antwort.

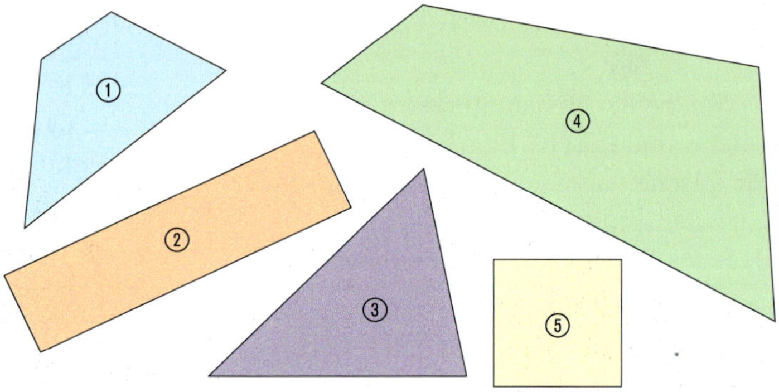

Verstehen

Laura macht Ferien auf einem Reiterhof.
Sie führt ihr Pony einmal um den Hof.

Wie viel Meter sind das insgesamt?

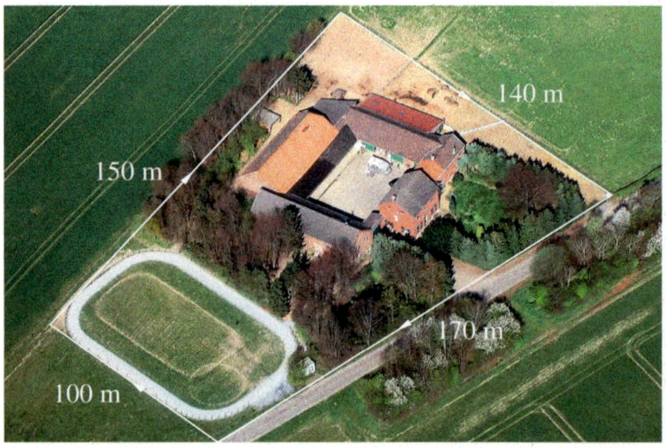

Laura rechnet:
140 + 170 + 100 + 150 = 560
Es sind insgesamt 560 m.

Ist die Fläche ein Rechteck oder ein Quadrat, lässt sich der Umfang einfacher berechnen.

HINWEIS
Der Umfang wird in der Mathematik mit einem kleinen u abgekürzt.

Merke Umfang eines Rechtecks:

2 · Länge + 2 · Breite
$u = 2 \cdot a + 2 \cdot b$

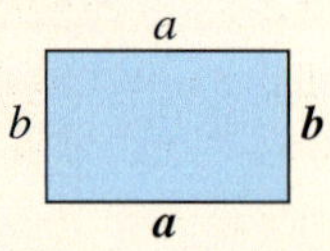

Merke Umfang eines Quadrats:

4 · Länge
$u = 4 \cdot a$

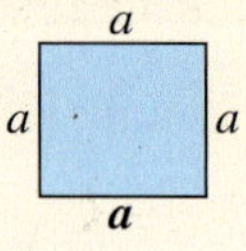

Beispiel 1

Zwei Koppeln sollen neu eingezäunt werden. Wie viel Meter Zaun werden jeweils benötigt?

a) Die Koppel ist rechteckig.

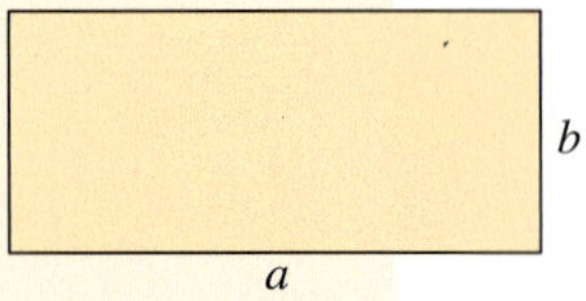

$a = 80\,\text{m}$ und $b = 35\,\text{m}$
$\boldsymbol{u = 2 \cdot a + 2 \cdot b}$
$u = 2 \cdot 80 + 2 \cdot 35 = 160 + 70$
$u = 230\,\text{m}$
Man benötigt 230 m Zaun.

b) Die Koppel ist quadratisch.

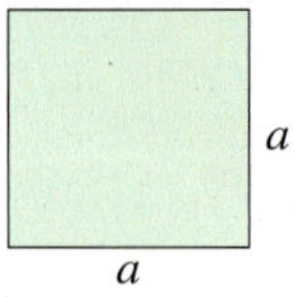

$a = 35\,\text{m}$
$\boldsymbol{u = 4 \cdot a}$
$u = 4 \cdot 35$
$u = 140\,\text{m}$
Man benötigt 140 m Zaun.

Üben und anwenden

1 Zeichne die Rechtecke. Zeichne dann alle Kanten des Rechtecks nebeneinander.
Wie groß ist der Umfang des Rechtecks?

Beispiel

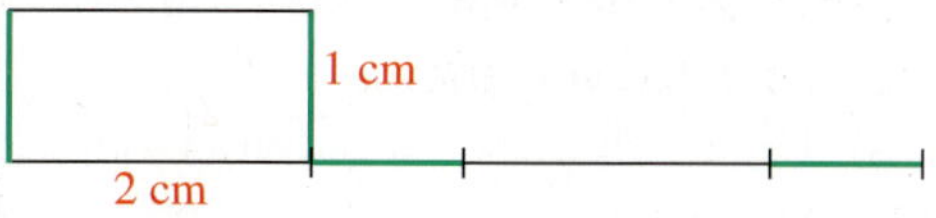

$u = 2 \cdot 2 + 2 \cdot 1$

$u = \;\; 4 \;\; + \;\; 2 = 6\,\text{cm}$

a) Länge 4 cm Breite 2 cm
b) Länge 3,5 cm Breite 4,2 cm
c) Länge 3,8 cm Breite 3,8 cm

2 Berechne den Umfang der Rechtecke.
a) Länge 5 m Breite 2 m
b) Länge 37 mm Breite 46 mm

3 Zeichne die Quadrate.
Berechne dann den Umfang der Quadrate.
a) Seitenlänge $a = 5\,\text{cm}$
b) Seitenlänge $a = 10\,\text{mm}$
c) Seitenlänge $a = 3{,}5\,\text{cm}$
d) Seitenlänge $a = 5{,}5\,\text{cm}$

4 Berechne die fehlenden Größen im Heft.

	Seite *a*	Seite *b*	Umfang
a)	15 cm	13 cm	
b)	8 cm	26 cm	
c)	30 dm	7 dm	
d)		12 cm	28 cm
e)	7 cm		22 cm
f)		44 cm	96 cm

5 Ein Rechteck von 7 cm Länge und einer Breite von 5 cm hat einen Umfang von 24 cm. Finde andere Rechtecke, die den gleichen Umfang haben.
Stelle die Ergebnisse in einer Tabelle dar.
Tipp: Du kannst die Rechtecke auch zeichnen.

Länge *a*	Breite *b*	Umfang *u*
7 cm	5 cm	24 cm
…	…	…

1 Berechne jeweils den Umfang des Rechtecks mit der Länge *a* und der Breite *b*.
a) $a = 5\,\text{dm}$, $b = 3\,\text{dm}$
b) $a = 38\,\text{cm}$, $b = 15\,\text{cm}$
c) $a = 3\,\text{dm}$, $b = 21\,\text{cm}$
d) $a = 6\,\text{dm}$, $b = 49\,\text{cm}$
e) $a = 105\,\text{cm}$, $b = 9\,\text{dm}$

f)

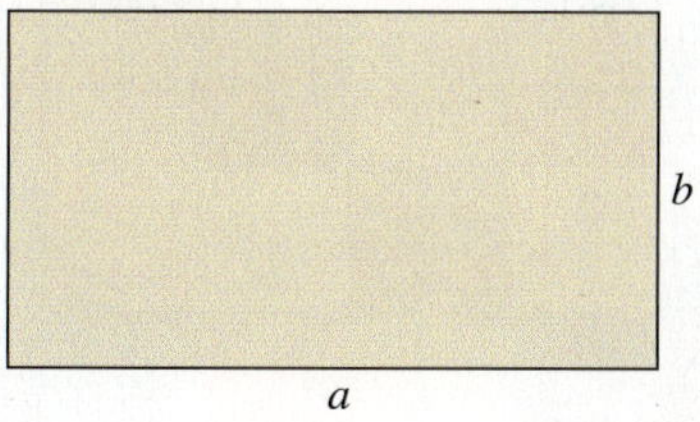

g)

2 Berechne den Umfang der Quadrate.
a) $a = 24\,\text{mm}$
b) $a = 13\,\text{km}$
c) $a = 5{,}4\,\text{cm}$
d) $a = 3{,}3\,\text{dm}$

3 Der Zaun einer rechteckigen Pferdekoppel mit den Maßen 84 m und 33 m muss erneuert werden.
Wie viel Meter Zaun muss der Reitclub mindestens bestellen?

4 Um ein rechteckiges Sportgelände, das 110 m lang und 95 m breit ist, sollen Pflastersteine gelegt werden. Ein Pflasterstein ist 25 cm lang, 17 cm breit und 5 cm hoch.
Wie viele Pflastersteine werden mindestens gebraucht?
Tipp: Überlege zuerst, wie die Steine verlegt werden können. Erstelle anschließend eine Skizze.

5 Das Rechteck hat einen Umfang von 16 cm. Erkläre anhand der Zeichnung, wie lang die zweite Seite des Rechtecks sein muss.

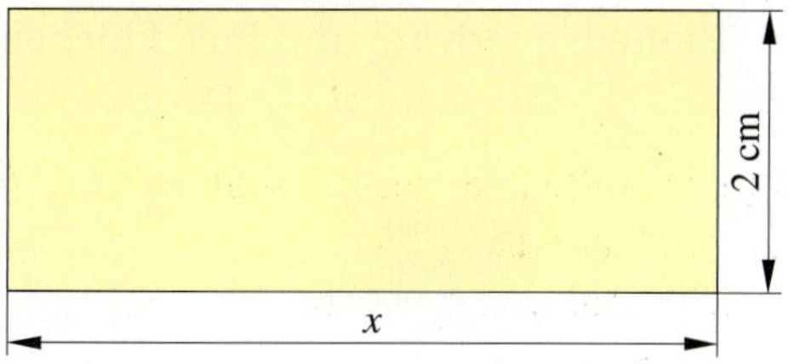

6 Zeichne drei verschiedene Rechtecke, die jeweils einen Umfang von 16 cm haben.

Vergleichen und Messen von Flächen

Entdecken

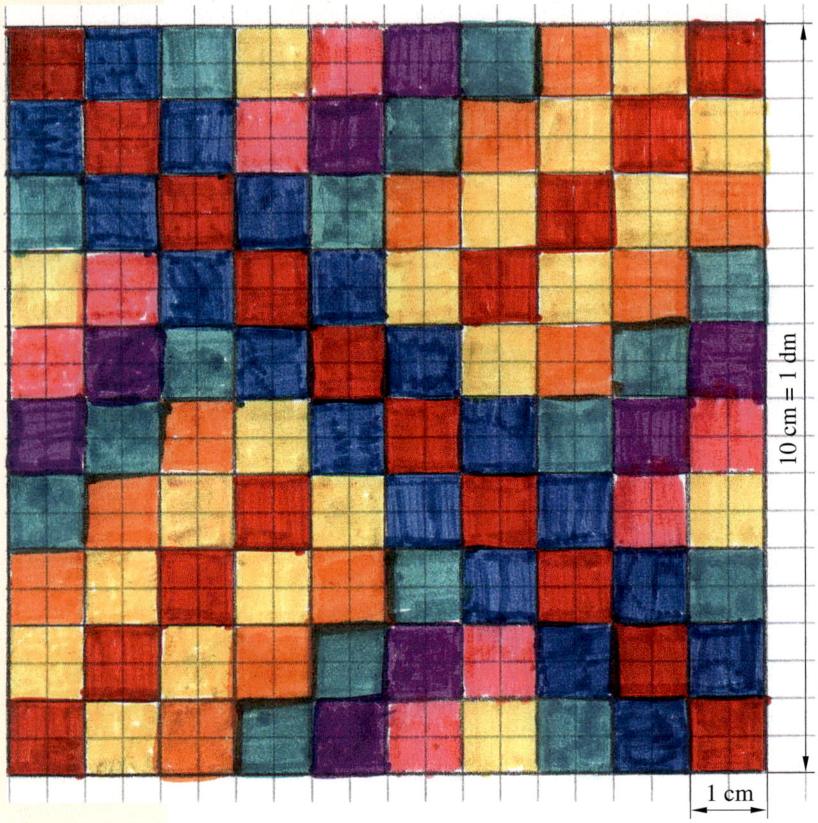

1 Muster aus Quadraten
Ihr benötigt Kästchenpapier und bunte Stifte. Zeichnet ein Quadrat mit einer Seitenlänge von 10 cm.

a) Unterteilt dieses Quadrat in kleinere Quadrate, die aus jeweils 4 Kästchen (1 cm Seitenlänge) bestehen.
b) Malt die kleinen Quadrate bunt aus.

2 Arbeitet zu dritt oder zu viert.
In eurem Klassenraum befinden sich viele rechteckige oder quadratische Gegenstände:
z. B. die Tafel, der Tisch, das Mathematikbuch …
Schätzt erst, wie viele große Quadrate aus Aufgabe 1 nötig sind, um den Gegenstand vollständig auszulegen. Überprüft anschließend eure Schätzung durch Auslegen.

Verstehen

Lisa und Tom vergleichen ein Quadrat und ein Rechteck. Sie fragen sich, ob beide Flächen gleich groß sind.

Da sich das Quadrat und das Rechteck mit gleichen Teilfiguren auslegen lassen, haben beide Flächen den gleichen **Flächeninhalt**.

Der Flächeninhalt wird durch Vergleich mit Einheitsflächen gemessen. Als Einheitsflächen eignen sich besonders gut Quadrate.

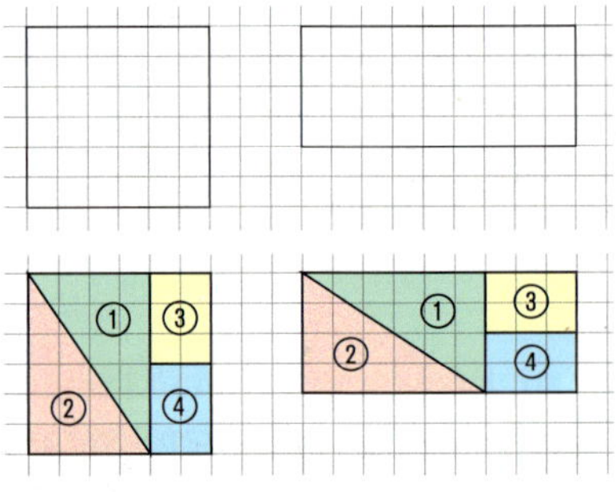

Merke **Einheitsquadrate und ihre Flächeninhalte**

Einheitsquadrat:	Meterquadrat	Dezimeterquadrat	Zentimeterquadrat	Millimeterquadrat
Beispiel:	 Tafelseite	 Schokolade	 eine Würfelseite	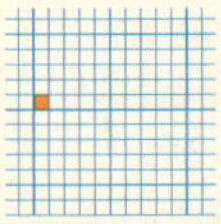 Millimeterpapier
Seitenlänge:	1 Meter (1 m)	1 Dezimeter (1 dm)	1 Zentimeter (1 cm)	1 Millimeter (1 mm)
Flächeninhalt:	1 Quadratmeter (1 m^2)	1 Quadratdezimeter (1 dm^2)	1 Quadratzentimeter (1 cm^2)	1 Quadratmillimeter (1 mm^2)

Üben und anwenden

1 Jedes Kästchen im Raster ist 1 cm² groß.
a) Schätze, wie viel cm² die sichtbare Fläche der Gegenstände misst?
b) Messt zu zweit weitere Gegenstände mit so einem Raster. Beachtet dazu den Hinweis in der Randspalte.

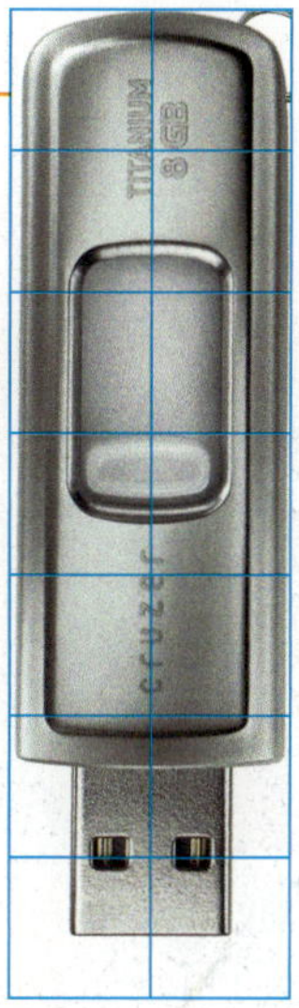

HINWEIS
155-1
Unter dem Webcode findest du ein Raster mit Zentimeterquadraten. Drucke es auf Transparentpapier oder auf Druckerfolie aus.

2 Zeichne die drei Figuren in dein Heft.

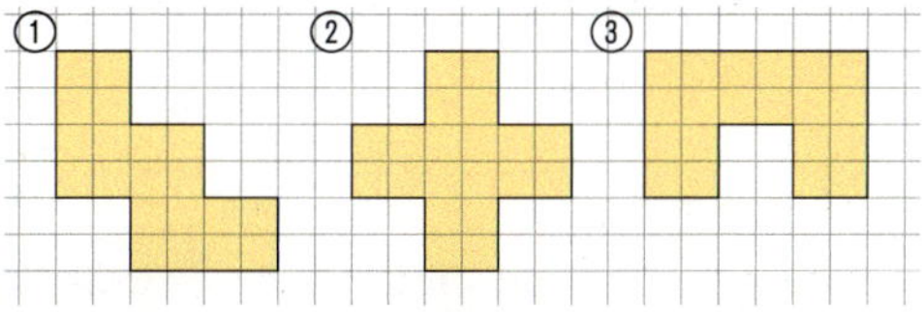

a) Begründe, warum alle drei Figuren den gleichen Flächeninhalt haben.
b) Figuren, die aus 5 gleich großen Quadraten zusammengesetzt sind, nennt man Pentominos.
Erfinde weitere Pentominos und zeichne sie in dein Heft.

2 Zeichne die roten Flächen in dein Heft. Überprüfe, ob alle roten Flächen den gleichen Flächeninhalt haben.
Zeichne dazu blaue Dreiecke so in die roten Flächen, dass sie vollständig ausgelegt sind.

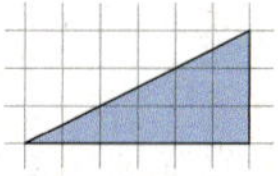

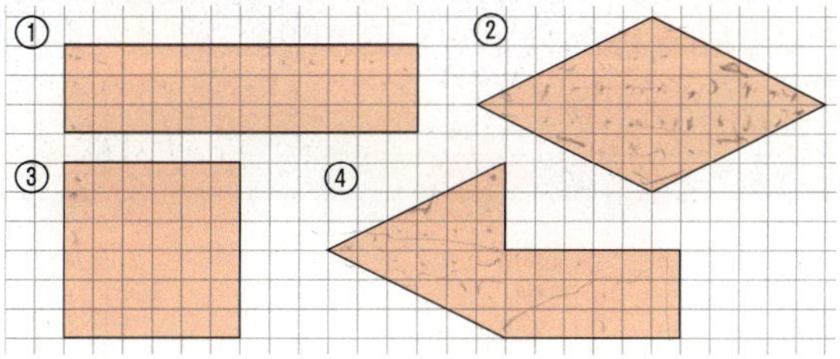

BEISPIEL
für Aufgabe 2 (türkis):

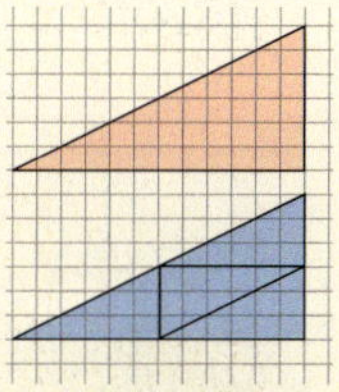

3 Wie viele Ansichtskarten benötigst du, um ein Blatt Papier (DIN A4) vollständig auszulegen?

3 Wie viele Zentimeterquadrate werden ungefähr durch eine Euromünze abgedeckt? Beschreibe, wie du vorgegangen bist.

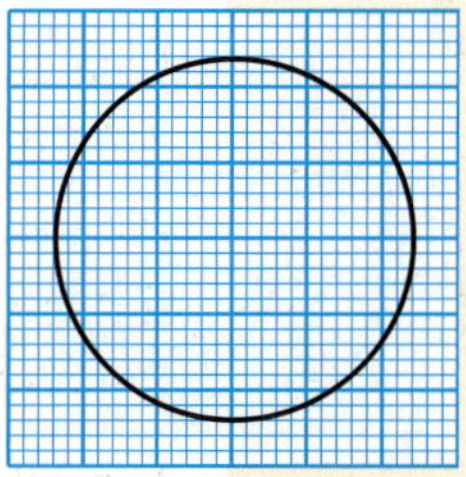

4 Welcher Flächeninhalt gehört zu welchem Gegenstand?
8 cm²; 155 cm²; 2 m²; 6000 m²; 0,5 mm²; 80 mm²; 5 dm²; 8,75 dm²; 1,75 dm²
a) Ansichtskarte
b) eine Seite dieses Buches
c) Spitze eines Buntstifts
d) Taste am Taschenrechner
e) Computer-Monitor
f) eine normale Tür
g) CD
h) Briefmarke
i) Fußballfeld

5 Vergleiche die Flächeninhalte der drei Rechtecke.
① Seite $a = 6$ cm; Seite $b = 8$ cm
② Seite $a = 4$ cm; Seite $b = 10$ cm
③ Seite $a = 6$ cm; Seite $b = 12$ cm

5 Vergleiche die Flächeninhalte der Rechtecke mit den angegebenen Seitenlängen.
① $a = 4$ cm; $b = 3$ cm
② $a = 5$ cm; $b = 2$ cm
③ $a = 7$ cm; $b = 6$ cm
④ $a = 2$ cm; $b = 6$ cm
⑤ $a = 6$ cm; $b = 4$ cm
⑥ $a = 8$ cm; $b = 3$ cm

Flächeninhalt von Rechteck und Quadrat

Entdecken

1 Arbeitet in kleinen Gruppen zusammen. Herr Zimmermann will 36 Mosaiksteine zu einer rechteckigen Fläche zusammensetzen. Jeder Stein ist quadratisch und hat einen Flächeninhalt von 1 cm².

a) Zeichnet auf, welche Möglichkeiten Herr Zimmermann hat, alle Steine zu einem Rechteck zusammenzusetzen.

b) Übertragt die Tabelle ins Heft und ergänzt sie mit den Möglichkeiten, die ihr gefunden habt.

Länge	Breite	Flächeninhalt des Rechtecks
4 cm	... cm	A = ... cm²

c) Beschreibt einen Rechenweg, mit dem man den Flächeninhalt bestimmen kann, wenn man die Länge und die Breite des Rechtecks kennt.

Verstehen

Der Informatikraum soll mit einem neuem Teppichboden ausgestattet werden. Der Raum ist 8 m lang und 5 m breit.

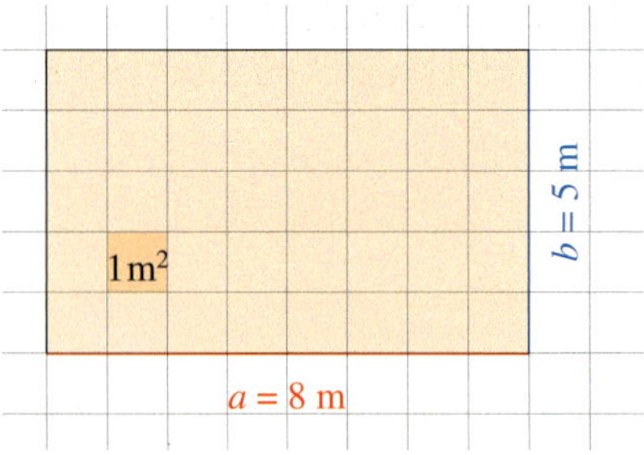

Der Informatikraum kann in 5 Reihen mit jeweils 8 Teppichfliesen ausgelegt werden. Jede Teppichfliese ist quadratisch und hat eine Seitenlänge von einem Meter.

Er hat einen Flächeninhalt von $5 \cdot 8 \cdot$ 1 m² $= 40\,m^2$.

Zur Berechnung des Flächeninhalts wird die Länge eines Rechtecks mit der Breite multipliziert.

HINWEIS
Der Flächeninhalt wird in der Mathematik mit einem großen A abgekürzt.

Merke

Der **Flächeninhalt A eines Rechtecks** wird mit der Formel **$A = a \cdot b$** berechnet.

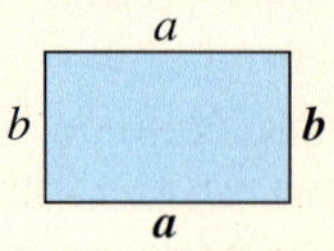

Merke

Der **Flächeninhalt A eines Quadrats** wird mit der Formel **$A = a \cdot a$** berechnet.

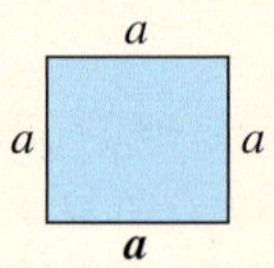

Beispiel 1

Das Rechteck ist 39 mm lang und 16 mm breit.

gegeben: $a = 39\,mm$
$b = 16\,mm$

gesucht: Flächeninhalt A

Rechnung: $\mathbf{A = a \cdot b}$
$A = 39 \cdot 16\,mm^2$
$A = 624\,mm^2$

Beispiel 2

Das Quadrat hat eine Seitenlänge von 1,6 cm.

gegeben:
$a = 1{,}6\,cm = 16\,mm$

gesucht: Flächeninhalt A

Rechnung: $\mathbf{A = a \cdot a}$
$A = 16 \cdot 16\,mm^2$
$A = 256\,mm^2$

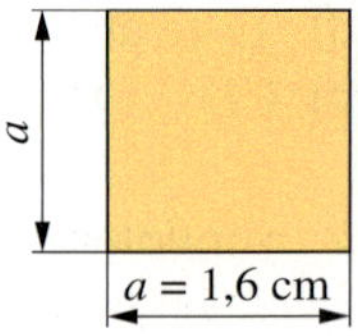

Üben und anwenden

1 Zeichne die Rechtecke jeweils ins Heft. Unterteile sie in Zentimeterquadrate. Berechne dann jeweils den Flächeninhalt.

Beispiel

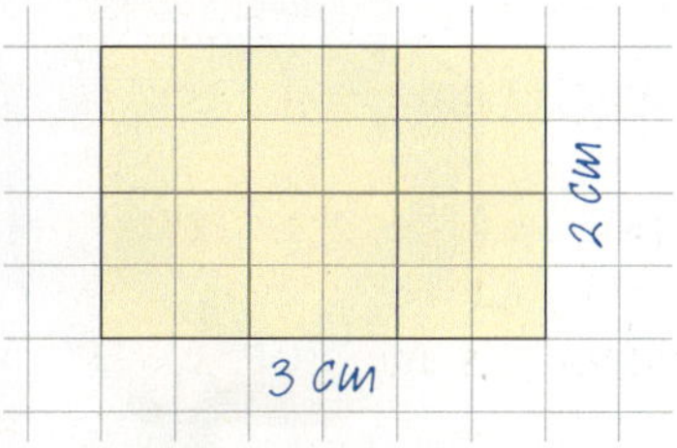

Länge: 3 cm
Breite: 2 cm
$A = 3 \cdot 2\,\text{cm}^2$
$A = 6\,\text{cm}^2$

a) Länge 5 cm; Breite 6 cm
b) Länge 7 cm; Breite 2 cm
c) Länge 5 cm; Breite 9 cm
d) Länge 35 mm; Breite 2 cm

1 Wie groß ist der Flächeninhalt …
a) einer Tischplatte 80 cm × 120 cm?
b) einer Wiese 114 m × 52 m?
c) eines Plakats 40 cm × 60 cm?
d) eines Kinderzimmers 3 m × 4 m?
e) einer Reithalle 30 m × 66 m?
f) der abgebildeten Briefmarken?
Tipp: Rechne mit Angaben in mm.

2 Berechne den Flächeninhalt der Quadrate. Arbeite wie in Aufgabe 1.
a) $a = 5\,\text{cm}$
b) $a = 40\,\text{mm}$
c) $a = 7\,\text{cm}$
d) $a = 1{,}3\,\text{dm}$

2 Gib die Seitenlänge b des Rechtecks an.
a) $A = 24\,\text{m}^2$; $a = 4\,\text{m}$
b) $A = 68\,\text{dm}^2$; $a = 17\,\text{dm}$
c) $A = 420\,\text{cm}^2$; $a = 60\,\text{cm}$

3 Welches Rechteck passt zu welchem Flächeninhalt in der Randspalte? Rechne erst jeweils in eine Längeneinheit ohne Komma um und berechne dann.
a) $a = 3\,\text{cm}$, $b = 50\,\text{mm}$
b) $a = 1{,}5\,\text{cm}$, $b = 2\,\text{mm}$
c) $a = 2{,}3\,\text{m}$, $b = 20\,\text{cm}$
d) $a = 11\,\text{cm}$, $b = 90\,\text{mm}$

3 Wandle in die gleiche Einheit um und berechne den Flächeninhalt der Rechtecke. Vergiss nicht, eine Rechnung aufzuschreiben.
a) $a = 6\,\text{cm}$; $b = 18\,\text{mm}$
b) $a = 45\,\text{mm}$; $b = 2\,\text{cm}$
c) $a = 750\,\text{m}$; $b = 2\,\text{km}$
d) $a = 6\,\text{dm}$; $b = 200\,\text{cm}$
e) $a = 2\,\text{m}\ 2\,\text{cm}$; $b = 20\,\text{cm}$

HINWEIS
Flächeninhalte zu Aufgabe 3 (lila):
$99\,\text{cm}^2$; $15\,\text{cm}^2$; $4600\,\text{cm}^2$; $30\,\text{mm}^2$

4 Gib jeweils mindestens zwei Möglichkeiten für die Seitenlängen eines Rechtecks mit dem angegebenen Flächeninhalt an. Vergleiche mit deinen Mitschülern.
a) $A = 240\,\text{cm}^2$
b) $A = 1000\,\text{cm}^2$
c) $A = 75\,\text{dm}^2$
d) $A = 200\,000\,\text{m}^2$

5 In einem Freibad ist das Schwimmerbecken 25 m lang und 11 m breit. Das Nichtschwimmerbecken hat eine Länge von 8 m und eine Breite von 6 m.
a) Wie groß ist die Wasserfläche jedes Beckens?
b) Wie groß ist die gesamte Wasserfläche?

5 Der Fußboden einer Küche mit einer Länge von 400 cm und einer Breite von 250 cm soll mit quadratischen Fliesen ausgelegt werden. Eine Fliese ist $625\,\text{cm}^2$ groß. Wie viele Fliesen werden mindestens benötigt?

6 Berechne die fehlenden Größen.

	a)	b)	c)	d)	e)
Länge	8 cm	9 dm	15 mm		5 cm
Breite	7 cm	18 dm	21 mm	12 m	
A				$60\,\text{m}^2$	$35\,\text{cm}^2$

6 Berechne die fehlenden Größen.

	a)	b)	c)	d)	e)
a	3 m	10 m	15 mm	12 dm	14 cm
b	6 m		2 mm		
A		$170\,\text{m}^2$		$96\,\text{m}^2$	$84\,\text{cm}^2$

Klar so weit?

→ Seite 146

Vielecke beschreiben

1 Welche Vielecke kannst du in den Flaggen erkennen?

a) 

b) 

c) 

d) 

1 Der Künstler Max Bill verwendete in seinen Grafiken Vielecke. Beschreibe, welche Vielecke in dem Bild zu sehen sind. Kannst du auch erklären, wie das Bild nach und nach entsteht?

→ Seite 148

Besondere Vierecke

2 Übertrage die Punkte auf Kästchenpapier. Ergänze die Punkte zu Rechtecken oder Quadraten.
Zeichne gleich lange Strecken mit gleichen Farben.

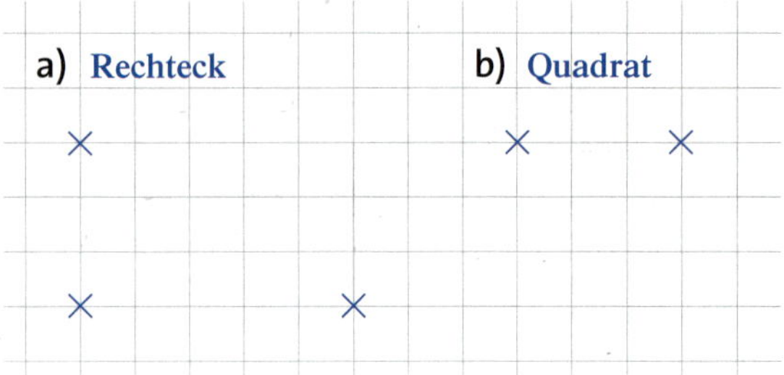

2 Welche der Figuren sind Rechtecke? Begründe deine Antwort.

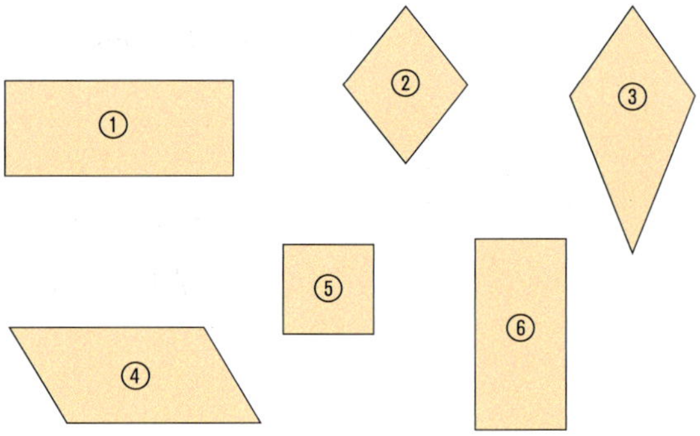

→ Seite 152

Umfang von Vielecken

3 Miss die Seiten und berechne den Umfang.

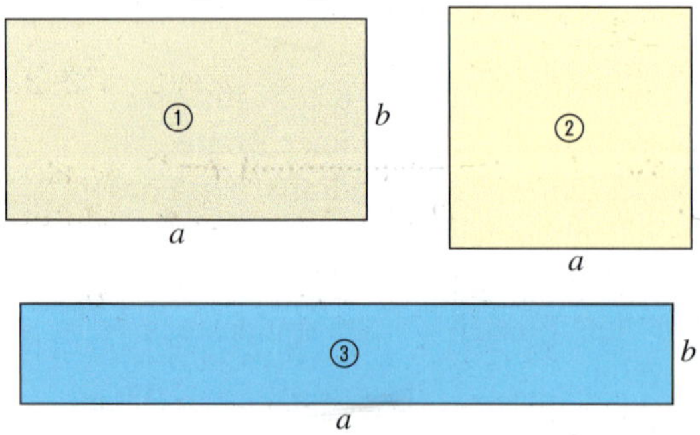

3 Bestimme den Umfang der Flächen.

a) 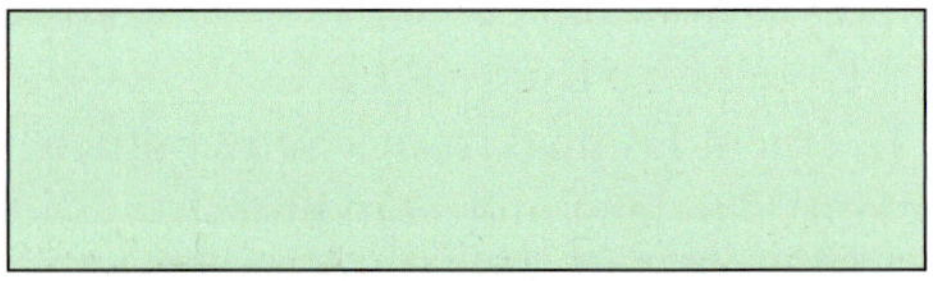

b) 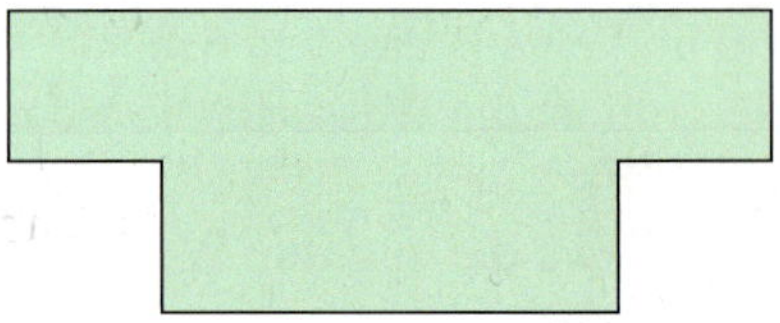

4 Ein Rechteck hat die Länge a und die Breite b. Berechne den Umfang.

a) $a = 2\,\text{cm}$, $b = 3\,\text{cm}$
b) $a = 20\,\text{m}$, $b = 12\,\text{m}$
c) $a = 15\,\text{mm}$, $b = 14\,\text{mm}$

4 Ein Rechteck hat die Länge a und die Breite b. Berechne den Umfang.

a) $a = 4\,\text{cm}$, $b = 9\,\text{cm}$
b) $a = 22\,\text{m}$, $b = 41\,\text{m}$
c) $a = 13{,}0\,\text{cm}$, $b = 150\,\text{mm}$

Vergleichen und Messen von Flächen

→ Seite 154

5 Welche Fläche ist größer? Begründe.

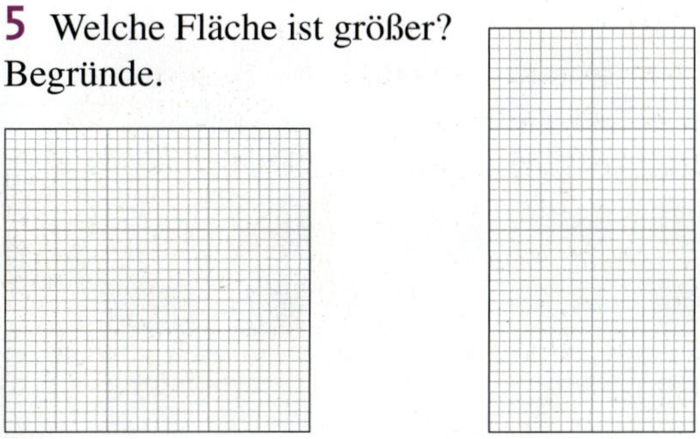

5 Ordne die Flächen der Größe nach. Begründe deine Reihenfolge.

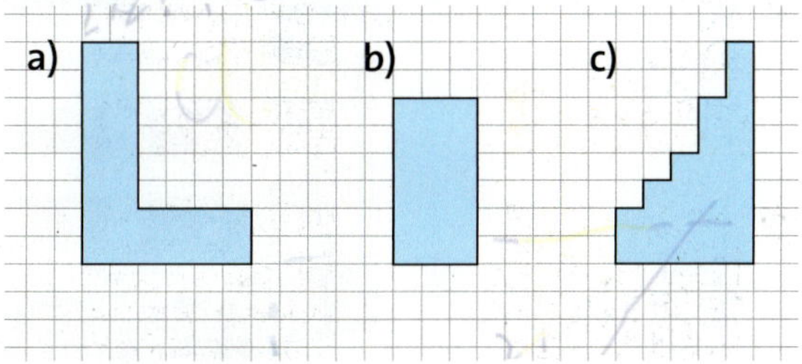

6 Wie groß ist eine CD-Hülle? Begründe.

170 dm² | 170 mm² | 170 m² | 170 cm²

6 Welche Einheitsquadrate sind sinnvoll, um folgende Flächeninhalte zu bestimmen?
a) DIN-A4-Heft b) Poster
c) Toastbrotscheibe d) Handy-Display

7 Wie viele Millimeterquadrate enthalten die einzelnen Flächen?

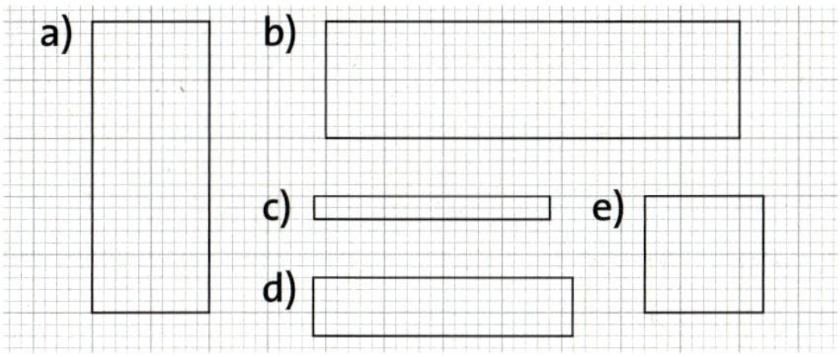

7 Welche Fläche ist größer? Begründe.

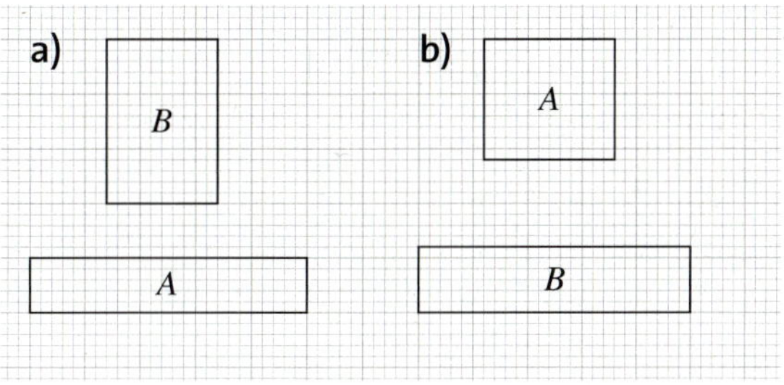

Flächeninhalt von Rechteck und Quadrat

→ Seite 156

8 Berechne den Flächeninhalt der Rechtecke.
a) Länge 5 cm; Breite 1 cm
b) Länge 8 cm; Breite 4 cm
c) Länge 12 m; Breite 10 m

8 Berechne den Flächeninhalt des Rechtecks aus den gegebenen Seitenlängen.

Länge	4 cm	25 mm	12 m	40 dm
Breite	3 cm	6 mm	10 m	20 dm

9 Berechne die Flächeninhalte der Quadrate.
a) $a = 4\,\text{cm}$ b) $a = 12\,\text{m}$ c) $a = 25\,\text{mm}$

9 Berechne den Flächeninhalt der Quadrate.
a) $a = 7\,\text{cm}$ b) $a = 35\,\text{m}$ c) $a = 90\,\text{km}$

10 Ein Volleyballspielfeld hat eine Länge von 18 m und eine Breite von 9 m. Gib den Flächeninhalt in Quadratmetern an.

10 Ein Fußballfeld ist 110 m lang und 75 m breit. Gib den Flächeninhalt in der Einheit Quadratmeter (Quadratzentimeter) an.

11 Zeichne jeweils zwei Rechtecke in dein Heft, die den angegebenen Flächeninhalt haben.
a) $A = 16\,\text{cm}^2$ b) $A = 12\,\text{cm}^2$
c) $A = 20\,\text{cm}^2$ d) $A = 6\,\text{cm}^2$

11 Berechne die Breite des Rechtecks.
a) $A = 216\,\text{m}^2$; $a = 18\,\text{m}$
b) $A = 253\,\text{cm}^2$; $a = 23\,\text{cm}$
c) $A = 156\,\text{dm}^2$; $a = 12\,\text{dm}$
d) $A = 300\,\text{mm}^2$; $a = 25\,\text{mm}$

Vermischte Übungen

1 Hier wird eine Schule gebaut.
a) Welche Vielecke erkennst du?
b) Wo findest du besondere Vierecke?

2 Zeichne die Vielecke ins Heft.
a) Dreieck b) Viereck c) Siebeneck

2 Zeichne ein Viereck in dein Heft, das kein Rechteck und kein Parallelogramm ist.

3 Wie heißen die Vierecksarten?

3 Welche Vierecksarten erkennst du?

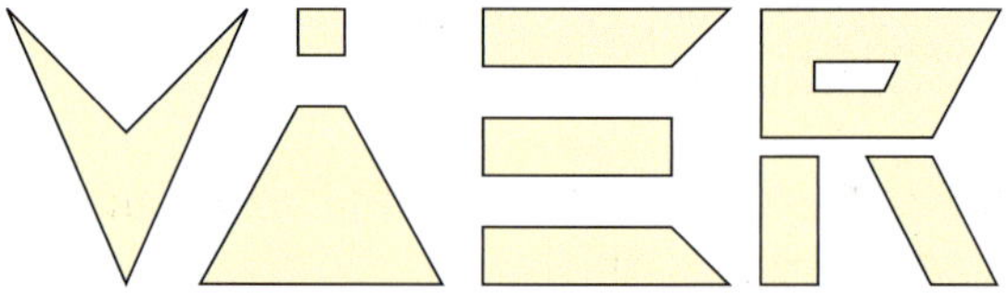

4 Zeichne die Quadrate mit den angegebenen Seitenlängen in dein Heft.
a) $a = 5\,\text{cm}$ b) $a = 6\,\text{cm}$
c) $a = 45\,\text{mm}$ d) $a = 4{,}5\,\text{cm}$
e) Welches Quadrat hat den größten Umfang? Begründe deine Antwort.
Tipp: Du musst nicht messen oder rechnen, um diese Frage zu beantworten.

4 Zeichne die Rechtecke mit den angegebenen Seitenlängen in dein Heft.
a) Länge 5 cm; Breite 3 cm
b) $a = 45\,\text{mm}$; $b = 25\,\text{mm}$
c) $a = 3{,}5\,\text{cm}$; $b = 1{,}5\,\text{cm}$
d) $a = 5{,}2\,\text{cm}$; $b = 29\,\text{mm}$
e) Welches Rechteck hat den größten Umfang?

5 Die Figur ist jeweils vergrößert worden. Übertrage ins Heft und vergrößere genauso.

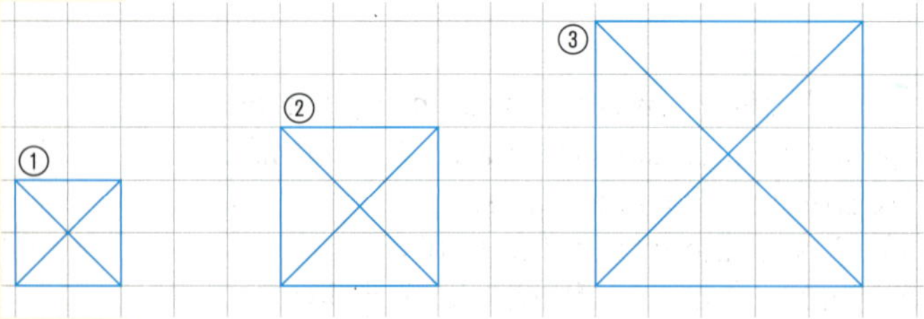

5 Beschreibe, wie die Folge von Bildern entstanden ist.
Setze die Folge im Heft mit zwei weiteren Bildern fort.

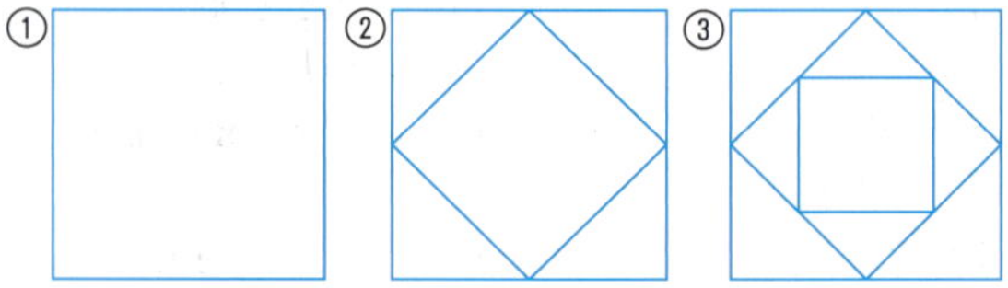

6 Berechne Umfang und Flächeninhalt der Rechtecke.
a) $a = 3\,\text{cm}$ und $b = 15\,\text{cm}$
b) $a = 10\,\text{cm}$ und $b = 2\,\text{dm}$

6 Berechne Umfang und Flächeninhalt der Rechtecke.
a) $a = 8\,\text{cm}$ und $b = 1{,}5\,\text{cm}$
b) $a = 14\,\text{cm}$ und $b = 9\,\text{dm}$

7 Übertrage die Punkte in dein Heft. Ergänze jeweils zwei Punkte so, dass ein Rechteck entsteht. Gib die Koordinaten der Punkte an.

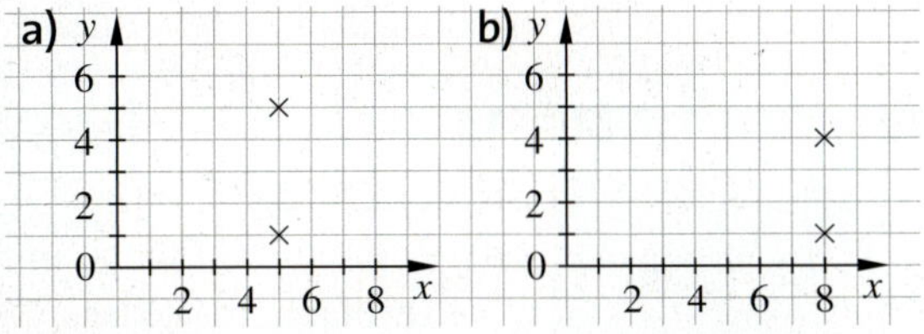

8 Berechne den Umfang der folgenden Rechtecke und Quadrate. Miss zunächst.

a)

b)

c)

9 Zeichne ein Rechteck in dein Heft mit einem Umfang von 24 cm.

a) Welche Seitenlängen hat das Rechteck?
b) Gib zwei weitere Rechtecke mit einem Umfang von 24 cm an.

10 Ermittle den Umfang der Fläche. Die Maße sind in cm angegeben.

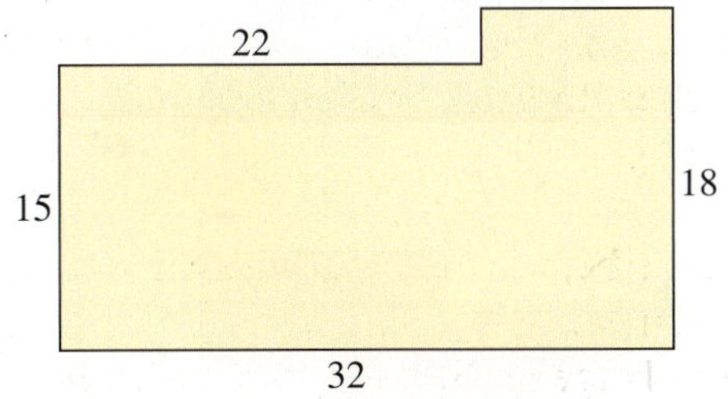

11 Welche Vierecke sind hier gesucht: Quadrat, Rechteck oder Parallelogramm?

a) Das … hat zwei zueinander senkrechte Seiten.
b) Das … hat vier gleich lange Seiten.
c) Das … hat zwei Paare zueinander paralleler Seiten.

12 Zeichne ein Rechteck in dein Heft mit einem Flächeninhalt von 20 cm².

7 Übertrage die Punkte in dein Heft. Ergänze jeweils zwei Punkte so, dass ein Rechteck entsteht.

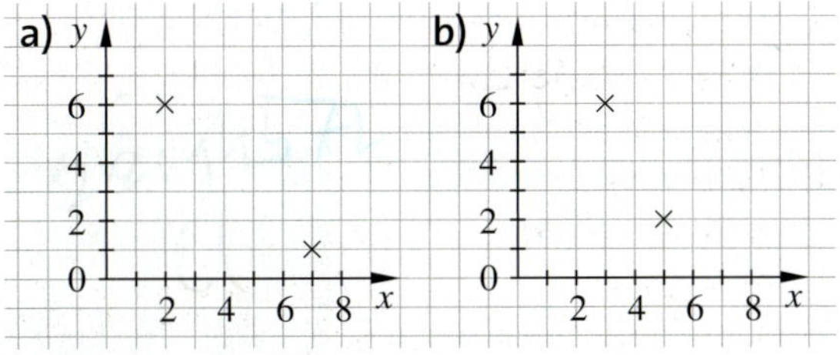

8 Bestimme den Umfang der Flächen.

a)
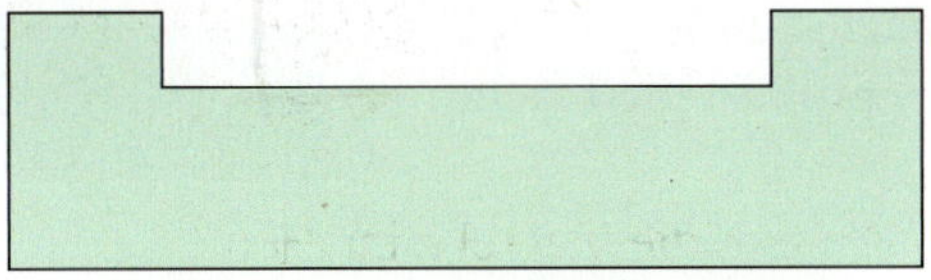
b)
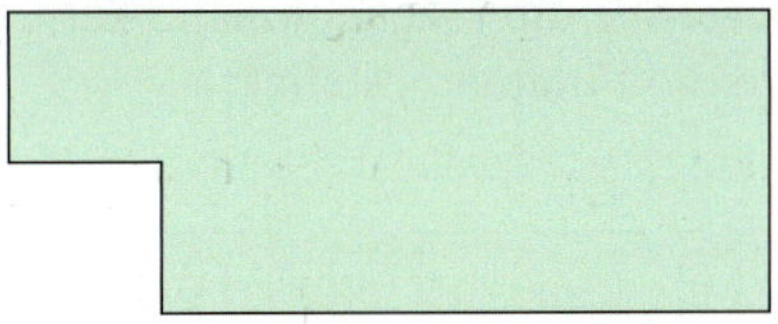

9 Finde die Seitenlängen.

a) Welches Quadrat kann man aus 64 cm Draht biegen?
b) Gib vier verschiedene Rechtecke an, die man aus 64 cm Draht biegen kann.

10 Ermittle den Umfang der Fläche. Die Maße sind in cm angegeben.

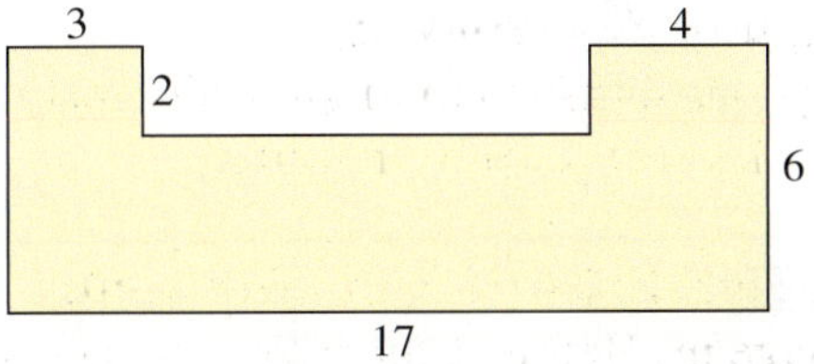

11 Welche Vierecke werden hier gesucht: Quadrat, Rechteck oder Parallelogramm? Begründe deine Antworten.

a) Das … hat vier rechte Winkel.
b) Das … hat zwei Paare gleich großer Winkel.
c) Das … hat vier gleich große Winkel.

12 Zeichne ein Rechteck in dein Heft mit einem Flächeninhalt von 24 cm².

ZUM WEITERARBEITEN
Wie viele Rechtecke und Quadrate findest du im folgenden Bild?

13 Zeichne ein Rechteck mit den Seitenlängen 6 cm und 10 cm in dein Heft.
a) Wie viel cm^2 hat das Rechteck?
b) Teile das Rechteck in fünf gleich große Rechtecke. Wie groß ist ihr Flächeninhalt?

13 Zeichne ein Rechteck mit den Seitenlängen 10 cm und 20 cm in dein Heft.
a) Wie viel cm^2 (dm^2) hat das Rechteck?
b) Teile das Rechteck in fünf gleich große Rechtecke. Wie groß ist ihr Flächeninhalt?

14 Schneide Quadrate mit der Seitenlänge 1 cm aus.
Versuche mit ihnen diese Fläche auszulegen.
Wie viele Quadrate brauchst du?
Wie groß ist die Fläche?

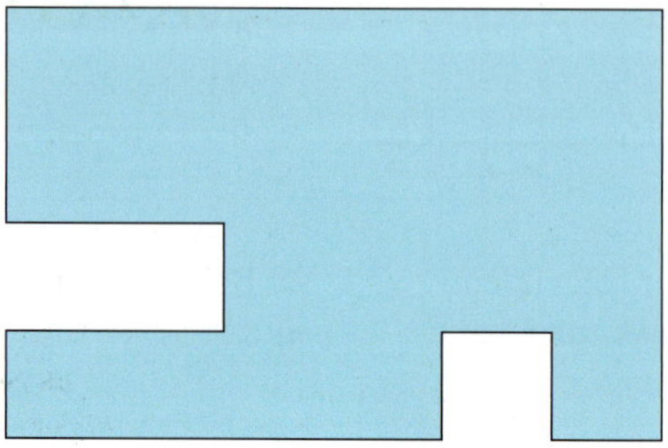

14 Übertrage die Fläche in dein Heft.
a) Zerlege die Fläche in Teilflächen, so dass du den Flächeninhalt der Teilflächen berechnen kannst.
b) Wie groß ist die blaue Fläche insgesamt?

15 Berechne die Flächeninhalte der Figuren. Zerlege die Figuren geschickt.

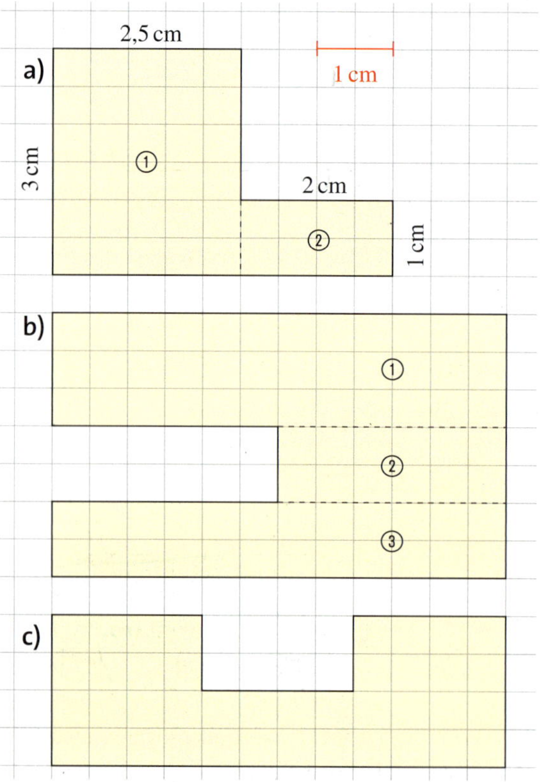

15 Übertrage die Figuren in dein Heft.
Die Maße sind in cm angegeben.
Berechne die Flächeninhalte der Figuren.
Zerlege dazu die Figuren geschickt.
Zeichne deine Zerlegungen in die Figuren ein.

a)

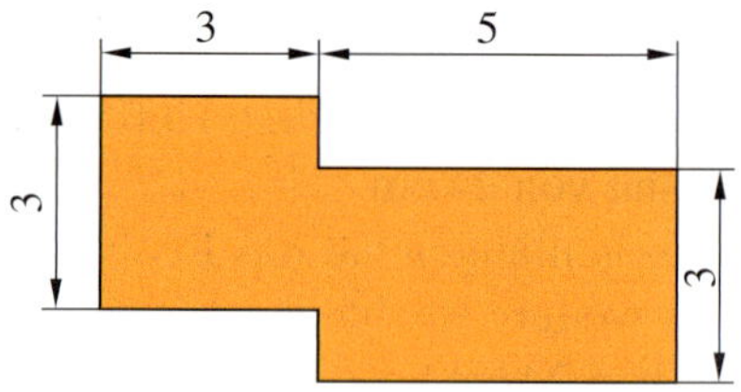

b)

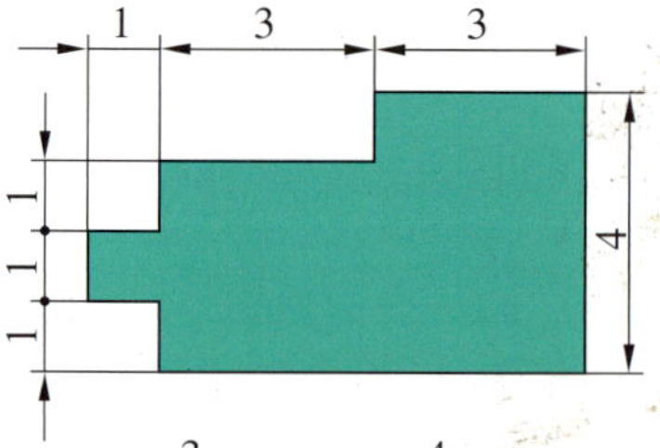

c)

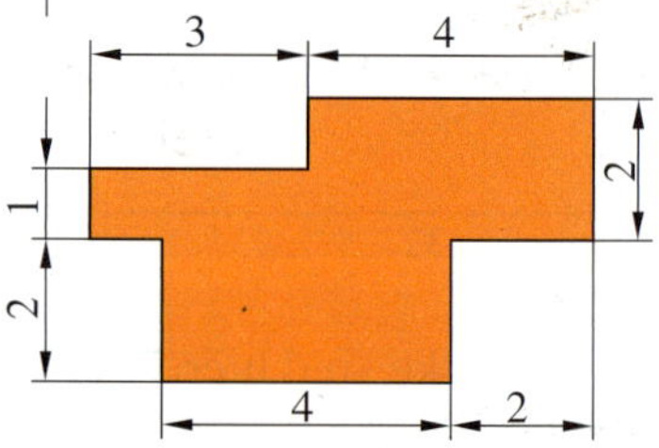

16 Bäuerin Weber hat 100 Hühner, für die sie einen Auslauf bauen möchte.
Der Auslauf soll 5 m lang und 3 m breit sein.
a) Zeichne den Auslauf im Maßstab 1 : 100.
b) Gib die Größe des Auslaufs in m^2 an.
c) Bei der Bodenhaltung sind nach den Richtlinien der Europäischen Union maximal 70 Hühner auf 10 m^2 erlaubt. Hält sich Bäuerin Weber an diese Richtlinie?
d) Wie viel Meter Maschendraht benötigt sie für den Auslauf?

17 Bei der Planung von Klassenräumen soll für jeden Schüler $2\,m^2$ Platz eingerechnet werden.
Der Klassenraum der 5 b hat die Maße $10\,m \times 8\,m$.
Ist die Vorschrift bei 32 Kindern erfüllt?

17 Das Raumprogramm für Schulen schreibt für jede Schülerin und jeden Schüler $2\,m^2$ Platz im Klassenraum vor.
Überprüfe, ob euer Klassenraum die Vorgaben des Raumprogramms erfüllt.

18 Die Haustür soll gestrichen werden.

a) Berechne den Flächeninhalt der Tür ohne Fenster.
b) Berechne den Flächeninhalt des quadratischen Fensters.
c) Wie groß ist der Flächeninhalt der Tür mit Fenster?

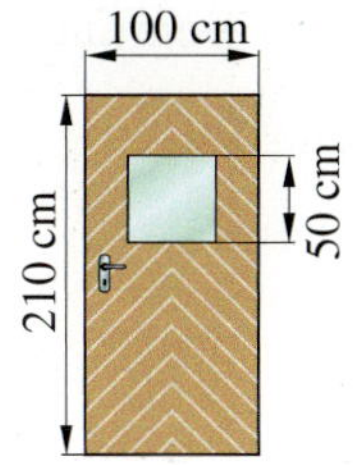

18 Ein rechteckiger Garten ist 18 m lang und 13 m breit. Im Garten befindet sich ein rechteckiges Schwimmbecken mit einer Länge von 6 m 50 cm und einer Breite von 4 m.
Berechne die Größe der verbleibenden Gartenfläche.

19 Die Räume der Klasse 5 a und 5 b sollen neue Fußleisten erhalten.
Jede Klasse hat eine Skizze mit Maßen angefertigt.

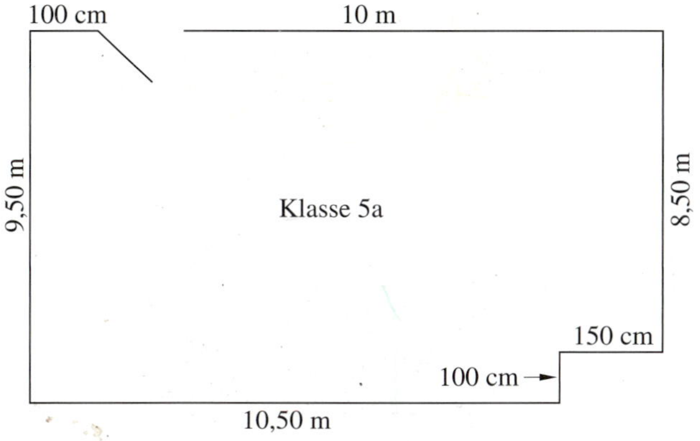

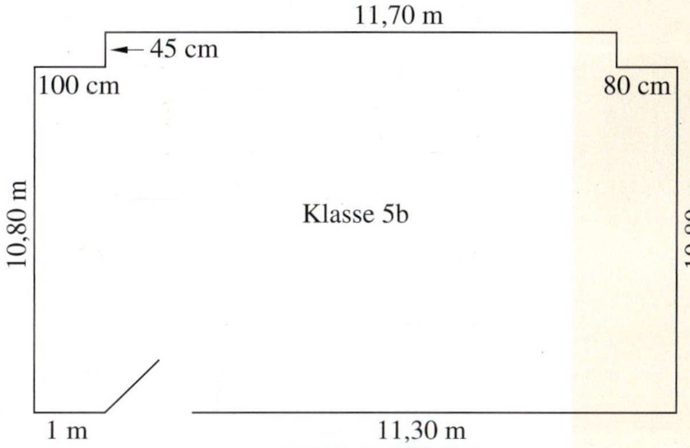

a) Wie viel Meter Fußleisten werden benötigt?
b) Wie teuer werden die Fußleisten für jeden Raum?
c) Wie teuer werden die Fußleisten für euren Klassenraum?

Angebot
Handwerker Baumarkt
Fußleisten 1 m 2,00 €

Lerncheck

1 Addiere im Kopf.

a) 24 + 81
24 + 88
b) 52 + 25
52 + 29
c) 37 + 21
137 + 21
d) 48 + 11
480 + 110

2 Überschlage.

a) 625 + 8817
b) 719 + 1062
c) 7261 + 6515
d) 228 + 30 244

3 Subtrahiere im Kopf.

a) 56 – 14
56 – 18
b) 72 – 61
72 – 63
c) 48 – 28
48 – 29
d) 62 – 22
620 – 220
e) 84 – 72
184 – 72
f) 51 – 29
29 – 51

4 Überschlage zuerst und subtrahiere dann schriftlich.

a) 8733 – 1602
b) 5727 – 3815

Checkliste ↻ 164-1

Teste dich!

(9 Punkte)

1 Ergänze die Figuren in deinem Heft zum angegebenen Viereck.

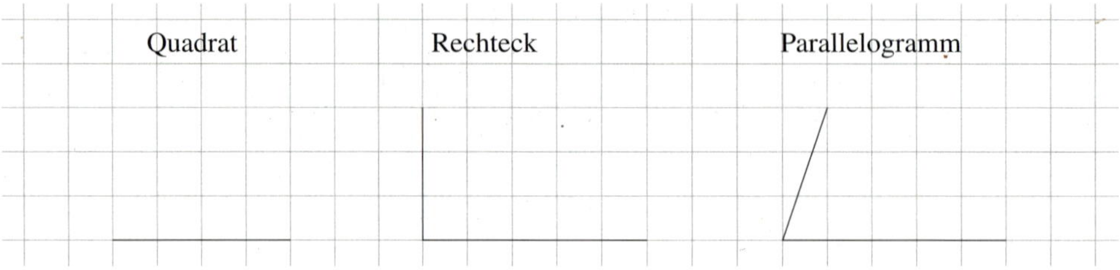

(8 Punkte)

2 Welche Aussagen sind richtig, welche sind falsch? Begründe.

a) Jedes Rechteck ist auch ein Quadrat.
b) Jedes Quadrat ist auch ein Rechteck.
c) In jedem Rechteck sind die Diagonalen gleich lang.
d) Jedes Viereck ist ein Parallelogramm.

(8 Punkte)

3 Bestimme den Umfang der Flächen.
Die Maße sind in cm angegeben.

a)

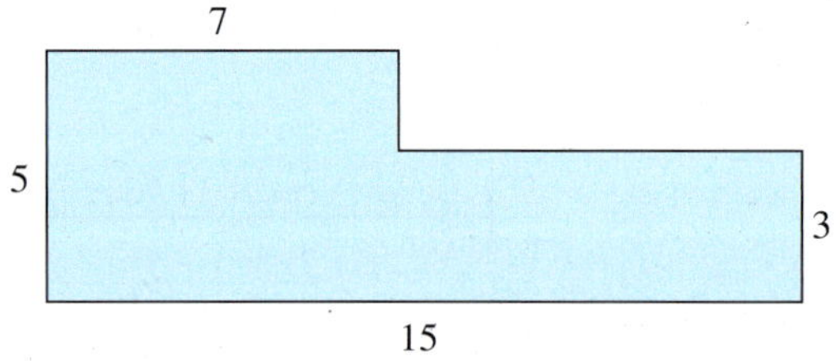

b)

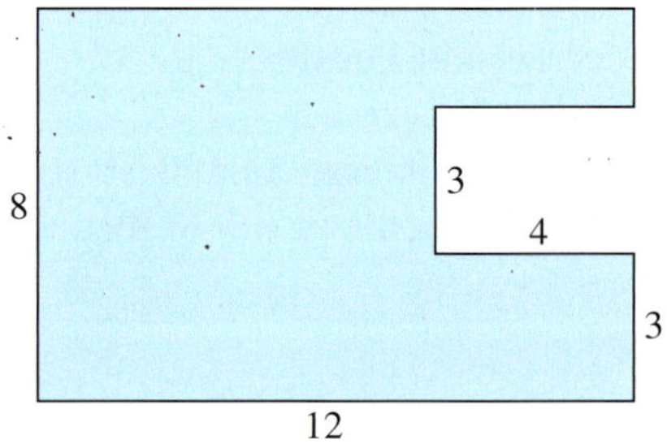

(8 Punkte)

4 Zeichne die Figuren in dein Heft.

a) ein Dreieck, dessen Seiten alle unterschiedlich lang sind
b) ein Rechteck, das 4 cm lang und 0,3 dm breit ist
c) ein Quadrat mit einem Flächeninhalt von 9 cm^2
d) ein Parallelogramm

(6 Punkte)

5 Beschreibe die Flächen in den Flaggen mit den passenden Fachbegriffen.

a)

b)

(8 Punkte)

6 Überprüfe, welche der Figuren jeweils den gleichen Flächeninhalt haben.

a)

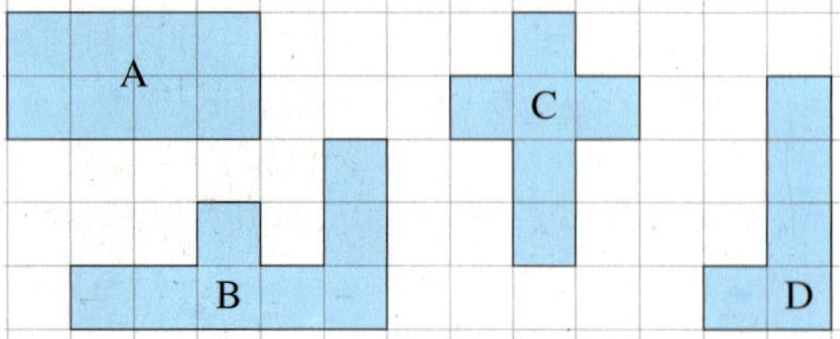

b)

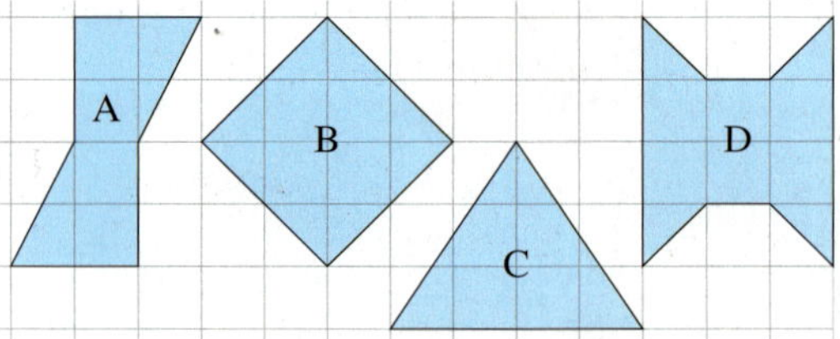

7 Berechne die fehlenden Angaben der Rechtecke. *(16 Punkte)*
Wandle zunächst die Größen so um, dass du rechnen kannst.

a)

Länge	2 cm	1,5 dm	2,2 cm	
Breite	3 cm	5 cm	1,3 cm	7 m
u				
A				56 m²

b)

Länge	1,2 dm		21 mm	
Breite	3 cm	8 dm		5 m
u				24 m
A		48 dm²	315 mm²	

8 Der Landwirt Herr Emmerich soll eine neue Weide erhalten. *(6 Punkte)*
Herr Emmerich kann zwischen zwei rechteckigen Weideflächen auswählen.
Weide ①: 200 m lang; 60 m breit
Weide ②: 160 m lang; 80 m breit

a) Welche Weide hat den größeren Flächeninhalt?
b) Die Weideflächen sollen umzäunt werden.
Wie viel Meter Zaun wird für jede Weide benötigt?

9 Übertrage die Koordinatensysteme mit den Punkten in dein Heft. *(8 Punkte)*
Gib zwei Punkte an, sodass sich beim Verbinden der Punkte Rechtecke oder Quadrate ergeben.

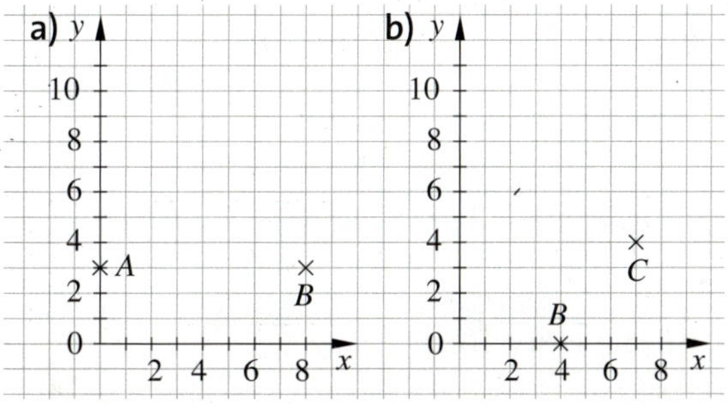

10 Familie Maier hat auf ihrem Grundstück ein neues Gartenhaus aufgestellt (in der Skizze rot). *(9 Punkte)*

a) Wie viel m² nimmt das Gartenhaus ein?
b) Wie viel m² freie Fläche bleiben auf dem Grundstück übrig?
c) Wie lang ist der Zaun des Grundstücks? Beachte, dass entlang der Wände der beiden Häuser und an der Zufahrt kein Zaun benötigt wird.

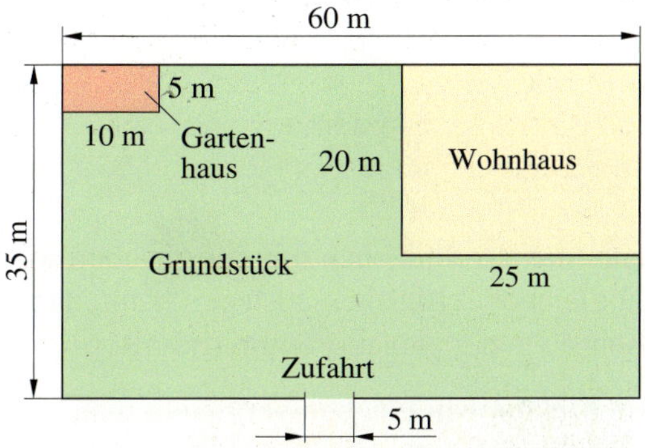

11 Von einem Parallelogramm sind folgende Punkte gegeben: *(6 Punkte)*
$A(1|2)$; $B(7|2)$; $C(9|6)$

a) Übertrage die Punkte in ein Koordinatensystem.
b) Zeichne den fehlenden Punkt ein und ergänze zum Parallelogramm.

12 Wie lang ist das Paketband mindestens? *(8 Punkte)*
Achte auf die Einheiten.

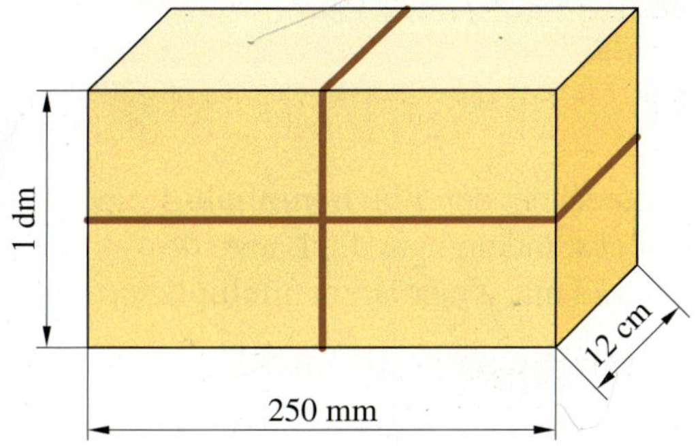

Gold: 94–100 Punkte, Silber: 77–93 Punkte, Bronze: 60–76 Punkte

Zusammenfassung

→ Seite 146

Vielecke beschreiben

Jede geometrische Figur, die nur von Strecken begrenzt wird, heißt **Vieleck**.

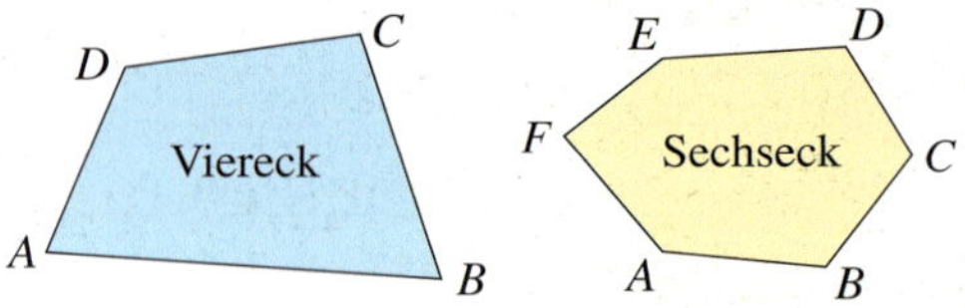

→ Seite 148

Besondere Vierecke

In einem **Rechteck** sind gegenüberliegende Seiten parallel und gleich lang. Benachbarte Seiten stehen senkrecht aufeinander.

Quadrate sind besondere Rechtecke mit vier gleich langen Seiten.

Parallelogramme sind Vierecke, bei denen gegenüberliegende Seiten parallel und gleich lang sind.

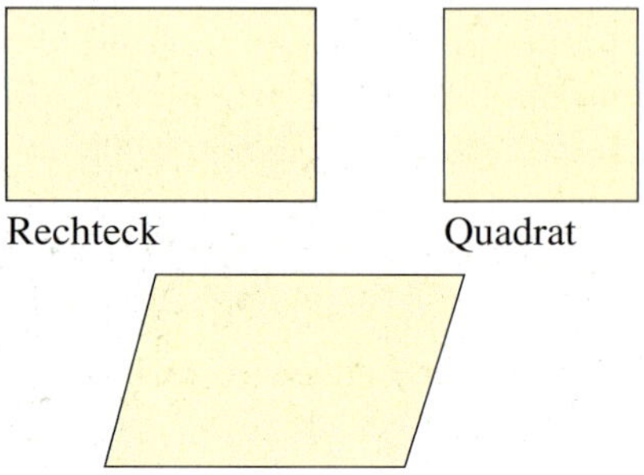
Rechteck Quadrat

Parallelogramm

→ Seite 152

Umfang von Vielecken

Man berechnet den **Umfang *u*** eines Vielecks, indem man alle Seitenlängen addiert.

Umfang eines Rechtecks: $u = 2 \cdot a + 2 \cdot b$

Umfang eines Quadrats: $u = 4 \cdot a$

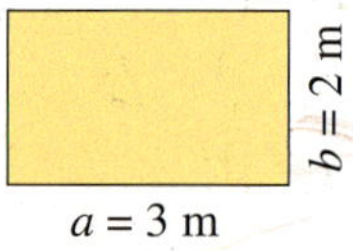

$\boldsymbol{u = 2 \cdot a + 2 \cdot b}$
$u = 2 \cdot 3 + 2 \cdot 2\,\text{m}$
$u = 10\,\text{m}$

$\boldsymbol{u = 4 \cdot a}$
$u = 4 \cdot 2\,\text{m}$
$u = 8\,\text{m}$

→ Seite 154

Vergleichen und Messen von Flächen

Wenn man zwei Flächen mit der gleichen Anzahl gleicher Teilflächen auslegen kann, dann haben sie den gleichen **Flächeninhalt**.

Zum Messen von Flächen vergleicht man mit **Einheitsquadraten**.

Die Einheitsquadrate haben einen Flächeninhalt von $1\,\text{m}^2$, $1\,\text{dm}^2$, $1\,\text{cm}^2$, $1\,\text{mm}^2$.

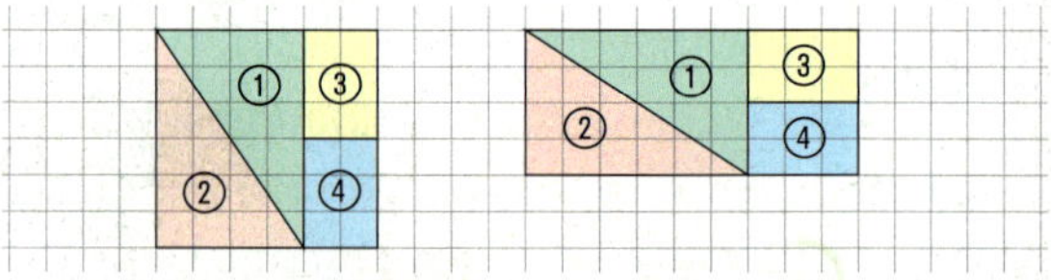

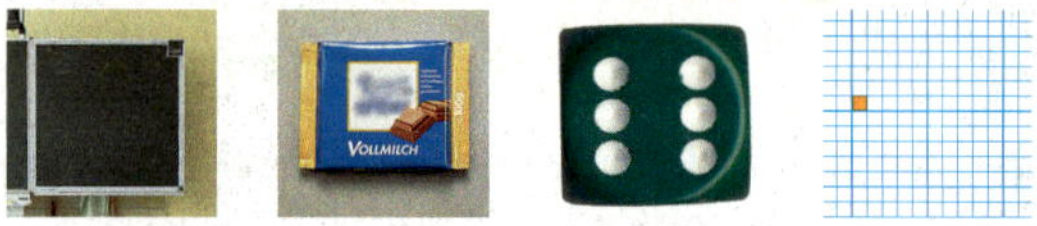
$1\,\text{m}^2$ $1\,\text{dm}^2$ $1\,\text{cm}^2$ $1\,\text{mm}^2$

→ Seite 156

Flächeninhalt von Rechteck und Quadrat

Man berechnet den **Flächeninhalt *A*** eines Rechtecks, indem man die Länge des Rechtecks mit seiner Breite multipliziert.

Flächeninhalt eines Rechtecks: $A = a \cdot b$

Flächeninhalt eines Quadrats: $A = a \cdot a$

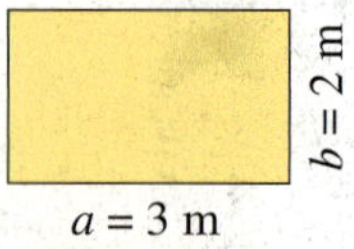

$\boldsymbol{A = a \cdot b}$
$A = 3 \cdot 2\,\text{m}^2$
$A = 6\,\text{m}^2$

$\boldsymbol{A = a \cdot a}$
$A = 2 \cdot 2\,\text{m}^2$
$A = 4\,\text{m}^2$

Bruchteile

Die Bespannung der Schirme wurde jeweils aus gleich großen Einzelteilen zusammengenäht. Beim Schirm des Mädchens sind es acht Teile, von denen vier die gleiche Farbe haben. Wie viele „Bruchteile“ sind es beim großen Schirm? Und welchen Anteil hat eine einzelne Farbe an der ganzen Bespannung?

Noch fit?

Einstieg

1 Kopfrechnen

a) 8 · 1
b) 4 · 5
c) 8 · 10
d) 2 · 14
e) 6 : 2
f) 20 : 5
g) 12 : 3
h) 21 : 7

2 Schriftlich multiplizieren

a) 328 · 4
b) 461 · 5
c) 300 · 6
d) 670 · 8
e) 815 · 4
f) 1234 · 12

3 Schriftlich dividieren

Berechne schriftlich. Führe die Probe mit der Umkehraufgabe durch.

a) 880 : 4
b) 456 : 3
c) 425 : 5
d) 984 : 4
e) 7788 : 6
f) 4353 : 3

4 Dividieren mit und ohne Rest

Bei welcher Aufgabe bleibt ein Rest? Wie groß ist der Rest?

a) 68 : 8
b) 72 : 2
c) 49 : 7
d) 64 : 9
e) 123 : 10
f) 3285 : 5

5 Anteile bestimmen

Zähle die bunten Schokolinsen und schreibe wie im Beispiel.

Beispiel 7 grüne Schokolinsen von 50 Schokolinsen

a) braune Schokolinsen
b) blaue Schokolinsen
c) gelbe Schokolinsen
d) rote Schokolinsen
e) orange Schokolinsen
f) lila Schokolinsen
g) Von welcher Farbe sind am meisten Schokolinsen da?

6 Größeneinheiten

Übertrage in dein Heft und ergänze die Lücken.

a) 1 € = ▢ ct
b) 1 km = ▢ m
c) 1 m = ▢ cm
d) 1 cm = ▢ mm
e) 1 t = ▢ kg
f) 1 kg = ▢ g
g) 1 h = ▢ min
h) 1 min = ▢ s

Aufstieg

1 Kopfrechnen

a) 8 · 9
b) 6 · 5
c) 12 · 4
d) 15 · 0
e) 64 : 8
f) 15 : 15
g) 140 : 14
h) 143 : 13

2 Schriftlich multiplizieren

a) 8335 · 4
b) 4621 · 6
c) 3902 · 7
d) 6323 · 9
e) 8537 · 12
f) 2318 · 21

3 Schriftlich dividieren

Überschlage zuerst, rechne dann schriftlich. Prüfe mit der Umkehraufgabe.

a) 984 : 8
b) 216 : 9
c) 342 : 6
d) 6825 : 7
e) 4071 : 3
f) 3825 : 15

4 Dividieren mit und ohne Rest

Bei welcher Aufgabe bleibt ein Rest? Wie groß ist der Rest?

a) 89 520 : 10
b) 8999 : 9
c) 7778 : 7
d) 7788 : 8
e) 74 070 : 6
f) 12 121 : 12

6 Größeneinheiten

Übertrage in dein Heft und ergänze die Lücken.

a) 100 ct = ▢ €
b) 1 km = 1000 ▢
c) 1 ▢ = 100 cm
d) 10 mm = ▢ cm
e) 1000 kg = ▢ t
f) ▢ g = 1 kg
g) 60 min = 1 ▢
h) ▢ s = ▢ min

7 Größen umrechnen
Rechne in die angegebene Einheit um.

a) 7 m (cm) b) 5 t (kg)
c) 3 kg (g) d) 1,50 € (ct)

7 Größen umrechnen
Rechne in die angegebene Einheit um.

a) 2,35 € (ct) b) 5 cm (mm)
c) 3 h (min) d) 12 t (kg)

8 Füllstände von Gläsern beschreiben
Beschreibe, zu welchem Anteil die Gläser ungefähr gefüllt sind.

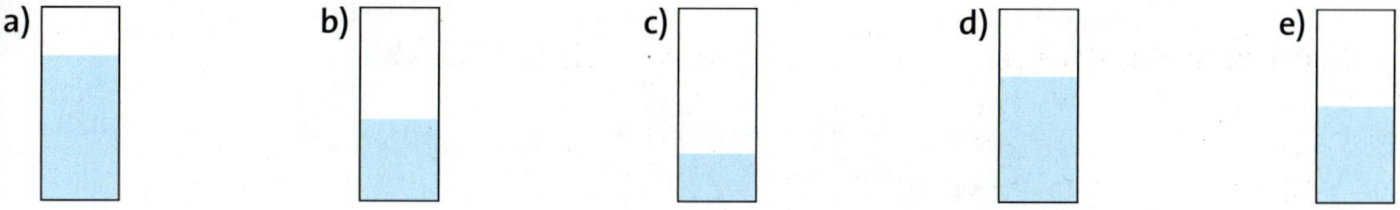

9 Berechne den Preis
a) Eine halbe Pizza kostet 4 €.
Wie viel kostet eine ganze Pizza?

b) Ein ganzes Brot kostet 3 €.
Wie viel kostet ein halbes Brot?

9 Berechne den Preis
a) Ein Kilo Würstchen kostet 7 €.
Wie viel kostet ein halbes Kilo?

b) Ein viertel Liter Limonade kostet im Restaurant 2 €. Wie viel kostet ein Liter?

10 Gerecht teilen
a) Die Schokolade wird auf zwei Kinder gerecht aufgeteilt.
Wie viele Stückchen Schokolade bekommt jedes Kind?

b) Vier Kinder teilen sich die Schokolade gerecht auf.
Wie viele Stückchen bekommt jedes Kind?

10 Gerecht teilen
a) Wie viele Stückchen bekommt jeder, wenn sich zwei (drei, vier) Kinder die Schokolade gerecht teilen?

b) Wie viele Stückchen Schokolade bekommt jedes der zwei Kinder, wenn bereits 8 Stücke Schokolade gegessen wurden.

11 Uhrzeiten ablesen
Wie viel Uhr ist es? Es gibt mehrere Möglichkeiten, die Uhrzeit anzugeben.

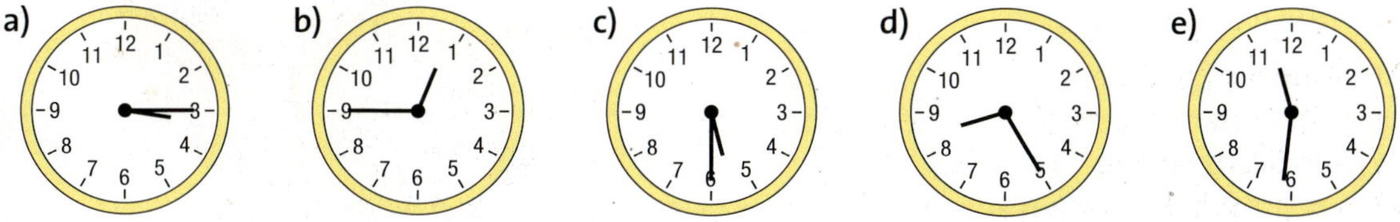

12 Bekannte Brüche
a) Wie viele Minuten hat eine Viertel Stunde?

b) Wie viele Zentimeter ergeben einen halben Meter?

c) Wie viel Gramm sind ein halbes Kilogramm?

d) Wie viele Stunden sind anderthalb Tage?

e) Hannes bekommt 4 € Taschengeld. Lena bekommt halb so viel. Wie viel ist das?

12 Bekannte Brüche
a) Wie viele Minuten hat eine Dreiviertelstunde?

b) Wie viele Zentimeter ergeben zusammen anderthalb Meter?

c) Wie viele Stunden sind dreieinhalb Tage?

d) Wie viele Tage sind zweieinhalb Monate?

e) Eine Melone wiegt 3 kg. Wie schwer ist die Hälfte dieser Melone?

Brüche als Teile von Ganzen

Entdecken

1 Finde alle Brüche im Gespräch von Nils und Abbas.

HINWEIS
zu Aufgabe 2:

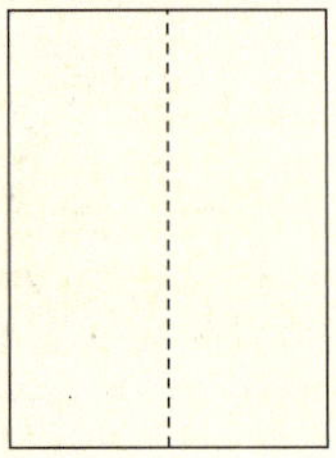

In welchem Zusammenhang kommen Brüche in deinem Alltag vor?

2 Falte ein Blatt DIN-A4-Papier.

a) Gib mindestens drei Möglichkeiten an, das Blatt durch einmaliges Falten in zwei gleich große Teile zu zerlegen.
Skizziere alle gefundenen Möglichkeiten wie im Beispiel in der Randspalte.

b) Wie oft musst du das Blatt falten, um vier gleich große Teile zu erhalten?

c) Wie viele Teile erhältst du, wenn das Blatt viermal gefaltet wird?

Verstehen

Herr Bruns hat eine Pizza gebacken.
Die fertige Pizza schneidet er in vier gleich große Stücke.
Ein Pizzastück entspricht einem Viertel der ganzen Pizza:

Als Bruch geschrieben: $\frac{1}{4}$

Man spricht: „ein Viertel“.

Merke Mit **Bruchteilen** können Teile eines Ganzen beschrieben werden.
Wird ein Ganzes in 2; 3; 4; 5; 6; … **gleich große Teile** zerlegt, so erhält man Halbe, Drittel, Viertel, Fünftel, Sechstel, …
Für einen Teil davon schreibt man:

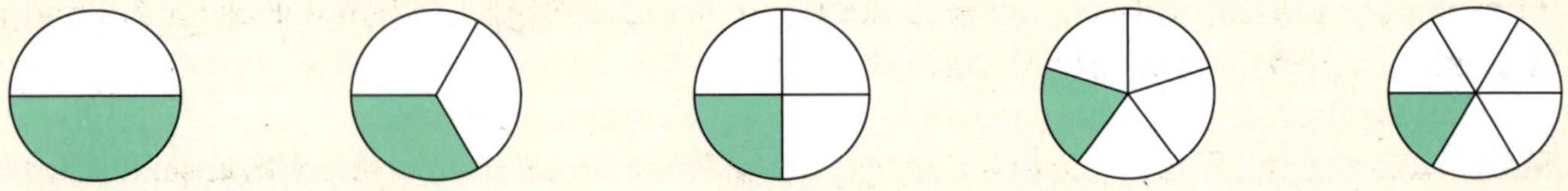

$\frac{1}{2}$ ein Halb — $\frac{1}{3}$ ein Drittel — $\frac{1}{4}$ ein Viertel — $\frac{1}{5}$ ein Fünftel — $\frac{1}{6}$ ein Sechstel

Üben und anwenden

1 Bestimme den Teil der Fläche, der orange eingefärbt ist.

a)
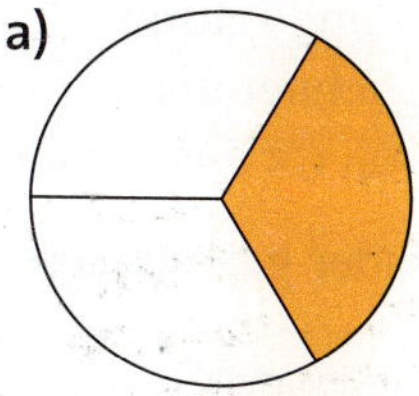
b)
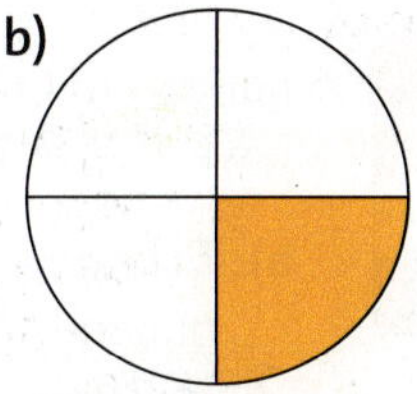
c)
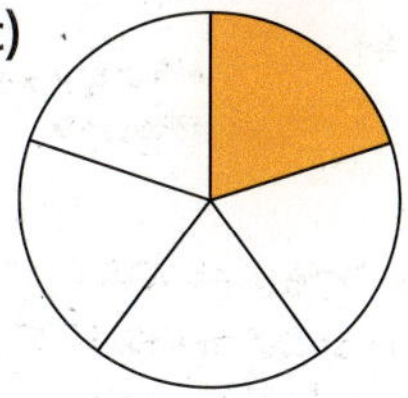
d)
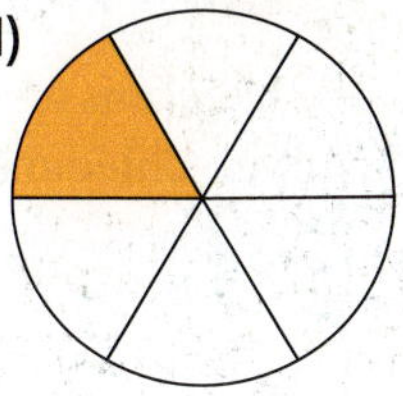

1 Bestimme den Teil der Fläche, der rot eingefärbt ist.

a)
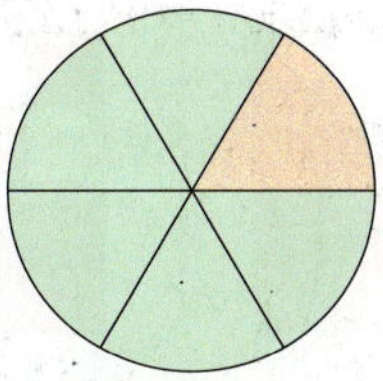
b)
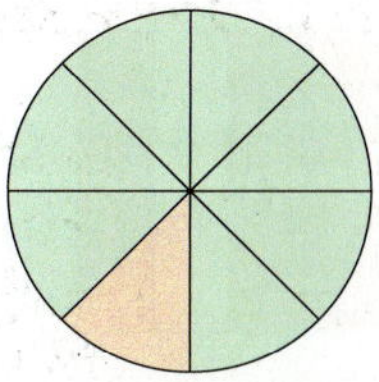
c)
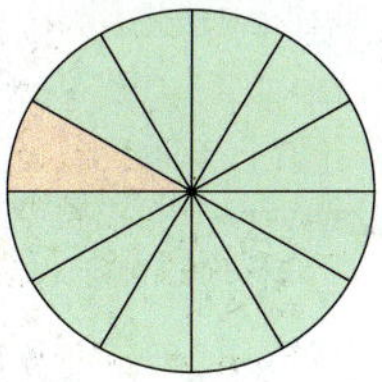
d)
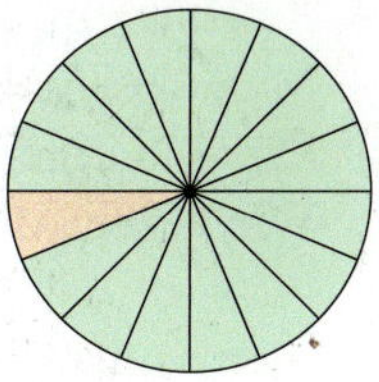

2 Welcher Teil der Gesamtfläche ist grün eingefärbt? Begründe wie im Beispiel.

Beispiel zu **a)** 1 von 2 Flächen sind grün, also $\frac{1}{2}$

a)
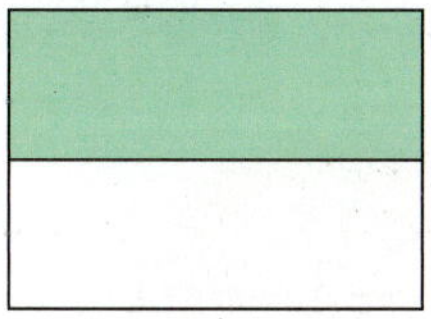
b)

c)
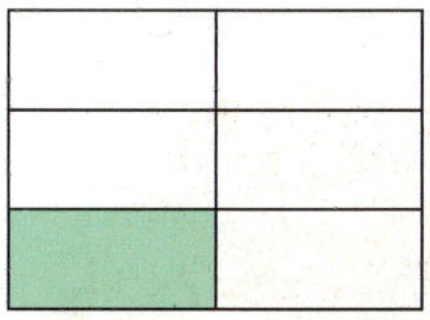
d)
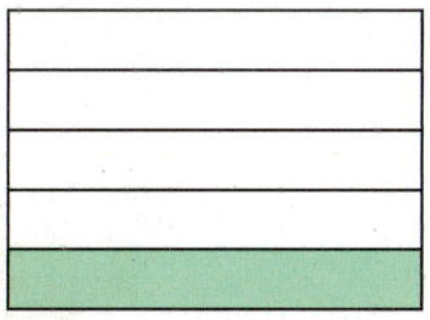

2 Welcher Teil der Gesamtfläche ist rot eingefärbt?

a)
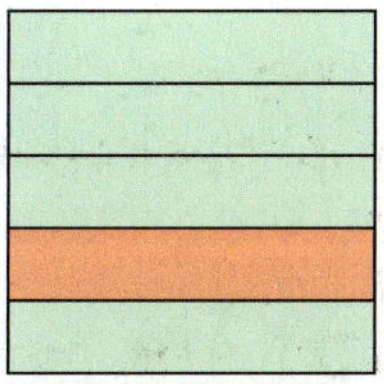
b)
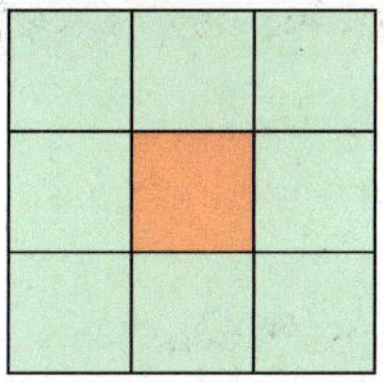
c)
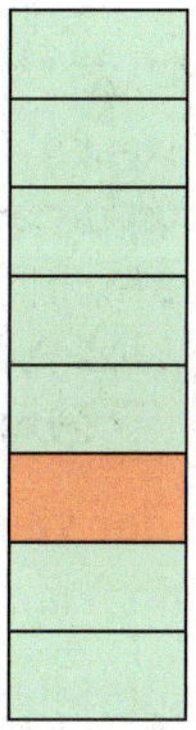
d)
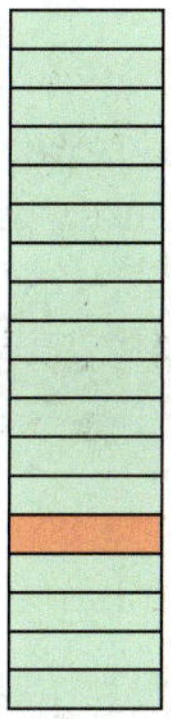

3 Falte wie im Bild einen Kreis so, dass du vier gleich große Teile erhältst.

①

②

③

④
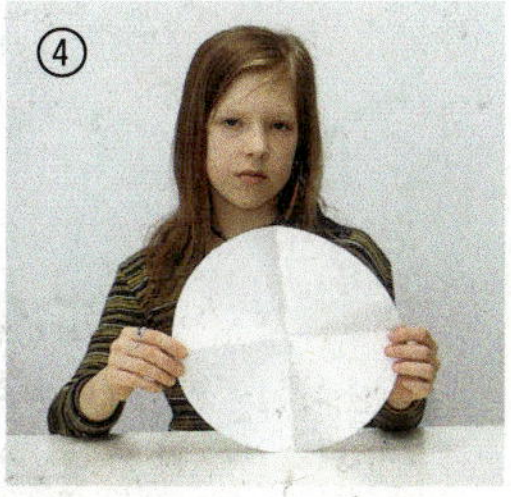

a) Färbe ein Viertel der Kreisfläche rot und eine Hälfte blau ein.
b) Falte einen anderen Kreis so, dass du acht gleich große Teile erhältst. Färbe ein Achtel der Kreisfläche grün ein und ein Viertel rot.

4 Sind die farbigen Teile als Bruch richtig geschrieben? Erkläre und berichtige die Fehler.

a)
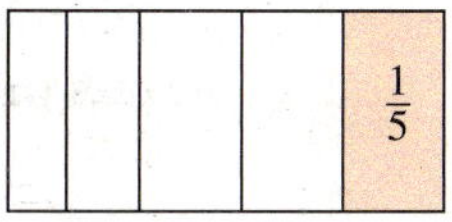

b)
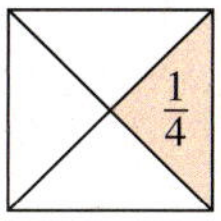

c)
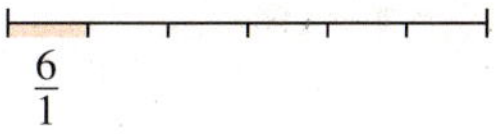

d)
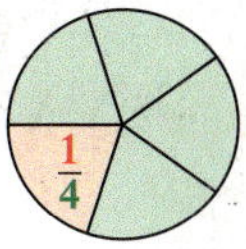

NACHGEDACHT
Drei Kinder wollen eine Pizza gerecht untereinander aufteilen. Wie würdest du die Pizza schneiden? Begründe.

①
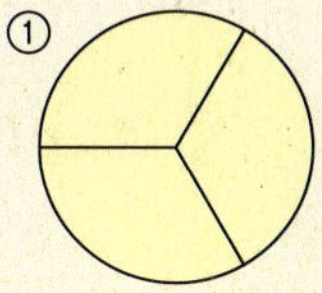
②
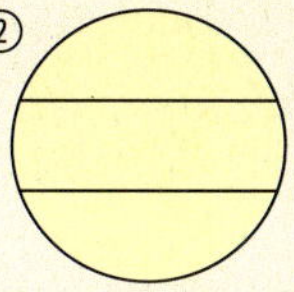
③
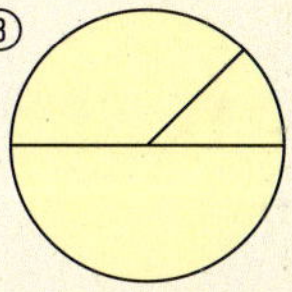

Brüche zusammenfassen

Entdecken

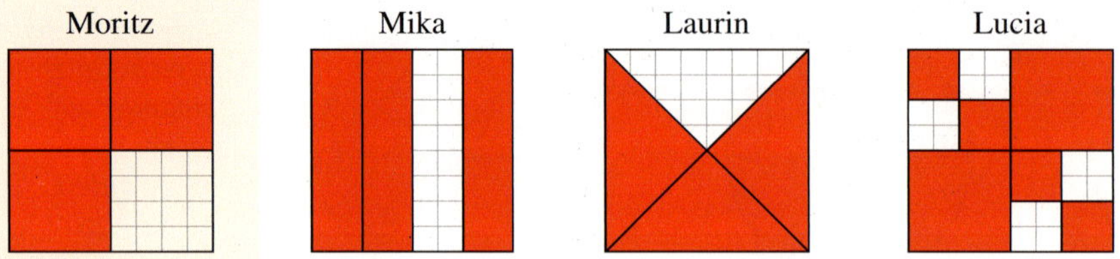

1 Moritz, Mika, Lucia und Laurin haben ein Quadrat gezeichnet und jeweils drei Viertel davon rot ausgemalt.

a) Erkläre, wie die Kinder gezeichnet haben.

b) Zeichne ein Quadrat mit der Seitenlänge $a = 8\,\text{cm}$.
Male drei Viertel der Fläche rot aus. Vergleicht eure Ergebnisse.

c) Färbe in einem Rechteck mit $a = 4\,\text{cm}$ und $b = 3\,\text{cm}$ verschiedene Anteile.
Wie heißen die Anteile?

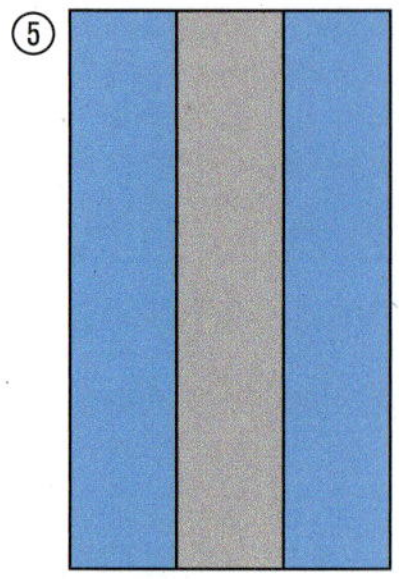

2 Hier wurde der Bruch $\frac{2}{3}$ auf verschiedene Arten dargestellt.

Erkläre und vergleiche die Darstellungen.

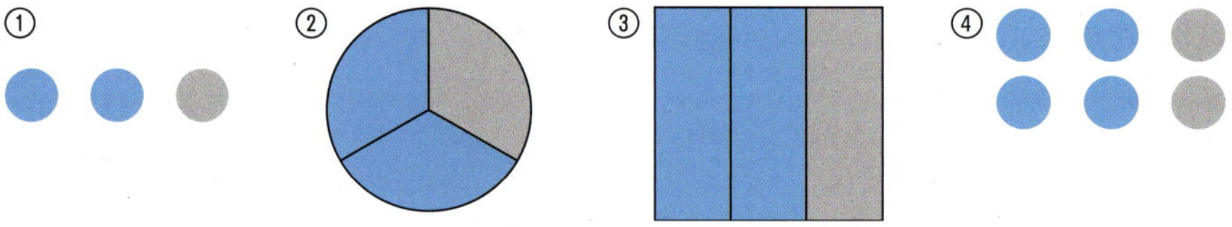

Kannst du dir noch weitere Darstellungen vorstellen?

Verstehen

Lena isst drei der vier Pizzastücke.
Sie hat also drei Viertel der Pizza gegessen.

Als Bruch geschrieben: $\frac{3}{4}$

Man spricht: „drei Viertel".

Merke Mehrere gleich große Bruchteile können zu einem Bruch zusammengefasst werden.

Der **Nenner** gibt an, in wie viele gleich große Teile das Ganze geteilt wird.

$$\frac{3}{4}$$

Der **Zähler** gibt an, wie viele dieser gleich großen Teile genommen werden.

Zähler und Nenner werden durch den waagerechten **Bruchstrich** getrennt.

HINWEIS
Jeder Bruch entspicht einer Divisionsaufgabe:
z.B. $\frac{1}{4} = 1:4$

Beispiel

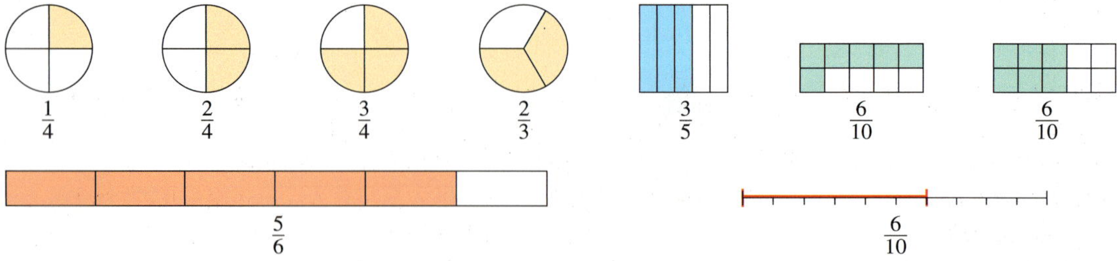

Üben und anwenden

1 Nenne Zähler und Nenner.

a) $\frac{1}{2}$ b) $\frac{2}{4}$ c) $\frac{3}{16}$

d) $\frac{1}{3}$ e) $\frac{7}{8}$ f) $\frac{11}{11}$

g) $\frac{21}{18}$ h) $\frac{155}{55}$ i) $\frac{19}{19}$

2 Schreibe als Bruch.
Wie heißen Zähler und Nenner?

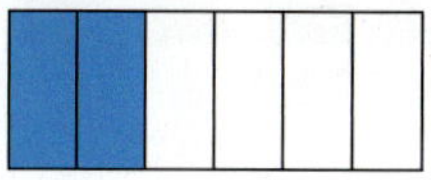

1 Schreibe als Bruch oder den Bruch in Worten in dein Heft.

a) drei Fünftel b) fünf Siebtel
c) neun Zehntel d) vier Dreißigstel
e) ein Neuntel f) drei Elftel

g) $\frac{2}{3}$ h) $\frac{5}{6}$ i) $\frac{1}{12}$ j) $\frac{7}{100}$

2 Schreibe als Bruch.
Wie heißen Zähler und Nenner?

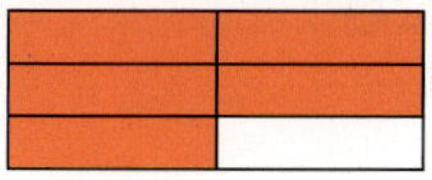

HINWEIS
173-1
Unter dem Webcode findest du Arbeitsblätter, mit denen du das Färben von Anteilen üben kannst.

3 Ordne die Brüche den Kreisen passend zu.

a) $\frac{3}{4}$ b) $\frac{1}{2}$ c) $\frac{3}{10}$ d) $\frac{5}{8}$ e) $\frac{1}{8}$ f) $\frac{2}{6}$

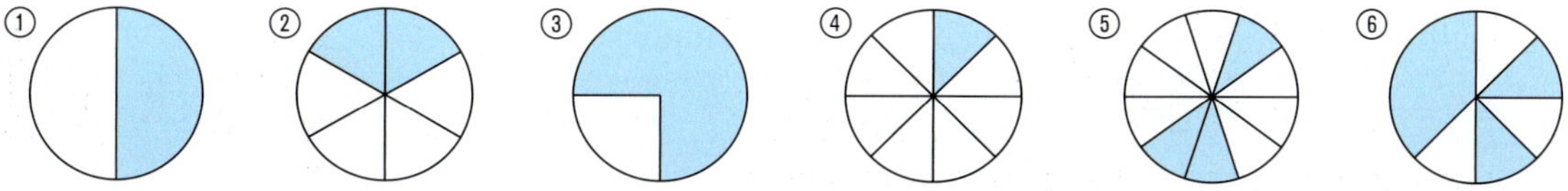

4 Welcher Teil ist rosa eingefärbt?

Beispiel zu a) 2 von 7 Flächen rosa, also $\frac{2}{7}$

a) 

b) 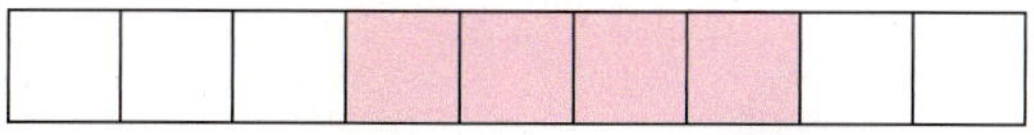

c) 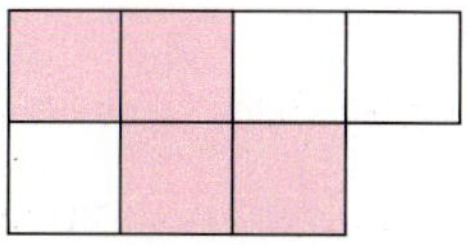

d) 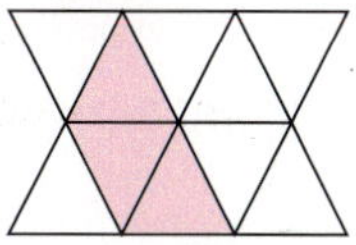

5 Dominik behauptet: „Ich färbe $\frac{1}{4}$ eines Kreises blau, $\frac{1}{4}$ grün, $\frac{1}{4}$ rot, $\frac{1}{4}$ gelb und $\frac{1}{4}$ schwarz.“
Kann das sein?
Begründe durch eine Zeichnung.

6 Bestimme jeweils den Anteil der Teile am gesamten Schirm.
a) ein grünes Teil
b) ein rotes und ein blaues Teil
c) alle weißen Teile
d) alle farbigen Teile

4 Welcher Teil ist rosa gefärbt? Welcher gelb?

a) 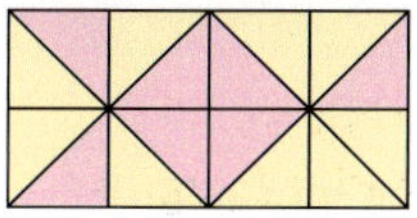

b) 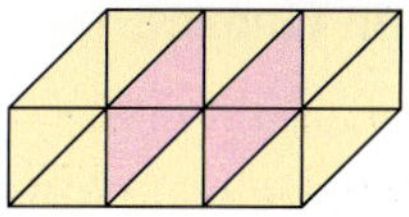

c) 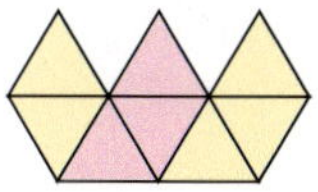

d) 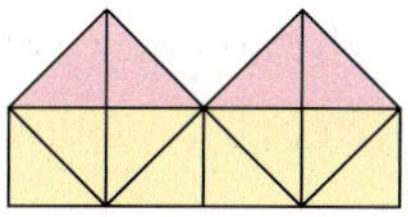

e) 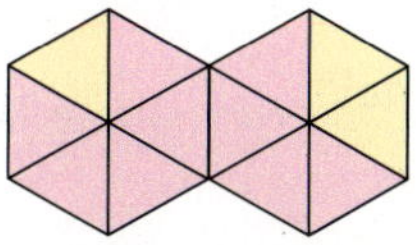

f) 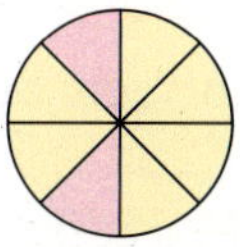

g) 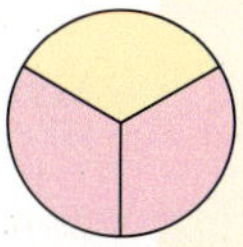

5 Von einem Gartenbeet bearbeitet Kai ein Fünftel und Susanne ein Viertel.
Welche Fläche ist größer?
Begründe durch zwei Zeichnungen in deinem Heft.

6 Bestimme jeweils den Anteil der Teile am gesamten Schirm.
a) ein rotes Teil
b) alle farbigen Teile
c) alle farbigen Teile, die nicht gelb sind
d) alle Teile

Gemischte Zahlen

Entdecken

1 Haben Michelle und Luis beide dieselbe Menge Milch gekauft?
Beschreibe die Unterschiede.

2 Monique hat dieselbe Menge Milch wie Michelle und Luis auf eine andere Weise gekauft: Sie hat unter ihren Milchtüten nur eine Tüte mit einem Liter Milch.
Welche Tüten hat sie noch?

Michelle kauft so ein: 1, 1, $\frac{1}{2}$

Luis kauft so ein: $\frac{1}{2}$, $\frac{1}{2}$, $\frac{1}{2}$, $\frac{1}{2}$, $\frac{1}{2}$

Verstehen

Wie viele Äpfel wurden hier geteilt?

Zwei Hälften kann man zu einem ganzen Apfel zusammensetzen:

$\frac{1}{2} + \frac{1}{2} = \frac{2}{2} = 1$

Merke Sind Zähler und Nenner eines Bruches gleich groß, so erhält man **ein Ganzes**.

Beispiel 1

$\frac{4}{4} = 1$

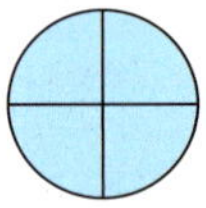

$\frac{8}{8} = 1$

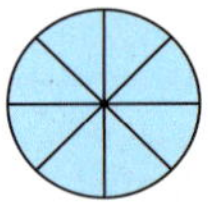

Und wie viele Äpfel wurden hier geteilt?

Man kann sie zu einem Ganzen und drei Viertel zusammensetzen:

$1 + \frac{3}{4} = 1\frac{3}{4}$

Man spricht: „ein drei Viertel“.

Beispiel 2

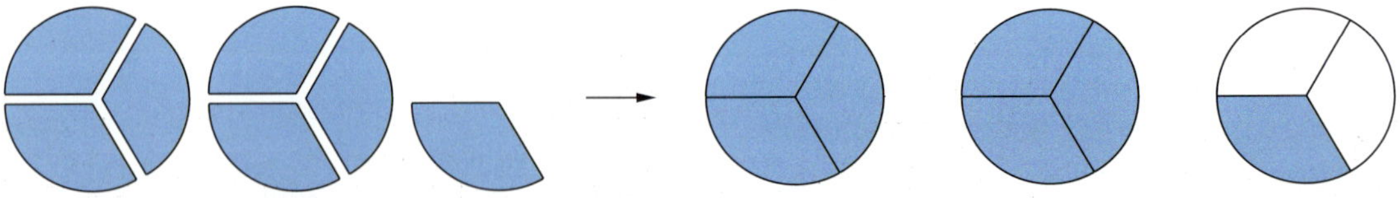

$\frac{7}{3} = 2\frac{1}{3}$

Merke Werden so viele Bruchteile zusammengefügt, dass sich mehr als 1 Ganzes ergibt, verwendet man die **gemischte Zahl** als Schreibweise.

Beispiel 3

$\frac{7}{3} = 2 + \frac{1}{3} = \underbrace{2\frac{1}{3}}_{\text{gemischte Zahl}}$

Üben und anwenden

1 Schreibe jeweils die Anzahl der Schokoladenstücke als Bruch und als ganze Zahl.

Beispiel zu a) $\frac{16}{16} = 1$

a) b) c) d)

1 Schreibe als Bruch und als ganze Zahl.

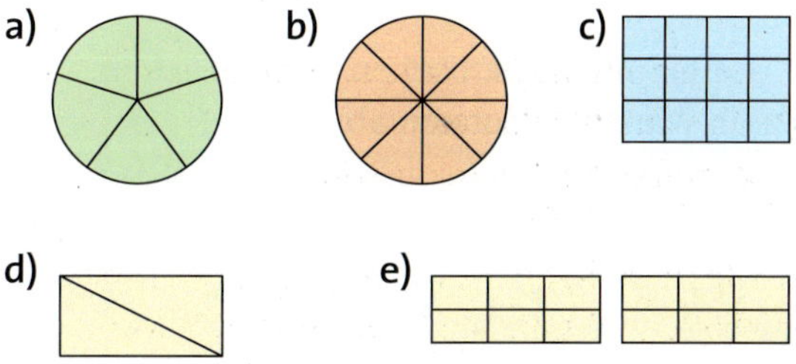

2 Zerschneide drei gleich große Kreise in Viertel. Lege die Bruchteile und gib sie als gemischte Zahl oder als ganze Zahl an.

a) $\frac{5}{4}$ b) $\frac{7}{4}$ c) $\frac{8}{4}$ d) $\frac{10}{4}$

2 Zerschneide drei gleich große Quadrate in Viertel. Lege die Bruchteile und gib sie als gemischte Zahl oder als ganze Zahl an.

a) $\frac{6}{4}$ b) $\frac{9}{4}$ c) $\frac{11}{4}$ d) $\frac{12}{4}$

3 Ergänze rote und grüne Anteile zu einem Ganzen.

Beispiel $\frac{3}{5} + \frac{2}{5} = \frac{5}{5} = 1$

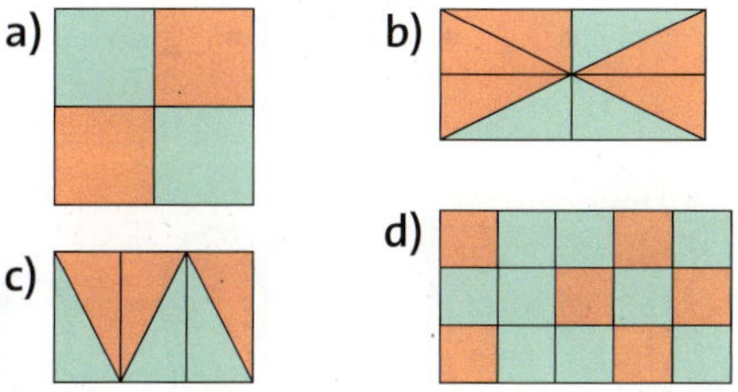

3 Die abgebildeten Flächen sind Bruchteile eines Rechtecks. Übertrage die Bruchteile in dein Heft und ergänze zum ganzen Rechteck. Es gibt mehrere Möglichkeiten.

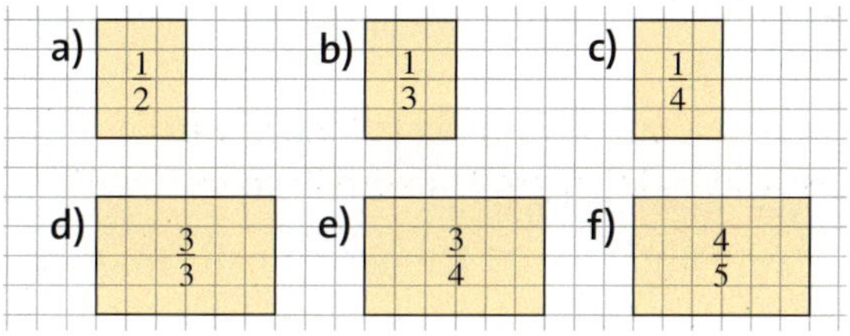

4 Zwei Pizzen werden in je 4 gleich große Stücke geschnitten. Wie viele Viertel ergeben sich? Begründe mit einer Zeichnung.

4 Drei rechteckige Pizzen werden in je 12 gleich große Stücke geschnitten. Wie viele Zwölftel ergeben sich? Begründe mit einer Zeichnung.

5 Gib die Brüche mit ganzen Zahlen an.

a) $\frac{3}{3}$ b) $\frac{12}{3}$ c) $\frac{15}{5}$ d) $\frac{8}{2}$

5 Gib mit ganzen oder gemischten Zahlen an.

a) $\frac{9}{3}$ b) $\frac{18}{3}$ c) $\frac{14}{5}$ d) $\frac{13}{12}$

6 Erkläre mithilfe der Zeichnung, warum $3\frac{3}{4} = \frac{15}{4}$ ist.

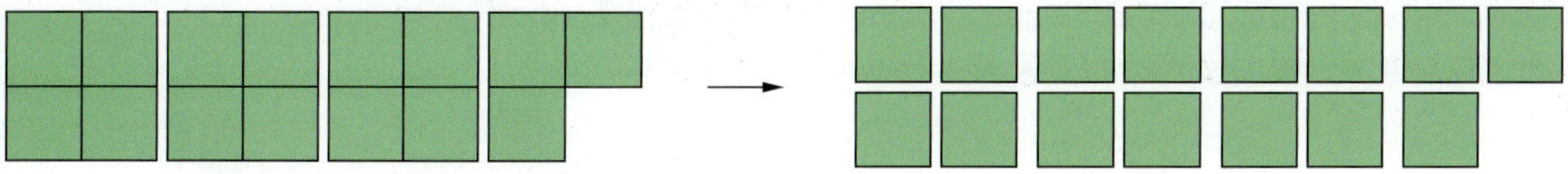

7 Schreibe in Bruchschreibweise.

a) $1\frac{2}{3}$ b) $2\frac{1}{5}$ c) $3\frac{1}{2}$

d) $5\frac{1}{2}$ e) $5\frac{1}{4}$ f) $7\frac{3}{10}$

7 Übertrage die jeweils gleichen Paare in dein Heft.

$4\frac{1}{2}$ kg | $\frac{31}{10}$ kg | $\frac{9}{2}$ kg | $1\frac{1}{4}$ kg | $\frac{10}{8}$ kg | $\frac{5}{4}$ kg | $1\frac{2}{8}$ kg

HINWEIS
175-1
Unter dem Webcode gibt es ein Arbeitsblatt mit Viertelkreisen zu Aufgabe 2 (lila) zum Ausdrucken.

NACHGEDACHT
Was ist am größten: $\frac{3}{3}$, $\frac{4}{4}$ oder 1? Begründe.

Bruchteile von Größen

Entdecken

1 Sarah und Maik backen einen Kuchen. Sarah wiegt die Zutaten ab.
Um $\frac{3}{8}$ kg Mehl abzuwiegen, rechnet Sarah so:

1 kg $\xrightarrow{:8}$ $\frac{1}{8}$ kg $\xrightarrow{\cdot 3}$ $\frac{3}{8}$ kg

1 000 g $\xrightarrow{:8}$ 125 g $\xrightarrow{\cdot 3}$ 375 g

a) Erkläre, wie Sarah gerechnet hat.
b) Rechne aus, wie viel Gramm Zucker und Äpfel Sarah jeweils abwiegen muss.

2 In Maiks Backbuch wird die Backzeit mit einem Bild angegeben.
a) Gib die abgebildeten Zeiten jeweils als Bruchteil einer Stunde an und in Minuten.
b) Wie viel Minuten sind …

① $1\frac{1}{4}$ Stunden, ② $2\frac{1}{2}$ Stunden, ③ $\frac{1}{3}$ Stunde?

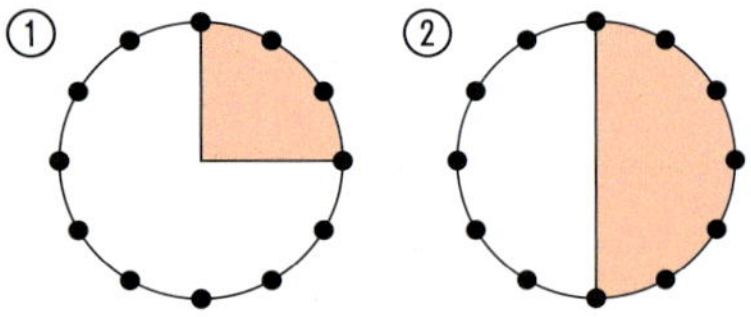

Verstehen

In der Jugendherberge:
„Zwei Drittel der 27 Kinder schlafen im Anbau.“

Merke Um **Bruchteile einer Zahl oder einer Größe** zu berechnen, dividiert man zuerst durch den Nenner und dann multipliziert man das Ergebnis mit dem Zähler.

ERINNERE DICH
Eine Größe besteht immer aus Zahlwert und Einheit:
$\frac{1}{4}$ h
Zahlwert *Einheit*

Beispiel 1

a) Wie viele sind $\frac{2}{3}$ von 27 Kindern?

27 Kinder $\xrightarrow{:3}$ 9 Kinder $\xrightarrow{\cdot 2}$ 18 Kinder

$\frac{2}{3}$ von 27 Kindern sind 18 Kinder.

b) Berechne $\frac{3}{5}$ von 40 km.

40 km $\xrightarrow{:5}$ 8 km $\xrightarrow{\cdot 3}$ 24 km

$\frac{3}{5}$ von 40 km sind 24 km.

Manchmal muss man die Größe zunächst **in eine kleinere Einheit** umwandeln.
Der Busfahrer sagt: „In einer Dreiviertelstunde sind wir da.“

Wie lange ist eine Dreiviertelstunde?

Beispiel 2

Berechne $\frac{3}{4}$ von 1 Stunde.

1 h = 60 min

60 min $\xrightarrow{:4}$ 15 min $\xrightarrow{\cdot 3}$ 45 min

Eine $\frac{3}{4}$ Stunde sind 45 Minuten.

Üben und anwenden

1 Rechne im Kopf.
a) ein Drittel von 30 Schülern
b) ein Sechstel von 36 Fahrrädern
c) ein Viertel von 60 Büchern
d) ein Fünftel von 40 Gummibärchen

2 Bruchteile darstellen

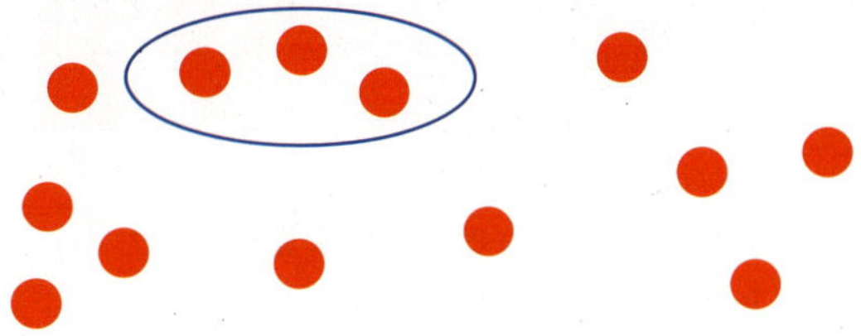

a) Wie viele Punkte gehören zu dem Bild?
b) Wie viele Punkte sind umkreist?
c) Welcher Bruchteil ist umkreist?
d) Welcher Bruchteil der Punkte liegt außerhalb der blauen Linie?

3 Berechne und erkläre deinen Rechenweg.

a) $\frac{1}{2}$ von 24 €   b) $\frac{1}{3}$ von 24 kg
c) $\frac{3}{5}$ von 35 m   d) $\frac{2}{9}$ von 54 g

1 Rechne im Kopf.
a) ein Fünftel von 30 m Schnur
b) ein Zwölftel von 72 kg Kartoffeln
c) ein Achtel von 240 Äpfeln
d) ein Neuntel von 450 kg Zement

2 Bruchteile darstellen

a) „Drei Viertel der 24 Schüler sind im Sportverein." Erkläre diese Aussage anhand des Bildes rechts.
b) Erfinde eine ähnliche Aussage zu dem Bild unten.

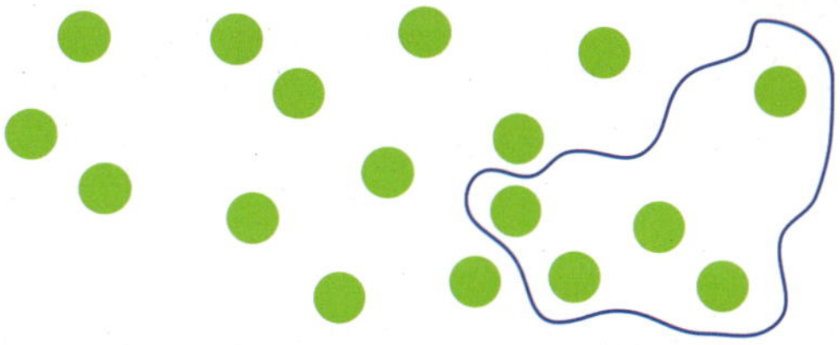

3 Berechne und erkläre deinen Rechenweg.

a) $\frac{2}{9}$ von 360 €   b) $\frac{2}{5}$ von 70 m
c) $\frac{3}{4}$ von 124 kg   d) $\frac{3}{10}$ von 4210 g

4 Gib die Größen zuerst mit einem Bruch und dann umgerechnet an.

Beispiel $\frac{1}{4}$ m = 25 cm

a)

b)

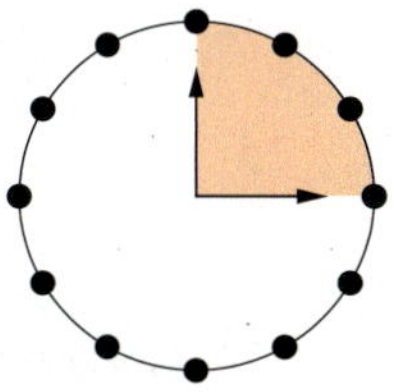

c)

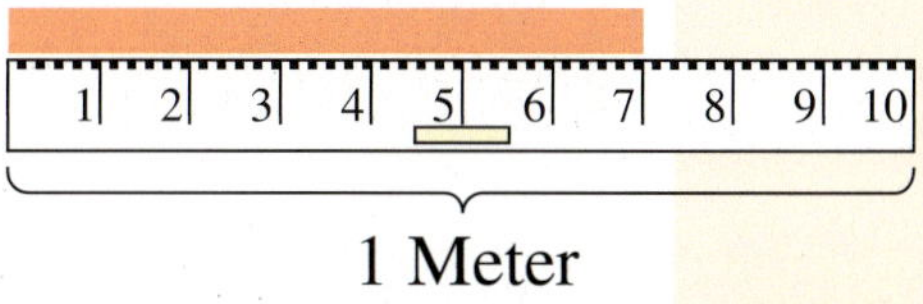

5 Rechne in die angegebene Einheit um.

a) $\frac{1}{2}$ m = ☐ cm   b) $\frac{3}{4}$ dm = ☐ mm
c) $\frac{1}{4}$ kg = ☐ g   d) $\frac{2}{8}$ kg = ☐ g

6 Rechne in die nächstkleinere Einheit um.

Beispiel $\frac{3}{8}$ km (1 km = 1000 m)
1000 m $\xrightarrow{:8}$ 125 m $\xrightarrow{\cdot 3}$ 375 m
$\frac{3}{8}$ km sind 375 m.

a) $\frac{2}{5}$ €   b) $\frac{4}{5}$ kg   c) $\frac{1}{4}$ Tag

5 Rechne in die angegebene Einheit um.

a) $\frac{2}{5}$ m = ☐ cm   b) $\frac{7}{100}$ dm = ☐ mm
c) $\frac{3}{8}$ t = ☐ kg   d) $\frac{3}{5}$ kg = ☐ g

6 Rechne in die nächstkleinere Einheit um.

Beispiel $\frac{5}{6}$ von 9 km (9 km = 9000 m)
9000 m $\xrightarrow{:6}$ 1500 m $\xrightarrow{\cdot 5}$ 7500 m
$\frac{5}{6}$ von 9 km sind 7500 m.

a) $\frac{1}{4}$ von 7 km   b) $\frac{5}{12}$ von 93 t

NACHGEDACHT
Welche Zahlen gehören hierhin?
$\frac{1}{☐}$ kg = 500 g
$\frac{☐}{☐}$ h = 30 min
$\frac{☐}{☐}$ km = 125 m

Klar so weit?

→ Seite 170

Brüche als Teile von Ganzen

1 Welcher Bruchteil ist rot eingefärbt?

a) 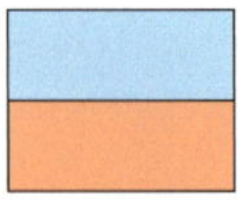
b) 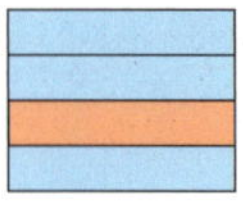
c) 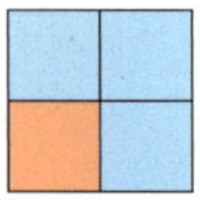
d) 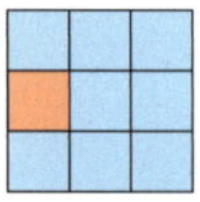
e) 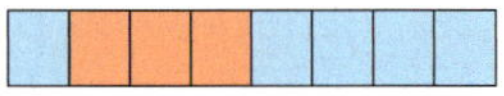

f) 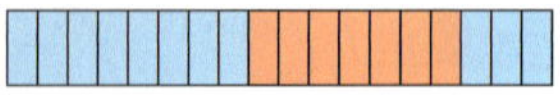
g) 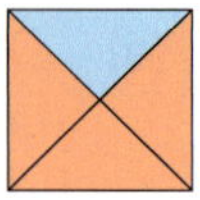
h) 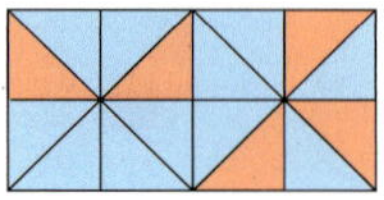
i) 

2 Übertrage das Rechteck 6-mal ins Heft. Färbe jeweils den angegebenen Bruchteil.

a) $\frac{1}{2}$ b) $\frac{1}{4}$ c) $\frac{1}{3}$

d) $\frac{1}{8}$ e) $\frac{1}{6}$ f) $\frac{1}{48}$

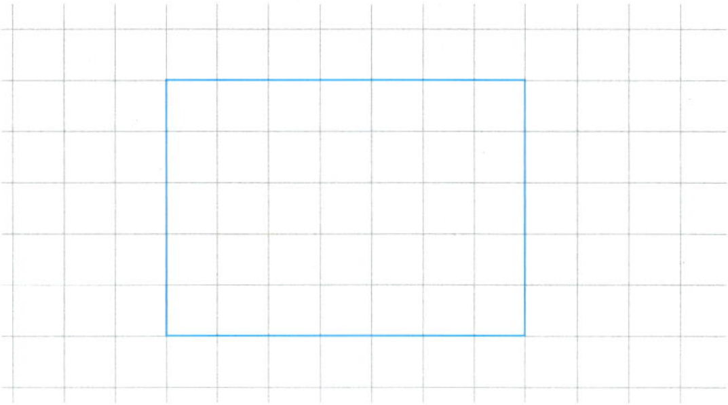

2 Sina hat sich das erste Stück aus der Pizza herausgeschnitten.
Welchen Bruchteil von der gesamten Pizza hat sie ungefähr gewählt?
Begründe deine Antwort mit einer Zeichnung.

→ Seite 172

Brüche zusammenfassen

3 Welche Bruchteile sind gefärbt?

a) 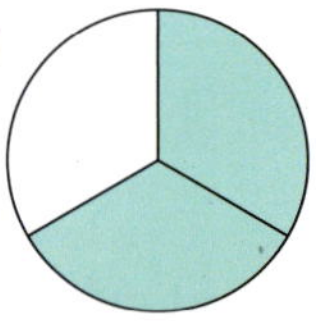
b) 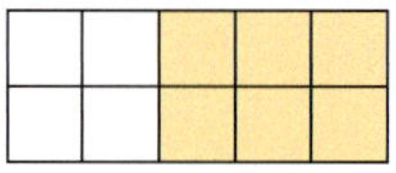

c) 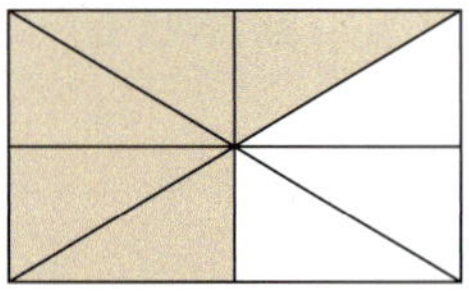
d) 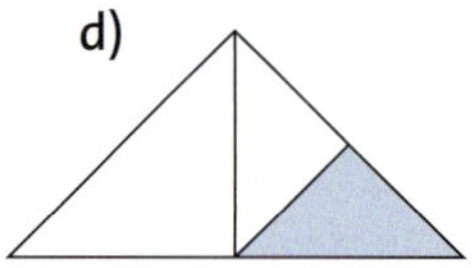

4 Zeichne je ein Quadrat mit 4×4 Rechenkästchen in dein Heft.
Färbe die angegebenen Bruchteile.
Welche Bruchteile sind nicht gefärbt?

a) $\frac{1}{4}$ b) $\frac{3}{4}$ c) $\frac{2}{4}$ d) $\frac{5}{16}$ e) $\frac{15}{16}$

3 Bestimme von jeder Kugelfarbe den Bruchteil an der Gesamtzahl der Kugeln.

4 Zeichne je ein Quadrat mit 6×6 Rechenkästchen in dein Heft.
Färbe die angegebenen Bruchteile.

a) $\frac{1}{4}$ b) $\frac{2}{3}$ c) $\frac{3}{4}$ d) $\frac{5}{6}$ e) $\frac{3}{12}$

f) $\frac{5}{12}$ g) $\frac{5}{36}$ h) $\frac{7}{9}$ i) $\frac{1}{2}$ j) $\frac{5}{18}$

Gemischte Zahlen

→ Seite 174

5 Schreibe als Bruch und als gemischte Zahl.

a) 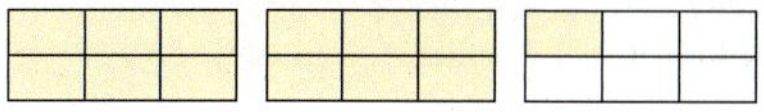

b) 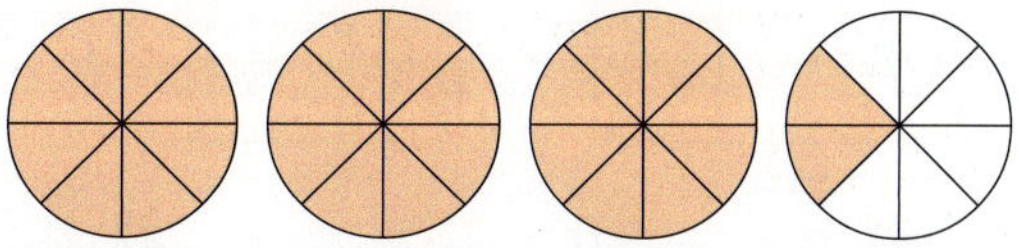

c) 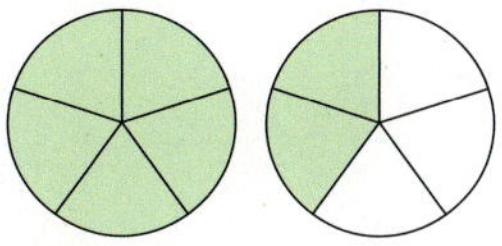

d) 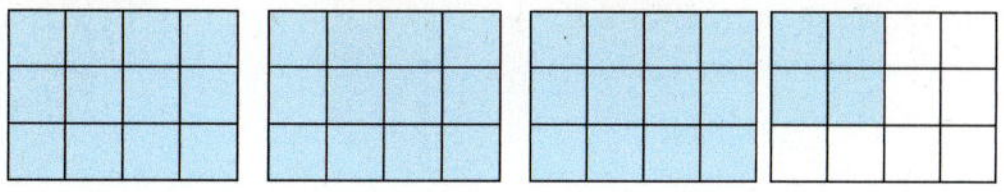

6 Schreibe als gemischte Zahl.

a) $\frac{3}{2}$ b) $\frac{5}{4}$ c) $\frac{5}{3}$

d) $\frac{9}{8}$ e) $\frac{10}{6}$ f) $\frac{49}{48}$

6 Schreibe als gemischte Zahl.

a) $\frac{5}{2}$ b) $\frac{6}{4}$ c) $\frac{11}{6}$

d) $\frac{25}{8}$ e) $\frac{32}{6}$ f) $\frac{57}{48}$

7 Wie groß ist das Ganze? Übertrage die Zeichnung und vervollständige sie.

a) $\frac{2}{3}$

b) 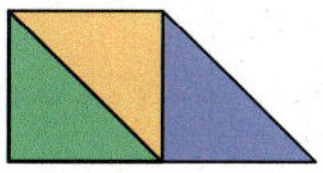 $\frac{3}{8}$

c) 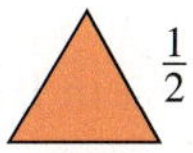 $\frac{1}{2}$

7 Zeichne das Ganze im Heft.

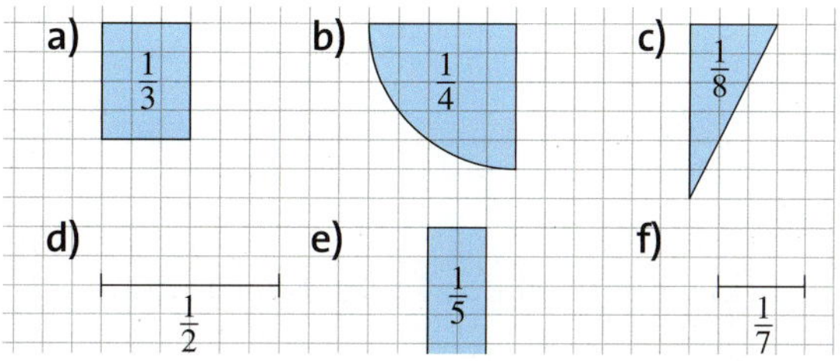

Bruchteile von Größen

→ Seite 176

8 Berechne im Kopf.
a) die Hälfte von 14 Rosen
b) 1 Fünftel von 45 Nüssen
c) 1 Zehntel von 30 Schülern

8 Berechne im Kopf.
a) 1 Sechstel von 42 Bonbons
b) 1 Achtel von 72 Erdbeeren
c) 1 Drittel von 15 Perlen

9 Berechne.

a) $\frac{4}{5}$ von 10 m b) $\frac{3}{10}$ von 60 kg

c) $\frac{2}{5}$ von 100 cm d) $\frac{3}{4}$ von 60 min

9 Berechne.

a) $\frac{3}{5}$ von 15 kg b) $\frac{4}{7}$ von 21 €

c) $\frac{7}{9}$ von 450 € d) $\frac{7}{8}$ von 96 min

10 Gib in der angegebenen Einheit an.

a) $\frac{1}{4}$ € (ct) b) $\frac{3}{4}$ h (min)

c) $\frac{3}{4}$ m (cm) d) $\frac{2}{5}$ cm (mm)

10 Gib in der angegebenen Einheit an.

a) $\frac{1}{4}$ h (min) b) $\frac{2}{5}$ kg (g)

c) $\frac{3}{5}$ m (cm) d) $\frac{3}{5}$ cm (mm)

11 Ein Drittel beim Eishockeyspiel dauert 20 Minuten.
Gib die gesamte Spielzeit an.

11 Zwei Drittel von ihrem Taschengeld gibt Andrea für einen Tischtennisschläger aus.
Sie bekommt 24 € Taschengeld.

Vermischte Übungen

1 Welcher Teil der Gesamtfläche ist rot, welcher Teil ist gelb?

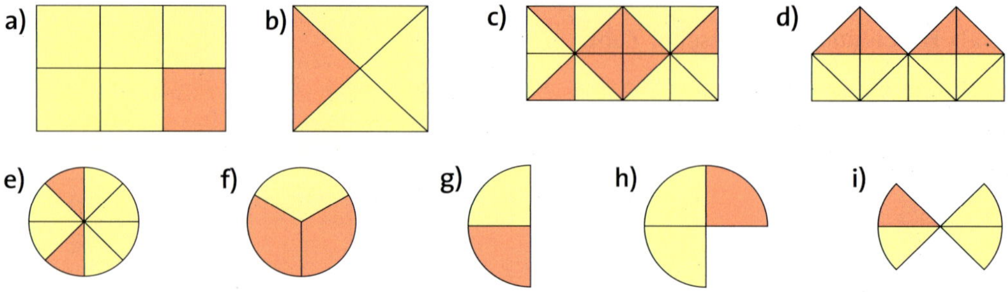

2 Miss die Strecken genau nach.
Gib den roten Teil der Strecke als Bruch an.

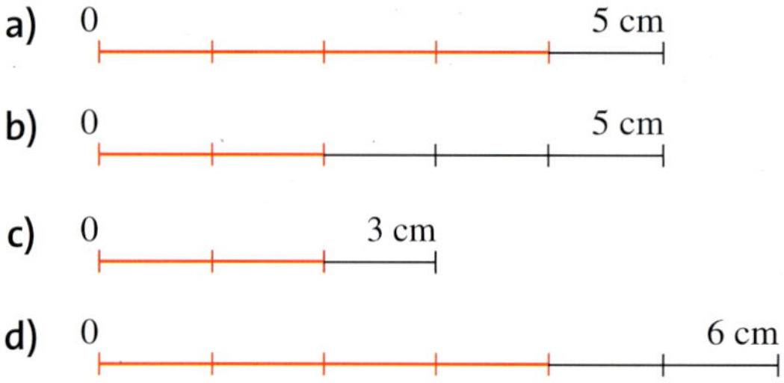

2 Welcher Bruchteil der Strecke ist rot?
Wie groß ist der restliche Teil der Strecke?

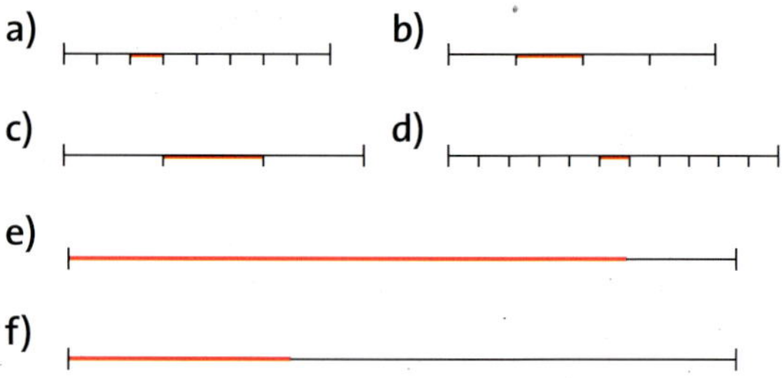

3 Erkläre anhand der Teilung der Pizza, was ein Bruch ist.
Verwende dabei die Begriffe „Zähler“, „Bruchstrich“ und „Nenner“.

3 Erkläre mit eigenen Worten, was ein Bruch ist. Wähle dazu zwei Beispiele aus deiner Umgebung. Erkläre an den Beispielen die Begriffe „Zähler“, „Bruchstrich“ und „Nenner“.

4 Das ist die Flagge von Deutschland:

a) Zeichne die Flagge in dein Heft.
b) Bestimme für jede Farbe den Bruchteil.
c) Sind die farbigen Bruchteile der Deutschlandflagge genauso groß wie die Bruchteile der Flaggen rechts?
d) Gestalte eine eigene Flagge, bei der $\frac{3}{4}$ blau und $\frac{1}{4}$ rot ist.

4 Hier siehst du verschiedene Flaggen:

a) Bestimme für jede Flagge den Bruchteil, den jede Farbe einnimmt.
b) Gestalte eine eigene Flagge, bei der $\frac{1}{4}$ grün und $\frac{1}{4}$ orange ist. Der restliche Teil der Flagge soll gelb werden.
Bestimme zunächst den Anteil der gelben Fläche.

5 Ist hier richtig gezeichnet worden? Begründe deine Antwort.

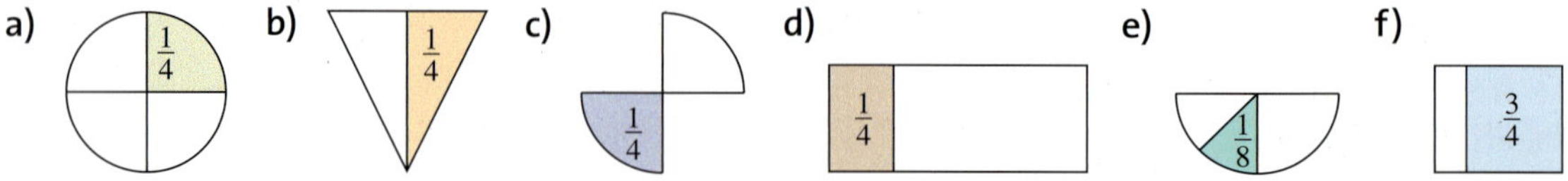

6 Berechne die Bruchteile.

a) $\frac{1}{3}$ von 27 € b) $\frac{2}{3}$ von 30 m

c) $\frac{2}{5}$ von 100 kg d) $\frac{1}{4}$ von 5 km

7 Welcher Bruchteil des Körpers besteht aus farbigen Bauteilen?

a) 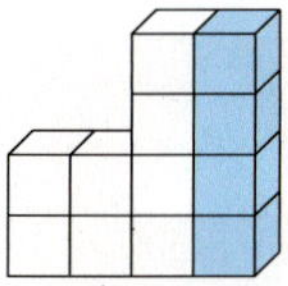
b) 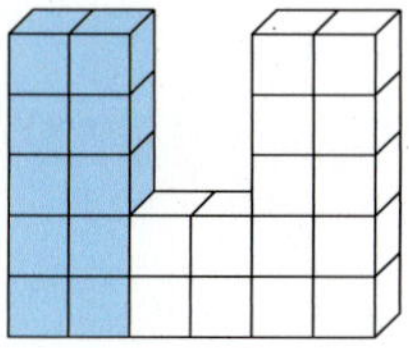
c) 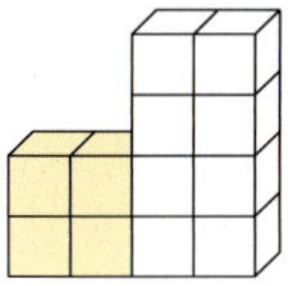
d) 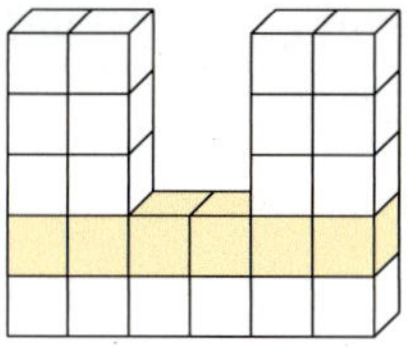

8 Rechne in die in Klammern angegebene Einheit um.

a) $\frac{1}{2}$ km (m) b) $\frac{2}{5}$ kg (g) c) $\frac{3}{4}$ m (cm)

d) $1\frac{3}{4}$ h (min) e) $\frac{3}{5}$ cm (mm) f) $\frac{8}{15}$ min (s)

9 Das Kreisdiagramm zeigt, was mit dem Wasser geschieht, das in Deutschland als Regen oder Schnee herunterkommt.

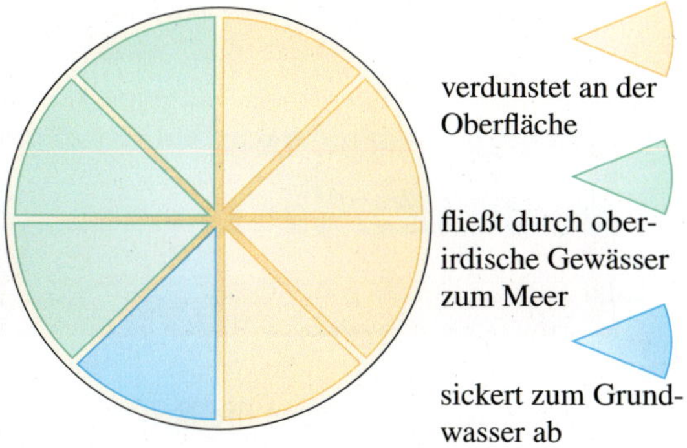

Notiere den Anteil, der …
a) verdunstet,
b) oberirdisch zum Meer fließt,
c) oberirdisch zum Meer fließt *oder* versickert.

6 Berechne die Bruchteile.

a) $\frac{2}{9}$ von 360 € b) $\frac{2}{5}$ von 80 m

c) $\frac{3}{4}$ von 100 kg d) $\frac{5}{6}$ von 132 h

7 Welcher Bruchteil des Körpers besteht aus farbigen Bauteilen?
Welcher Bruchteil ist weiß?

a) 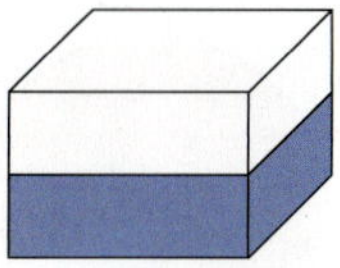
b) 
c) 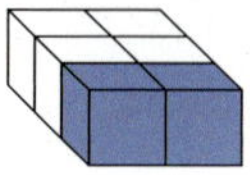
d) 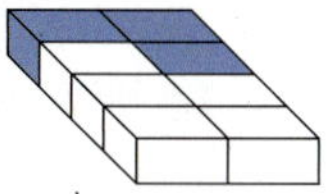
e) 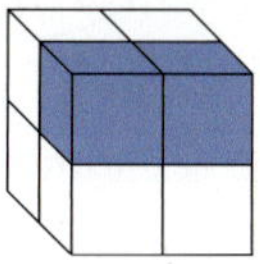

8 Rechne in die in Klammern angegebene Einheit um.

a) $\frac{1}{2}$ m (cm) b) $\frac{2}{3}$ h (min) c) $\frac{3}{4}$ km (m)

d) $1\frac{1}{2}$ min (s) e) $2\frac{3}{4}$ kg (g) f) $5\frac{1}{5}$ t (kg)

9 So wird in einem durchschnittlichen Haushalt in der Bundesrepublik Deutschland das Wasser genutzt.

Schätze die einzelnen Anteile.
Vergleiche das Ergebnis mit dem deines Nachbarn.
Erklärt euch, wie ihr vorgegangen seid.

10 Betrachte die Kärtchen in der Randspalte. Was ergibt zusammen 1 kg?
Rechne wie im Beispiel.

Beispiel 200 g | $\frac{4}{5}$ kg   200 g = $\frac{1}{5}$ kg; $\frac{4}{5}$ kg + $\frac{1}{5}$ kg = $\frac{5}{5}$ kg = 1 kg

HINWEIS
Kärtchen zu Aufgabe 10:

$\frac{1}{4}$ kg | 250 g | 750 g | $\frac{3}{5}$ kg | 500 g | $\frac{1}{2}$ kg | 700 g | 400 g | $\frac{3}{4}$ kg | $\frac{3}{10}$ kg

Checkliste
↻ 182-1

Teste dich!

(6 Punkte)

1 Welcher Bruchteil der Gesamtfläche ist eingefärbt?

a) 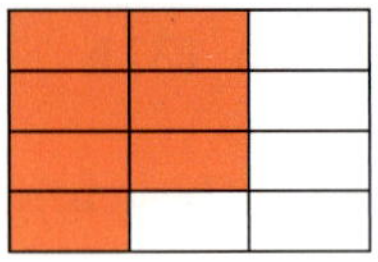

b) 

c) 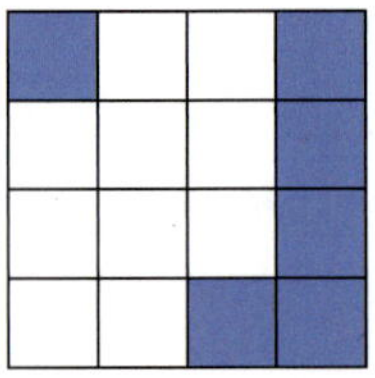

d) 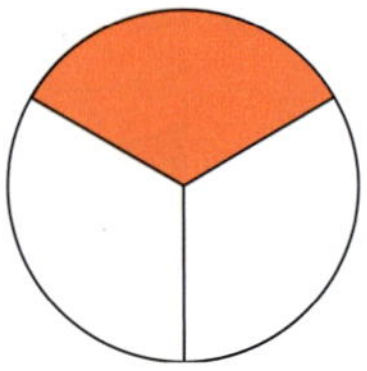

e) 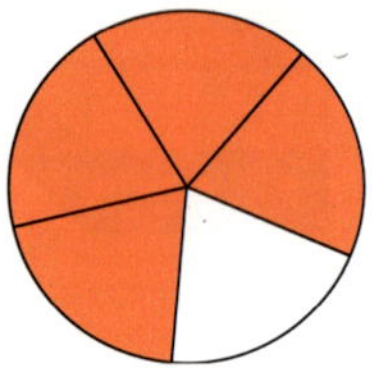

f) 

(5 Punkte)

2 Zeichne die Rechtecke in dein Heft.

Markiere dann jeweils $\frac{5}{8}$ des Rechtecks farbig.

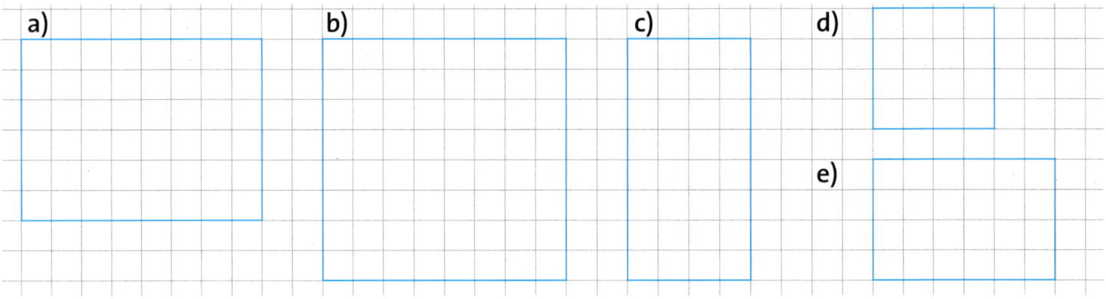

(6 Punkte)

3 Die abgebildete Flagge ist die Flagge Kolumbiens.

a) Bestimme den Bruchteil der gelben, der blauen und der roten Fläche.

b) Erfinde und zeichne eine neue Flagge, in der die Bruchteile der Farben unverändert bleiben.

(5 Punkte)

4 Zeichne jeweils ein Rechteck mit 24 Kästchen in dein Heft. Markiere darin die Bruchteile.

a) $\frac{3}{8}$　b) $\frac{2}{3}$　c) $\frac{1}{6}$　d) $\frac{4}{6}$　e) $\frac{3}{12}$

(10 Punkte)

5 Schreibe als gemischte Zahl.

a) 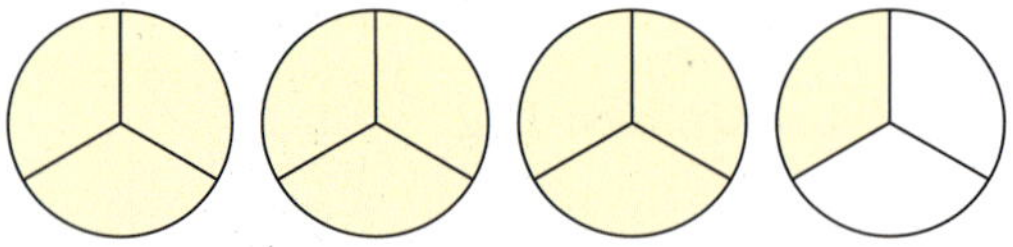

b) 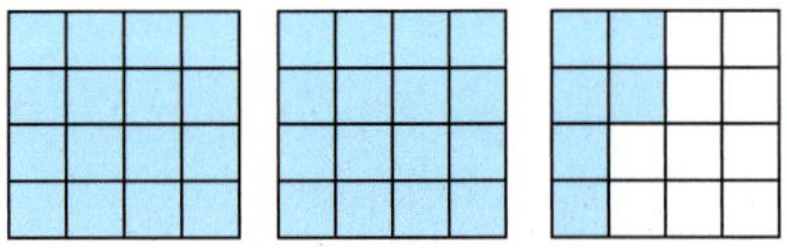

c) $\frac{15}{10}$　d) $\frac{7}{4}$　e) $\frac{11}{5}$

6 Formuliere zu den folgenden Situationen passende Fragen und beantworte sie. *(10 Punkte)*

a) Die Klasse 5 a hat 20 Schüler. Der Anteil der Mädchen beträgt $\frac{1}{5}$.

b) Die Klasse 5 b hat 24 Schüler. Zwei Drittel sind Jungen.

c) Drei Viertel von 600 Schülern kommen mit dem Fahrrad zur Schule.

d) Von 250 untersuchten Fahrrädern waren $\frac{3}{10}$ nicht verkehrssicher.

e) Bastians Oma Doris gewinnt 3000 €. Ihrem Enkelkind gibt sie davon $\frac{7}{100}$.

7 Berechne den jeweils angegebenen Bruchteil. *(12 Punkte)*

a) $\frac{1}{3}$ von 930 m b) $\frac{1}{4}$ von 108 kg c) $\frac{1}{3}$ von 99 t

d) $\frac{2}{7}$ von 77 Gläsern e) $\frac{5}{6}$ von 72 € f) $\frac{4}{5}$ von 95 Tagen

8 Was ist mehr? Begründe deine Antwort. *(12 Punkte)*

a) $\frac{1}{4}$ von 72 € oder $\frac{3}{4}$ von 72 € b) $\frac{2}{3}$ von 660 kg oder $\frac{4}{3}$ von 330 kg

c) $\frac{1}{2}$ von 56 m oder $\frac{1}{4}$ von 108 m d) $\frac{6}{7}$ von 105 € oder $\frac{3}{4}$ von 64 €

e) $\frac{4}{9}$ von 108 kg oder $\frac{7}{11}$ von 121 kg f) $\frac{5}{6}$ von 1 h oder $\frac{5}{4}$ von 40 min

9 Die Abbildung zeigt die Ausgaben der Familie Berns. *(6 Punkte)*

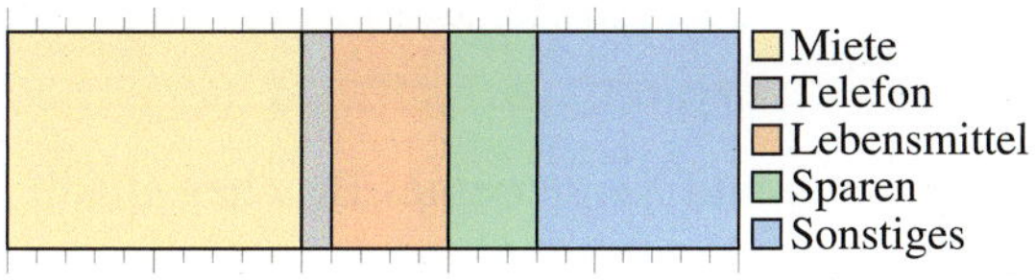

a) Bestimme jeweils den Bruchteil, den Familie Berns für Miete, Telefon und Lebensmittel ausgibt.

b) Die Ausgaben von Familie Berns betragen monatlich 1500 €.
Wie viel Euro werden für Miete, für Telefon und für Lebensmittel im Monat ausgegeben?

10 Setze im Heft die richtigen Zahlen ein. *(16 Punkte)*

a) $\frac{1}{2}$ kg = $\square$ g b) $\frac{1}{5}$ t = $\square$ kg c) $\frac{3}{4}$ h = $\square$ min d) $\frac{3}{10}$ € = $\square$ ct

e) $1\frac{1}{2}$ min = $\square$ s f) $5\frac{3}{4}$ km = $\square$ m g) 60 cm = $\frac{\square}{\square}$ m h) 20 min = $\frac{\square}{\square}$ h

11 Der abgebildete Würfel besteht aus 27 kleinen, gleich großen Würfeln. Die sichtbaren Seitenflächen des großen Würfels sind mit I, II und III nummeriert. *(12 Punkte)*

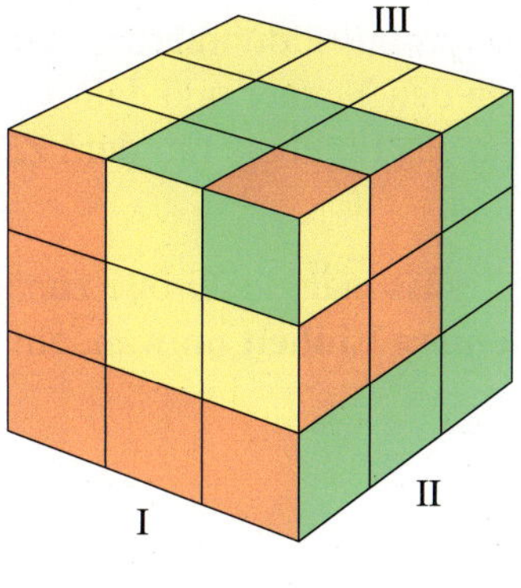

a) Welcher Bruchteil der Seitenfläche I ist gelb?

b) Welcher Bruchteil der Seitenflächen II und III zusammen ist rot?

c) Welcher Bruchteil der Seitenflächen I, II und III zusammen ist grün?

Gold: 94–100 Punkte, Silber: 77–93 Punkte, Bronze: 60–76 Punkte

Zusammenfassung

→ Seite 170

Brüche als Teile von Ganzen

Mit **Bruchteilen** können Teile eines Ganzen beschrieben werden.
Wird ein Ganzes in 2; 3; 4; 5; 6; … **gleich große Teile** zerlegt, so erhält man Halbe, Drittel, Viertel, Fünftel, Sechstel, …
Für einen Teil davon schreibt man:

$$\frac{1}{2};\ \frac{1}{3};\ \frac{1}{4};\ \frac{1}{5};\ \frac{1}{6};\ \ldots$$

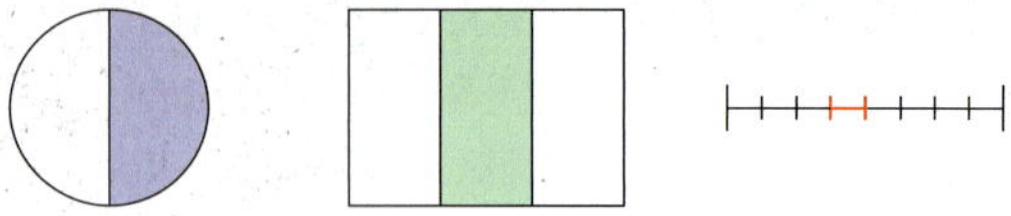

$\frac{1}{2}$ $\frac{1}{3}$ $\frac{1}{8}$

→ Seite 172

Brüche zusammenfassen

Gleiche Bruchteile können zu einem Bruch zusammengefasst werden.
Der **Nenner** gibt an, in wie viele gleich große Teile das Ganze unterteilt wird.
Der **Zähler** gibt an, wie viele dieser gleich großen Teile genommen werden.

$\frac{3}{4}$ – 3: Zähler, –: Bruchstrich, 4: Nenner

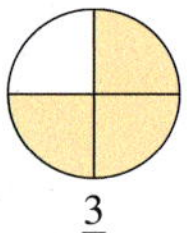

$\frac{3}{4}$

Jeder Bruch entspricht einer Divisionsaufgabe.

$\frac{3}{4} = 3 : 4$

→ Seite 174

Gemischte Zahlen

Sind Zähler und Nenner eines Bruches gleich groß, so erhält man **ein Ganzes**.

$\frac{4}{4} = 1$

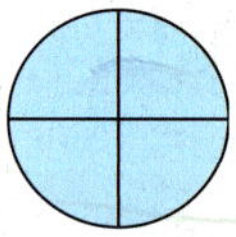

Werden so viele Bruchteile zusammengefügt, dass sich mehr als 1 Ganzes ergibt, verwendet man die **gemischte Zahl** als Schreibweise.

$\frac{4}{3} = 1 + \frac{1}{3} = \underbrace{1\frac{1}{3}}_{\text{gemischte Zahl}}$

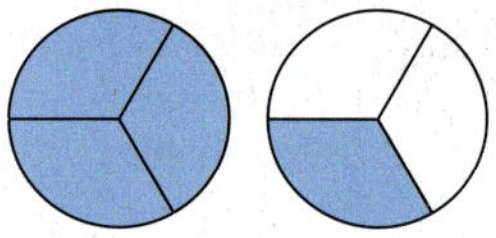

→ Seite 176

Bruchteile von Größen

Um **Bruchteile einer Zahl oder einer Größe** zu berechnen, dividiert man zuerst durch den Nenner und dann multipliziert man das Ergebnis mit dem Zähler.

Wie viele sind $\frac{2}{3}$ von 27 Kindern?

27 Kinder $\xrightarrow{:3}$ 9 Kinder $\xrightarrow{\cdot 2}$ 18 Kinder

$\frac{2}{3}$ von 27 Kindern sind 18 Kinder.

Manchmal muss man die Größe zunächst **in eine kleinere Einheit** umwandeln.

Wie viel ist $\frac{3}{4}$ m in cm?

1 m = 100 cm

100 cm $\xrightarrow{:4}$ 25 cm $\xrightarrow{\cdot 3}$ 75 cm

$\frac{3}{4}$ m sind 75 cm.

Sachrechnen

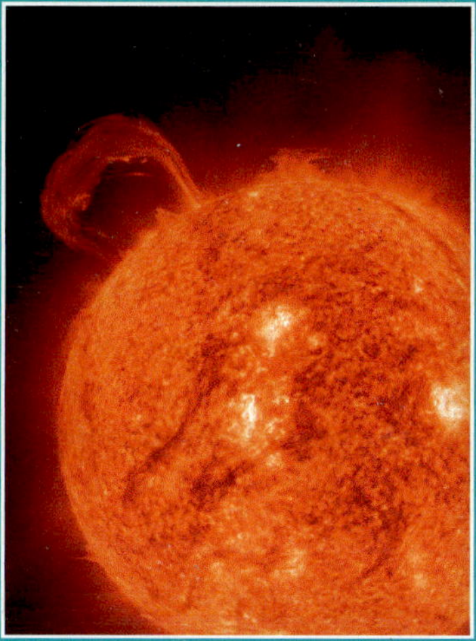

Thema Rechnen im Alltag

1 Im Kino

Das sind die Eintrittspreise im Kino Atlantic:

Mo, Di	4 €
Mi, Do	5 €
Fr, Sa, So	7 €

a) Fabian sagt:
„Ich war in den letzten Ferien dreimal im Kino: zweimal am Donnerstag und einmal samstags.“

b) Johanna möchte an ihrem Geburtstag Freunde ins Kino einladen:
„Statt nur sechs Freunde am Samstag einzuladen, gehe ich lieber mit elf Personen am Dienstag.“

HINWEIS
Neben der Miete bezahlt man Nebenkosten. Das sind Kosten, die zusätzlich entstehen. Der Vermieter rechnet diese Kosten einmal jährlich ab.

2 Wohnungskosten

Janos Mutter erhält für ihre Mietwohnung folgende Nebenkostenabrechnung.

Straßenreinigung	54,60 €	Wasser	71,10 €
Müllabfuhrgebühren	86,20 €	Allgemeinstrom	7,60 €
Kanalgebühren	106,00 €	Heizkosten	560,40 €

a) Wie hoch sind die Nebenkosten insgesamt?

b) Janos Mutter hat 850 € vorausgezahlt.

3 Tageseinnahmen berechnen

Schuhmachermeister Teubner hat heute folgende Reparaturen durchgeführt:

1 Einzelschuh	Spitze, Leder
1 Paar	Spitzen, Leder
1 Paar	Sohle, Leder
2 Paar	Absätze, Leder
3 Paar	Absätze, Gummi
3 Einzelschuhe	Absätze, Gummi

Reparaturen – Preise pro Schuh

Absätze	Leder	9,30 €
	Gummi	6,80 €
Spitzen	Leder	5,80 €
	Gummi	4,30 €
Sohle, komplett	Leder	14,00 €
	Gummi	6,80 €

Abends rechnet Herr Teubner aus, wie viel er durch die Reparaturen eingenommen hat.

4 Rechnen im Beruf

Herr Serlin besitzt ein Elektrogeschäft.
Er beschäftigt zwei Angestellte, die im vergangenen Jahr 13 102 € und 15 402 € an Jahreslohn erhielten.
Die Einnahmen betrugen 101 108 €. An sonstigen Kosten hatte er 42 235 €.

a) Nenne jeweils zwei Beispiele, welche Einnahmen und Kosten Herr Serlin gehabt haben könnte?

b) Wie hoch waren die Gesamtkosten?

c) Welchen Betrag hatte er im letzten Jahr noch zur Verfügung, wenn er noch einen Lieferwagen zu einem Preis von 9845 € gekauft hat?

Thema Karneval

Der Rosenmontagszug ist der Höhepunkt des Karnevals.
In Köln zum Beispiel stehen bis zu 1 500 000 Zuschauer am Straßenrand.
Etwa 10 000 Personen sind beim Umzug aktiv dabei.

1 Karnevalskostüm nähen

Judith möchte sich ein Kostüm für den Karnevalsumzug nähen.

a) Sie kauft 2,50 m Stoff. Jeder Meter kostet 6 €. Wie teuer ist der Stoff?

b) Nachmittags sitzt sie von 13 : 55 Uhr bis 17 : 30 Uhr an der Nähmaschine.
Wie lange war sie mit Nähen beschäftigt?

2 Beute vergleichen

Nach dem Umzug vergleichen Judith und ihre Freunde, wer die meisten Süßigkeiten gefangen hat. Sortiere die Gewichte nach der Größe.

Anja: 1,02 kg;	Ben: 778 g;	Franka: 1,21 kg;	Judith: 980 g;	Niklas: 0,78 kg;	Uli: 0,9 kg

3 Material für den Karnevalswagen

Für den Bau der Karnevalswagen in Köln wurden etwa 4200 m Holzlatten, 5 km Bindedraht, 75 kg Nägel, 3600 kg Kleber sowie 700 kg Papier verwendet.
Stellt euch gegenseitig passende Fragen und beantwortet sie.

4 Kamelle

Aus den Wagen werden den vielen Närrinnen und Narren Süßigkeiten (Kamelle) zugeworfen.
Zum Wurfmaterial gehören etwa 140 Tonnen Kaubonbons und über 700 000 Tafeln Schokolade.
Eine Tafel Schokolade wiegt 100 g.

a) Wie viele Tonnen Schokolade werden an die Zuschauer verteilt?

b) Informiere dich über die Preise von einer Tafel Schokolade und 500-g-Tüten Kaubonbons.
Wie hoch sind die Kosten für die geworfenen Schokoladen und Kaubonbons?

Thema Flächen auslegen

1 Wege und Fußböden pflastern

Mit Vielecken kann man Flächen auslegen. Man findet sie zum Beispiel bei Pflasterungen auf Wegen oder bei der Gestaltung von Fußböden.
Beschreibe, welche Vielecke bei den abgebildeten Böden benutzt wurden.

Finde eigene Beispiele von verschiedenen Böden und Pflasterungen. Welche Vielecke wurden in deinen Beispielen benutzt?

2 Puzzleteile finden

Der niederländische Künstler und Grafiker M. C. Escher (1898–1972) beschäftigte sich viel mit der lückenlosen Aufteilung von Flächen.
Beschreibe, wie das Bild „Begegnung“ entstanden ist.

3 Flächen auslegen

Zeichne die Flächen in dein Heft.
Erfinde selbst Muster wie in den Abbildungen. Zeichne sie in dein Heft.

a) 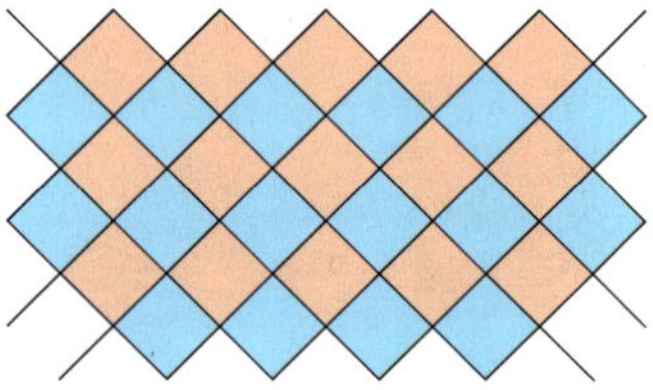

b) 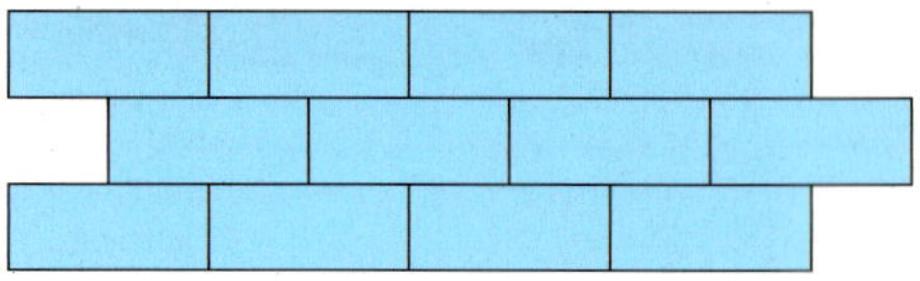

c) 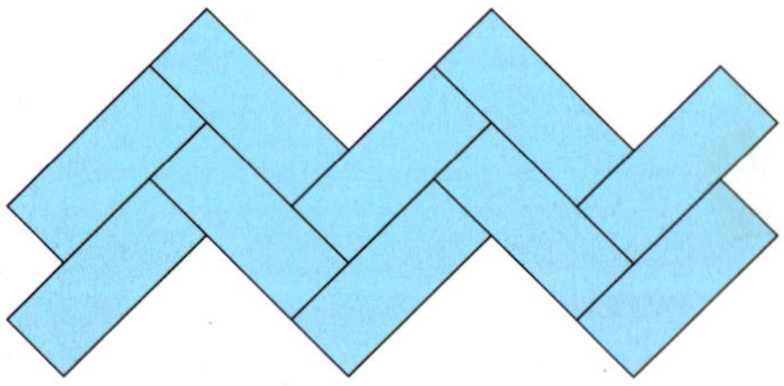

4 Was Farben bewirken

Das abgebildete Muster besteht nur aus Vierecken.

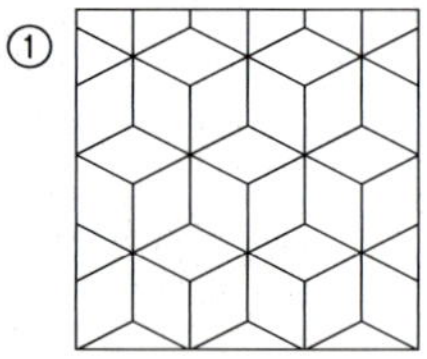

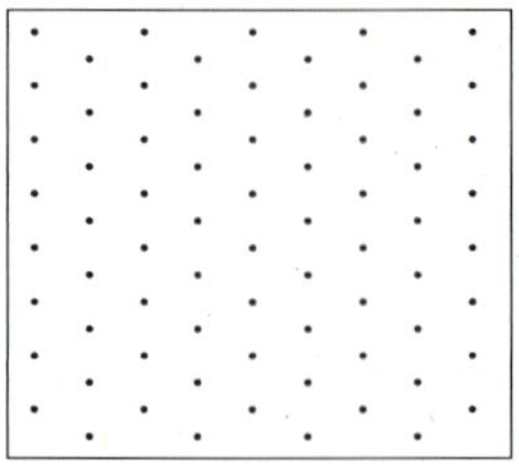

a) Zeichne das Muster auf Punktpapier. Beachte den Hinweis am Rand.
b) Male die Flächen mit drei verschiedenen Farben aus, ähnlich wie in der zweiten Abbildung. Welcher Eindruck entsteht?
c) Entwirf ein eigenes Muster auf Punktpapier, bei dem auch ein räumlicher Eindruck entsteht.

HINWEIS

188-1

Das Muster in Aufgabe 4 lässt sich besonders gut auf Punktpapier zeichnen. Unter dem Link findest du ein Arbeitsblatt mit Punktpapier.

Anhang

Seite 22/23

Daten

1 zum Beispiel:

① Wie viele Stunden schauen Sie am Tag Fernsehen?
☐ *weniger als 1 Stunde*
☐ *zwischen einer und zwei Stunden*
☐ *mehr als zwei Stunden*

② Was ist Ihre Lieblingsserie? __________

③ Schauen Sie jeden Tag die Nachrichten?
☐ *ja* ☐ *nein*

2

Buchstabe	Strichliste	Häufigkeit
a	||||	4
e	𝍸 𝍸 |	11
n	𝍸 |	6
v	|	1

3
a) 20 Mohnbrötchen
b) 150 Brötchen
c) 110 Körnerbrötchen
d) Schokobrötchen
e) Mohnbrötchen

4
a) Der Fußballverein hat 140 Mitglieder.
Der Handballverein hat 120 Mitglieder.
Der Turnverein hat 80 Mitglieder.
b) Insgesamt hat der Verein 340 Mitglieder.

5
a)

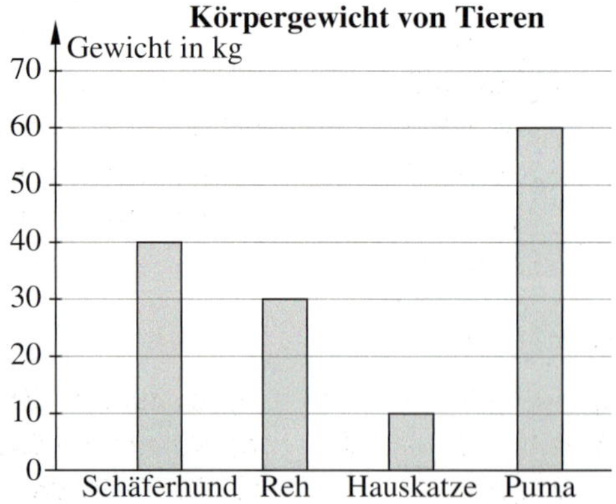

b) zum Beispiel:
Das Gewicht eines Blauwals oder einer Spinne kann man nicht darstellen: Die Säule für den Wal wäre viel zu hoch; die Säule für eine Spinne wäre viel zu klein.

6 zum Beispiel
a) Taschengeld pro Monat
b) Anzahl der Straßen

7
a)

Stadt	Temp.
Berlin	2 °C
Hamburg	6 °C
London	8 °C
Madrid	16 °C
München	8 °C
Oslo	12 °C

Stadt	Temp.
Palma	18 °C
Paris	7 °C
Rom	17 °C
Tunis	19 °C
Wien	6 °C

b) Die höchste Temperatur ist 19 °C in Tunis.
c) Die niedrigste Temperatur ist 2 °C in Berlin.
d) In Tunis ist es 17 Grad wärmer als in Berlin.
e) verschiedene Lösungen möglich

8
a) Die meisten Wiederholungen hatte Jennifer und die wenigsten hatte Lea.
b) Jennifer hatte 12 Wiederholungen mehr als Lea.
c)

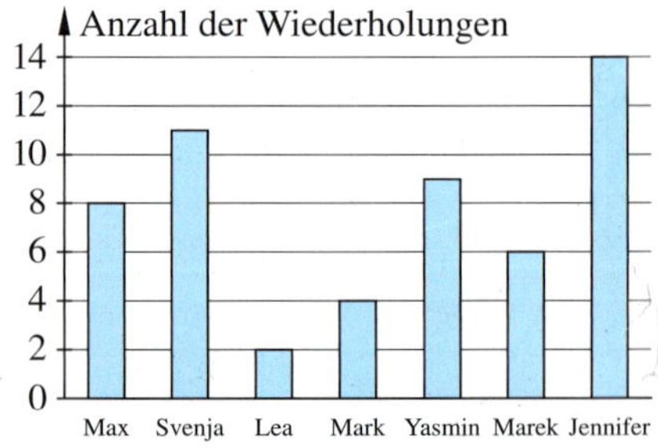

9 Das Diagramm zeigt, wie viele Schüler welche Noten bekommen haben.
3 Schüler haben die Note 1.
5 Schüler haben eine 2.
Die meisten Schüler hatten eine 3. Das waren 9 Schüler.
Es haben 7 Schüler eine 4 bekommen.
3 Schüler hatten eine 5 und nur einer bekam die Note 6.

Note	1	2	3	4	5	6
Häufigkeit	3	5	9	7	3	1

Die natürlichen Zahlen

1 a) 5; 30; 45; 52; 77; 110
b) 40 000; 170 000; 350 000; 640 000; 990 000; 1 040 000

2 Es sind unterschiedliche Achseneinteilungen möglich, z. B.

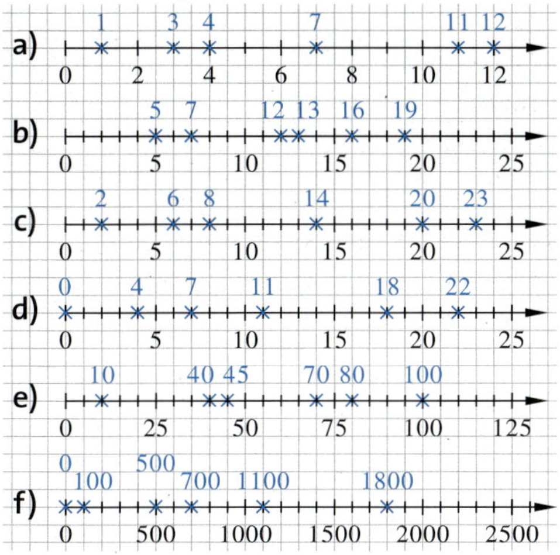

3 a) 550 b) 9200
c) 312 000 000 d) 28 322 000
e) 7 008 000 000 f) 20 000 600 000

4 dreitausendsechshundertundeins;
dreiundsiebzig Millionen siebentausendachthundert;
zwei Milliarden neun Millionen achtzigtausend;
fünundfünfzig Billionen einhundertdreiundfünfzig Milliarden

5

	Billionen			Milliarden			Millionen			Tausend					
	H	Z	E	H	Z	E	H	Z	E	H	Z	E	H	Z	E
a)											1	3	0	6	7
b)							1	2	7	0	0	0	3	4	5
c)									1	1	0	0	0	0	0
d)						1	0	0	0	0	0	0	0	0	0
e)								2	0	6	2	0	0	0	0
f)		6	0	0	6	0	0	6	0	0	0	0	0	0	0

6 a) 83 T + 83 b) 202 T + 202
c) 1 Mio. + 234 T + 567
d) 238 Mio. + 238
e) 500 500 500 000 000 = 500 Bio. + 500 Mrd. + 500 Mio.
f) 500 020 = 500 T + 20

7

Vorgänger	Nachfolger
787	789
81 320	81 322
101 009	101 011
505 403 888	505 403 890
6 Mio. 202	6 Mio. 204
19 998	20 000
99 998 999 999	99 999 000 001
gibt es nicht	1

8 a) 7056 > 5607 b) 101 101 > 101 010
c) 999 < 111 000 d) 246 357 < 2 463 577
e) 32 467 865 = 32 467 865
f) 123 789 670 000 < 123 789 760 000

9

	auf Zehner	auf Tausender	auf Hunderttausender
a)	≈ 123 460	≈ 123 000	≈ 100 000
b)	≈ 654 320	≈ 654 000	≈ 700 000
c)	≈ 3 731 550	≈ 3 732 000	≈ 3 700 000
d)	≈ 14 526 810	≈ 14 527 000	≈ 14 500 000
e)	≈ 111 999 110	≈ 111 999 000	≈ 112 Mio.
f)	≈ 1 000 000	≈ 1 000 000	≈ 1 000 000

10

a) Bevölkerung
450 000
5 300 000
10 300 000
11 000 000
16 100 000
57 400 000
59 300 000
60 100 000
82 500 000

b) Entfernung zur Sonne
57 900 000 km
108 200 000 km
149 500 000 km
227 900 000 km
777 800 000 km
1 425 600 000 km
2 869 700 000 km
4 496 500 000 km

11 z. B.
a) 1496; 1502 b) 21 298; 21 304
c) 607 895; 607 903 d) 99 797; 99 801
e) 95; 104 f) 111 999 798; 111 999 803

12 Rastermethode: z. B.
① 1 cm hohe und 1 cm breite Felder
② $14 \cdot 9 = 126$ Felder,
③ ungefähr 5 Perlen pro Feld
④ $5 \cdot 126 = 630$
Es sind ungefähr 630 Perlen auf dem Bild.

Seite 66/67

Grundbegriffe der Geometrie

1 Strecken: $\overline{AB}$; $\overline{CD}$ gerade Linien mit einen Anfangs- und einen Endpunkt;
Strahlen: f; e gerade Linien mit einem Anfangspunkt, aber keinem Endpunkt;
Geraden: g; h unendlich lange, gerade Linien ohne Anfangspunkt und ohne Endpunkt

2 Beispiel:

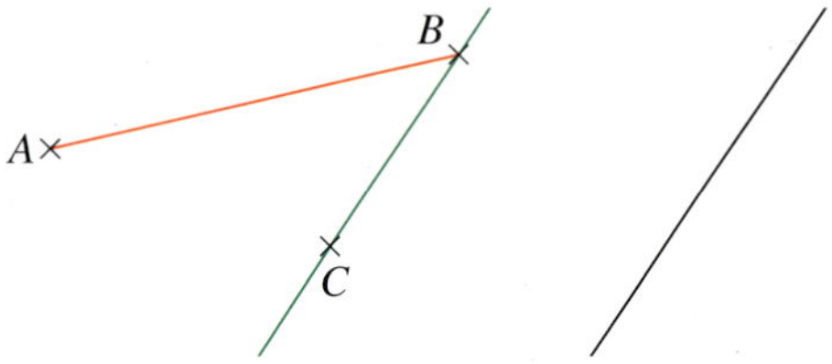

Für die Lage der schwarzen Gerade gibt es zwei Möglichkeiten.

3 **a)** falsch **b)** falsch
c) wahr **d)** wahr

4 **a)** $a \parallel b$, $a \parallel c$, $b \parallel c$ und $a \perp d$, $b \perp d$, $c \perp d$
b) $e \parallel f$ und keine zueinander senkrechten Geraden

5 **a)** $A(1|3)$; $B(4|3)$; $C(3|2)$; $D(2|4)$; $E(7|2)$; $F(9|3)$
b) $A(1|1)$; $B(0|3)$; $C(2|0)$; $D(3|3)$; $E(5|2)$; $F(7|1)$

6

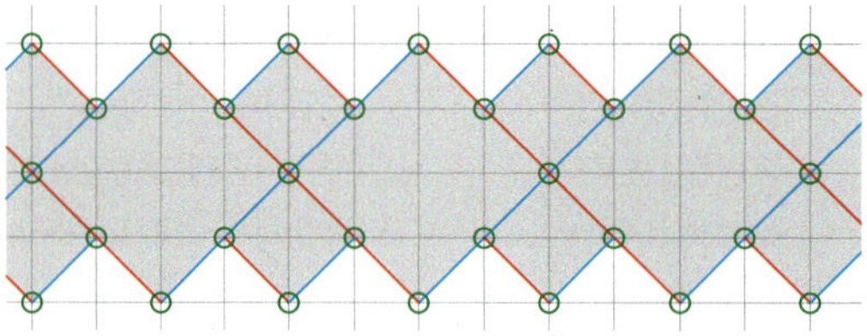

7

a)

Geradenpaar	dunkelgrün	orange	blau	hellgrün
Abstand	1,5 cm = 15 mm	1,1 cm = 11 mm	0,9 cm = 9 mm	0,2 cm = 2 mm

b)

Punkt	A	B	C	D
Abstand von g	1,5 cm = 15 mm	0,3 cm = 3 mm	1,2 cm = 12 mm	2,5 cm = 25 mm

Punkt	E	F	G	H
Abstand von g	0,6 cm = 6 mm	1,8 cm = 18 mm	0,9 cm = 9 mm	2,3 cm = 23 mm

8 $A(1|2)$; $B(5|2)$; $C(6|1)$; $D(8|1)$; $E(9|2)$; $F(9|3)$; $G(8|4)$; $H(10|5)$; $I(7|5)$; $J(4|5)$; $K(6|4)$; $L(5|3)$; $M(2|3)$; $N(1|4)$

9 Es entsteht ein Herz:

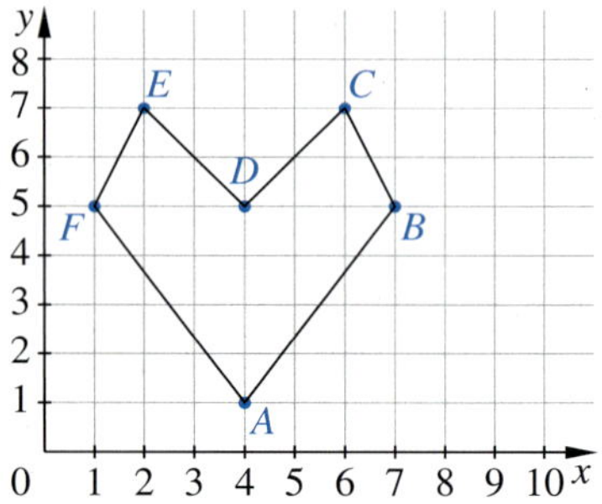

10 Zeichenübung

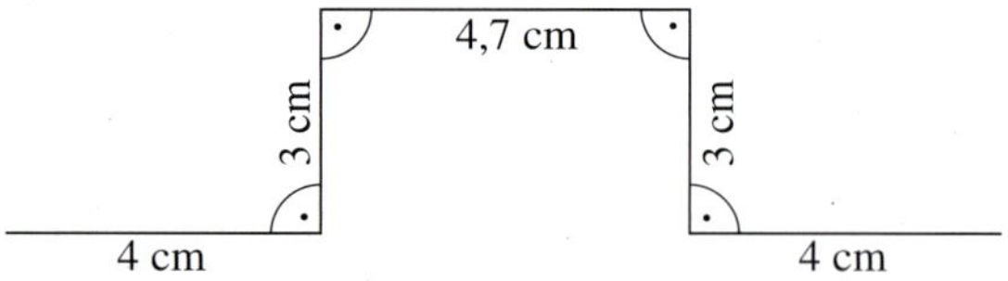

11 Die Abstände sind abhängig von der Achseneinteilung.
Z. B. eine Längeneinheit ist ein Kästchen.

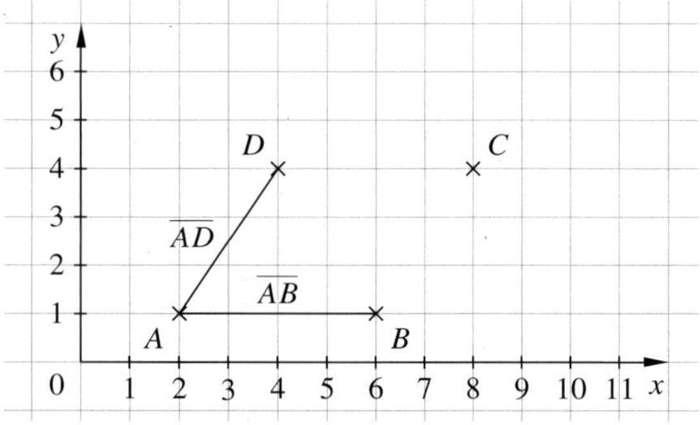

a) 2 cm **b)** 1,8 cm = 18 mm
c) 1,5 cm = 15 mm **d)** 0 cm
e) 2 cm **f)** 2 cm

andere Achseneinteilung:
Eine Längeneinheit sind zwei Kästchen.
a) 4 cm **b)** 3,6 cm = 36 mm
c) 3 cm **d)** 0 cm
e) 4 cm **f)** 4 cm

Natürliche Zahlen addieren und subtrahieren

Seite 90/91

1

	Überschlag	genaues Ergebnis
a)	150 + 230 = 380	385
b)	470 + 320 = 790	791
c)	1100 + 400 = 1500	1426
d)	10000 + 5000 = 15000	14290
e)	10000 + 110 = 10110	10110
f)	14800 + 85200 = 100000	100000
g)	400 – 100 = 300	313
h)	800 – 300 = 500	419
i)	4000 – 1000 = 3000	2897
j)	700 – 300 = 400	365
k)	9900 – 1000 = 8900	8889
l)	13000 – 1000 = 12000	11468

2
a) falsch, denn 168 – 38 = 130
b) richtig, denn 1305 – 238 = 1067
c) richtig, denn 313 + 115 = 428
d) falsch, denn 3987 + 1114 = 5101

3
a) 9999 b) 5555 c) 973
d) 1797 e) 701 f) 115
g) 5231 h) 3579 i) 481

4
a)
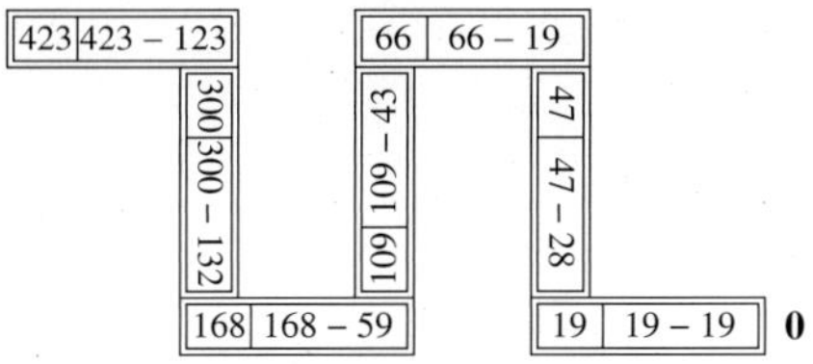

b)
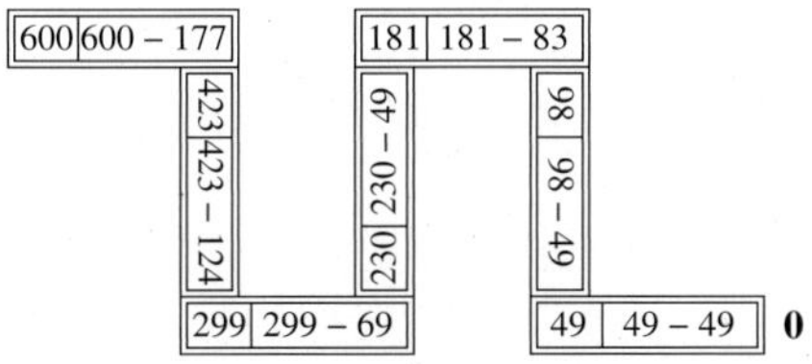

5
a) (383 + 7) + 592 = 390 + 592 = 982
oder 382 + (1 + 599) = 382 + 600 = 982
b) (742 + 8) + 660 = 750 + 660 = 1410
oder 740 + (2 + 668) = 740 + 670 = 1410
c) (977 + 3) + 2005 = 980 + 2005 = 2985
d) (1709 + 91) + 4403 = 1800 + 4403 = 6203
oder 1703 + (6 + 4494) = 1703 + 4500
= 6203
e) (411 – 11) – 44 = 400 – 44 = 356
oder (411 – 5) – 50 = 406 – 50 = 356
f) (3245 – 245) – 643 = 3000 – 643 = 2357

6
a) 2854 – 234 = 2620
2620 – 518 = 2102
2102 – 802 = 1300
1300 – 999 = 301

b) 5976 – 863 = 5113
5113 – 503 = 4610
4610 – 1370 = 3240
3240 – 2855 = 385

7
a) 75 + (61 + 19) = 75 + 80 = 155
b) 68 + (13 + 27) = 68 + 40 = 108
c) (74 + 26) + 12 = 100 + 12 = 112
d) (37 + 13) + (12 + 58) = 50 + 70 = 120
e) (345 + 155) + 76 = 500 + 76 = 576
f) (15 + 85) + 77 = 100 + 77 = 177
g) (308 + 1192) + 267 = 1500 + 267 = 1767
h) (608 + 122) + (11 + 99) = 730 + 110 = 840
i) 12 – 3 – 8 = 9 – 8 = 1

8
a)

2293				
1497	**796**			
956	**541**	**255**		
529	**427**	**114**	**141**	
201	328	99	15	126

b)

3582				
2338	**1244**			
1430	**908**	**336**		
749	**681**	**227**	**109**	
203	546	**135**	**92**	**17**

9
a) Wie viele Brötchen hat der Bäcker noch?
57 – 5 – 7 – 8 – 2 – 6 = 29
Der Bäcker hat noch 29 Brötchen.
b) Wie viel Liter sind noch im Tank?
30000 – 4270 – 5660 – 7279 = 12791
Im Tank sind noch 12791 Liter Benzin.

10
a)

3	13	**11**
17	9	**1**
7	**5**	15

b)

35	**42**	**28**	65
52	41	55	**22**
63	30	44	**33**
20	57	**43**	50

11 2009: 5800 – 204 + 265 = 5861
2010: 5861 – 86 + 195 = 5970
2011: 5970 – 241 + 187 = 5916
Ende 2011 hatte der Verein 5916 Mitglieder.

12 Überschlag: 5 + 2 + 3 + 2 + 4 = 16
Der gesamte Einkauf kostet genau 15,41 €.
Also reichen die 15 € nicht aus.

Seite 114/115

Größen

1

a) Größe	b) Einheiten
Geld	Euro (€), Cent (ct)
Länge	Kilometer (km), Meter (m), Dezimeter (dm), Zentimeter (cm), Millimeter (mm)
Gewicht (Masse)	Tonne (t), Kilogramm (kg), Gramm (g)
Zeit	Jahr, Tag, Stunde (h), Minute (min), Sekunde (s)

2 ① b) ② d) ③ f) ④ e)
⑤ g) ⑥ a) ⑦ c)

3 a)

Kaufpreis	gegeben	Wechselgeld
4,55 €	20,00 €	**15,45 €**
3,98 €	100,00 €	**96,02 €**
38,19 €	40,00 €	**1,81 €**

b)

Kaufpreis	gegeben	Wechselgeld
31,69 €	50,00 €	**18,31 €**
18,89 €	40,00 €	21,11 €
16,70 €	**50,70 €**	34,00 €

4 a)

Berg	Höhe in km	Höhe in m
Spielmannsau	0,983	983
Riffenkopf	1,749	1749
Kegelkopf	1,960	1960
Höfats	2,258	2258
Kreuzeck	2,375	2375
Strahlkopf	2,388	2388
Kratzer	2,424	2424
Öfnerspitze	2,578	2578
Gr. Krottenkopf	2,657	2657

b) 2657 − 983 = 1674
Der Höhenunterschied beträgt 1674 m.

5 a) 4000 m b) 18 t c) 360 ct
d) 500 dm e) 3500 kg f) 4,59 kg
g) 16 000 dm h) 1060 m i) 120 min
j) 34,50 € k) 309 750 mm l) 72 h
m) 5,5 cm n) 5 m

6 a) 3 h 14 min b) 49 min
c) 1 h 37 min d) 15 h 59 min
e) 2 h 11 min f) 9 h 46 min

7 a) 4600 kg + 500 kg = 5100 kg
b) 545 ct + 701 ct + 1129 ct = 2375 ct [= 23,75 €]
c) 120 min + 35 min = 155 min
d) 1700 cm + 138 cm + 134 cm − 178 cm = 1794 cm [= 17,94 m]
e) 6300 g + 450 g + 300 000 g = 306 750 g [= 306,75 kg]
f) 3200 dm + 12 000 dm + 4 dm = 15 204 dm [= 1520,4 m = 1,5204 km]

8 a) 450 cm + 675 cm + 150 cm + 328 cm = 1603 cm = 16,03 m
Es wurden 16,03 m Teppich verkauft.
b) 4000 cm − 1603 cm = 2397 cm = 23,97 m
Es sind noch 23,97 m Teppich übrig.
c) 4,50 € = 450 ct; 8 · 450 ct = 3600 ct
Die Fußleisten kosten 36,00 €.

9 a) 5 · 14 km · 2 + 10 km · 2 = 160 km
b) 160 km · 12 = 1920 km
c) 30 126 km − 27 876 km = 2250 km
2250 km − 1920 km = 330 km

10 a) Mo: 240 g + 1560 g + 460 g + 1050 g = 3310 g
Di: 400 g + 2080 g + 460 g + 860 g + 1050 g = 4850 g
Mi: 320 g + 520 g + 460 g + 1100 g + 860 g + 1050 g = 4310 g
Do: 320 g + 2080 g + 460 g + 1050 g = 3910 g
Fr: 400 g + 1040 g + 460 g + 1100 g + 1050 g = 4050 g
b) Dienstag c) Montag d) Freitag

11 Airbus: 177 t = 177 000 kg
Passagiere: 440 · 70 kg = 30 800 kg
Gepäck: 440 · 20 kg = 8800 kg
Treibstoff: 120 t = 120 000 kg
177 000 + 30 800 + 8 800 + 120 000 = 336 600
Der Airbus wiegt insgesamt 336 600 kg (336,6 t) und darf starten.

12 a) 7 cm · 160 = 1120 cm = 11,2 m
12 cm · 160 = 1920 cm = 19,2 m
b) 40 000 cm : 160 = 250 cm = 2,5 m
c) 4,8 m = 480 cm; 480 cm : 160 = 3 cm
d) 21 600 cm : 160 = 135 cm

Natürliche Zahlen multiplizieren und dividieren

Seite 140/141

1
a) $5 \cdot 2 \cdot 9 = 10 \cdot 9 = 90$
b) 0
c) $18 - 6 = 12$
d) $7 \cdot 100 = 700$
e) $2 : 2 = 1$
f) $6 : 2 = 3$
g) $5 \cdot 2 \cdot 28 = 10 \cdot 28 = 280$
h) Durch Null darf nicht geteilt werden.
i) $27 + 41 = 68$
j) $15 \cdot (17 + 3) = 15 \cdot 20 = 300$
k) $180 : 30 = 6$
l) $20 \cdot 13 + 1 \cdot 13 = 260 + 13 = 273$

2 1 h = 60 min $60 \cdot 70 = 4200$
1 Tag = 24 h $24 \cdot 4200 = 100\,800$
In einer Stunde schlägt ein Herz etwa 4200 Mal, an einem Tag etwa 100 800 Mal.

3 $84 : 3 = 28$ In jeder Klasse sind 28 Schüler.

4
a) Es wurde der Übertrag mit ins Ergebnis geschrieben.

$782 \cdot 4$
3128

b) Bei der Multiplikation mit der Einerstelle wurde das Ergebnis nicht stellengerecht aufgeschrieben.

$238 \cdot 402$
952
+ 476
95 676

c) Anstatt $0 \cdot 357$ zu rechnen, wurde $1 \cdot 357$ gerechnet.

$357 \cdot 509$
1785
+ 0
+ 3213 (Übertrag 1)
181 713

d) Bei jeder Multiplikation wurden die Überträge vergessen.

$75 \cdot 294$
150
+ 675
+ 300 (Überträge 1 1)
22 050

5

	Überschlag	genaues Ergebnis
a)	$5300 \cdot 3 = 15\,900$	15 786
b)	$230 \cdot 20 = 4600$	4230
c)	$1500 \cdot 30 = 45\,000$	47 648
d)	$7830 \cdot 20 = 156\,600$	180 067
e)	$40\,000 \cdot 10 = 400\,000$	414 546
f)	$2400 \cdot 62 = 148\,800$	150 226
g)	$9000 \cdot 15 = 135\,000$	135 060
h)	$42\,000 \cdot 8 = 336\,000$	335 936

6
a) 256 Rest 1 b) 130 Rest 2 c) 90 Rest 4
d) 72 Rest 4 e) 5 249 f) 879
g) 1 272 h) 61 Rest 1 i) 3 115
j) 10 090 k) 110 Rest 16 l) 30 Rest 17

7
a)

4	1	4		2
7	3		4	9
	3	8	9	4
1	5	5	6	

b)

	2	5	5	
5	0	4		9
4		2	7	9
	6	5	6	

8
① richtig, denn $91 \cdot 71 = 6461$
② falsch, denn $114 + 443 = 557$
③ falsch, denn $1691 : 36 = 46$ R 35
④ richtig, denn $176 - 79 = 97$
⑤ richtig, denn $31 \cdot 14 + 1 = 435$

9
a) $16 \cdot 6 = 96$
In einem Karton sind 96 Muffins.
b) $80 \cdot 96 = 7680$
Auf einer Palette sind 7680 Muffins.

10
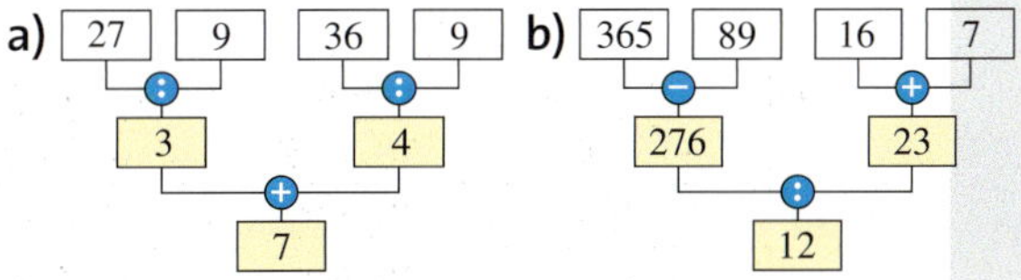

11 $15 \cdot 2 + 12 \cdot 3 = 30 + 36 = 66$
Es müssen 66 Würstchen gekauft werden.

12
a) $5 \cdot 27 + 58 = 135 + 58 = 193$
Die Arbeiten kosten 193 €.
b) $(382 - 58) : 27 = 324 : 27 = 12$
Der Maler hat 12 Stunden gearbeitet.

13
a) $(832 + 18) + 83 = 850 + 83 = 933$
b) $9 \cdot (4 \cdot 5) = 9 \cdot 20 = 180$
c) $(8 \cdot 125) \cdot 63 = 1000 \cdot 63 = 63\,000$
d) $67 - 2 - 5 - 6 = 67 - 13 = 54$
e) $348 + 20 \cdot 5 + 9 \cdot 5 = 348 + 100 + 45 = 493$
f) $72 + 3 \cdot 3 = 72 + 9 = 81$
g) $(7 + 17) : 3 = 24 : 3 = 8$
h) $12 : 4 + 23 = 3 + 23 = 26$
i) $(256 - 186) : (167 - 132) = 70 : 35 = 2$

14
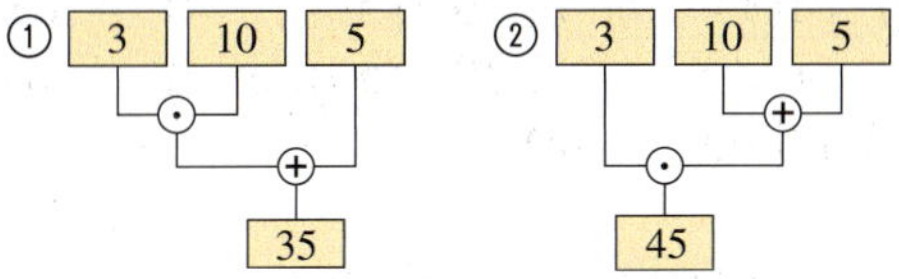

$3 \cdot 10 + 5 = 35$ $3 \cdot (10 + 5) = 45$

z. B.: Drei Kisten mit je 10 Flaschen Saft und 5 Flaschen Mineralwasser stehen in der Garage. Insgesamt sind es 45 Flaschen.

Seite 164/165

Flächen

1

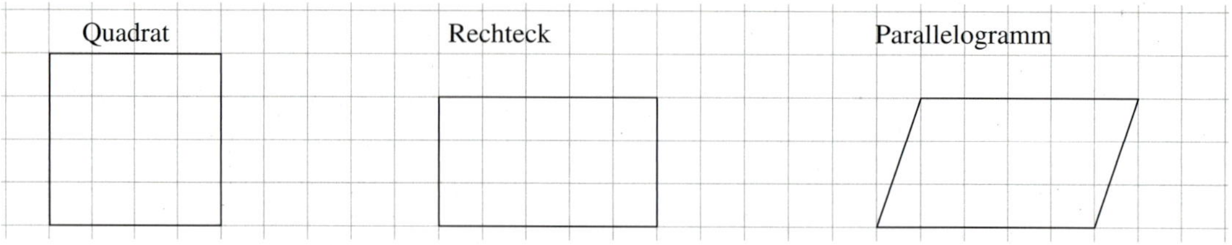

2

a) falsch, z. B.

b) richtig,
da Quadrate besondere Rechtecke sind

c) richtig, da sonst die Seiten nicht senkrecht wären

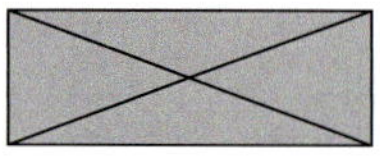

d) falsch,
z. B.

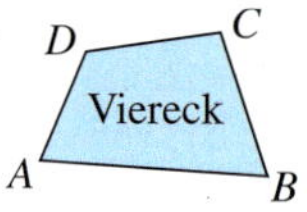

3 a)

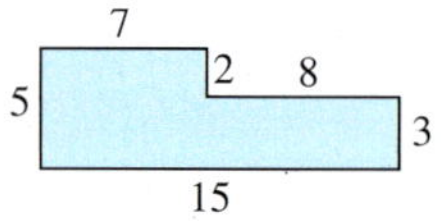

15 + 5 + 7 + 2 + 8 + 3 = 40
u = 40 cm

b)

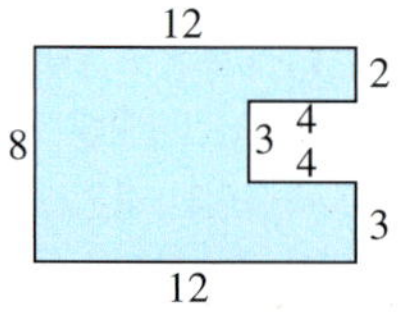

12 + 8 + 12 + 2 + 4 + 3 + 4 + 3 = 48
u = 48 cm

4 z. B.

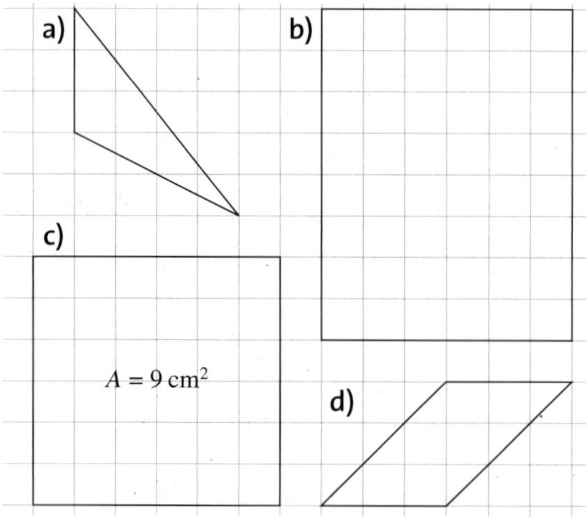

5 a) Die Flagge hat die Form eines Rechtecks. Von links unten nach rechts oben verläuft ein gelber Streifen in Form eines Parallelogramms. Die grüne und die rote Fläche sind Dreiecke.

b) Die Flagge hat die Form eines Rechtsecks. Zwei blaue Streifen stehen senkrecht aufeinander. Vier Rechtecke bleiben weiß. Je zwei weiße Rechtecke sind gleich groß.

6 a) Die Figuren A und B haben den selben Flächeninhalt (8 Kästchen).

b) Die Figuren A und C (6 Kästchen) sowie B und D (8 Kästchen) haben jeweils den gleichen Flächeninhalt.

7 a)

Länge	2 cm	15 cm	22 mm	**8 m**
Breite	3 cm	5 cm	13 mm	7 m
u	**10 cm**	**40 cm**	**70 mm**	**30 m**
A	**6 cm²**	**75 cm²**	**286 mm²**	56 m²

b)

Länge	12 cm	**6 dm**	21 mm	**7 m**
Breite	3 cm	8 dm	**15 mm**	5 m
u	**30 cm**	**28 dm**	**72 mm**	24 m
A	**36 cm²**	48 dm²	315 mm²	**35 m²**

8 Weide ① $A = 200 \cdot 60\,\text{m}^2 = 12\,000\,\text{m}^2$
$u = 2 \cdot 200 + 2 \cdot 60\,\text{m} = 520\,\text{m}$

Weide ② $A = 160 \cdot 80\,\text{m}^2 = 12\,800\,\text{m}^2$
$u = 2 \cdot 160 + 2 \cdot 80\,\text{m} = 480\,\text{m}$

a) Weide ② hat den größeren Flächeninhalt.

b) Für Weide ① wird 520 m Zaun benötigt, für Weide ② 480 m.

9 a)

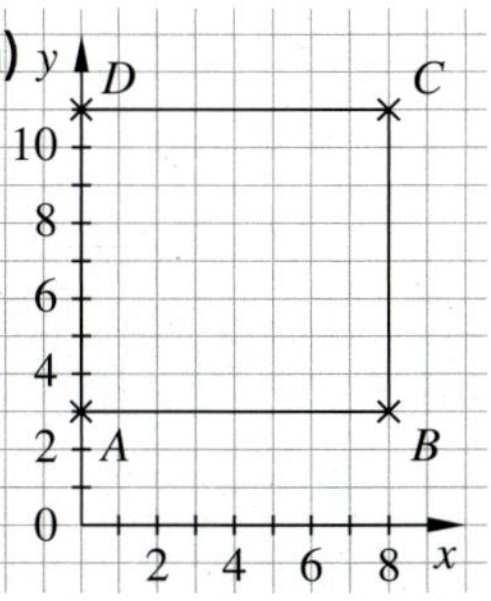

Quadrat
$C(8|11)$
$D(0|11)$

a)

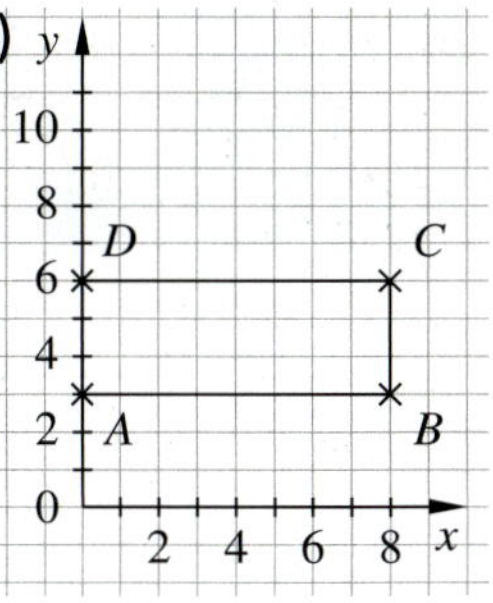

Rechteck, das kein Quadrat ist
z. B.
$C(8|6)$
$D(0|6)$

b)

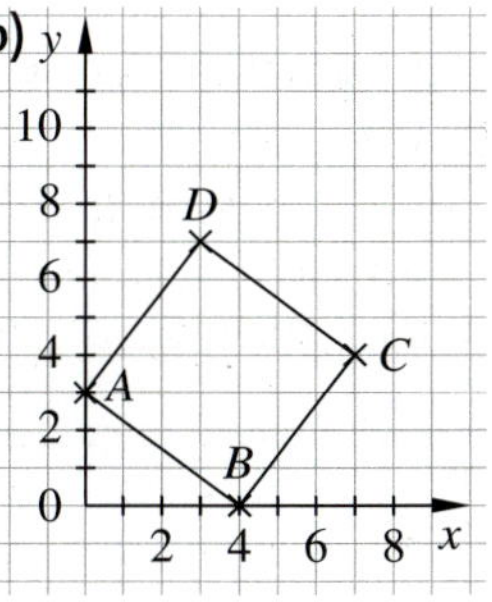

Quadrat
$C(0|3)$
$D(3|7)$

b)

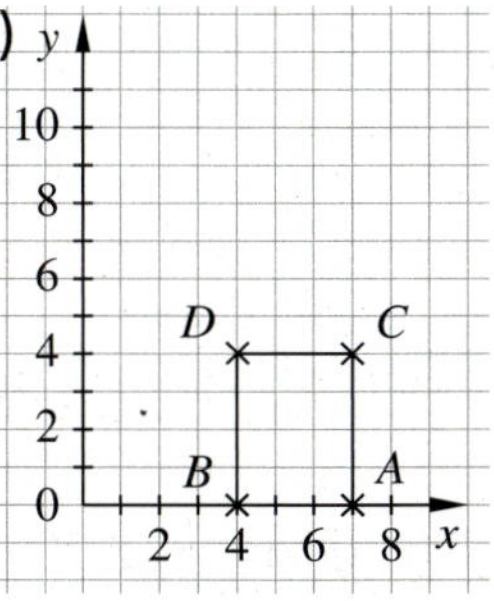

Rechteck, das kein Quadrat ist
z. B.
$C(7|0)$
$D(4|4)$

10 a) $A = 10 \cdot 5\,\text{m}^2 = 50\,\text{m}^2$
Das Gartenhaus hat einen Flächeninhalt von $50\,\text{m}^2$.

b) Flächeninhalt des Grundstücks:
$A = 35 \cdot 60\,\text{m}^2 = 2100\,\text{m}^2$
Flächeninhalt des Wohnhauses:
$A = 25 \cdot 20\,\text{m}^2 = 500\,\text{m}^2$
Freie Fläche:
$2100 - 50 - 500\,\text{m}^2 = 1550\,\text{m}^2$
Es sind $1550\,\text{m}^2$ frei Fläche.

c) Umfang des Grundstücks:
$u = 2 \cdot 35 + 2 \cdot 60\,\text{m} = 190\,\text{m}$

$$190 \underbrace{- 5}_{\text{Zufahrt}} \underbrace{- 20 - 25}_{\text{Gartenhaus}} \underbrace{- 5 - 10}_{\text{Wohnhaus}} = 125$$

Es werden 125 m Zaun benötigt.

11

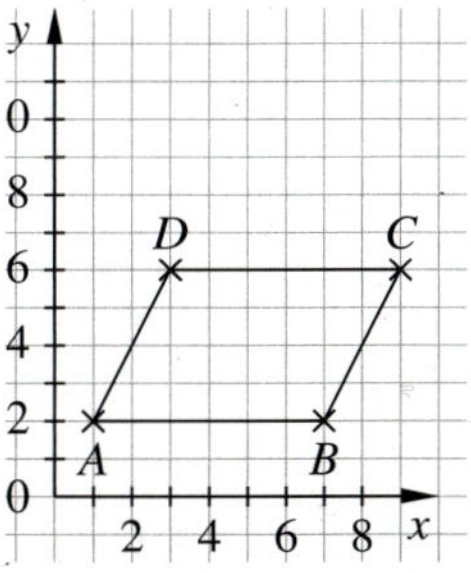

$D(3|6)$

12 Einheiten umrechnen:
1 dm = 10 cm   250 mm = 25 cm

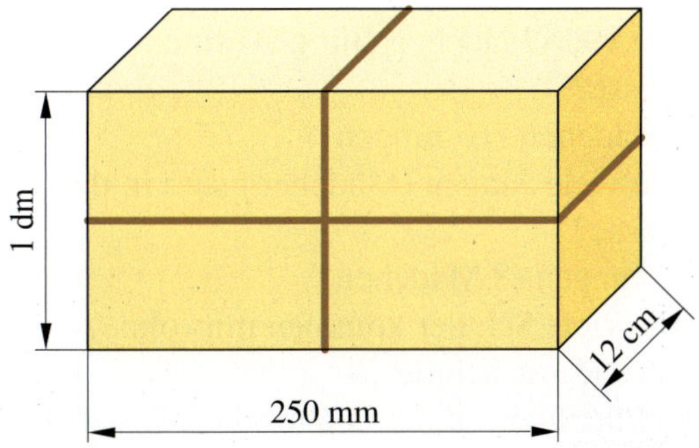

$2 \cdot 25 + 2 \cdot 10 + 4 \cdot 12 = 118\,\text{cm}$
Das Paketband ist mindestens 118 cm lang.

Seite 182/183

Bruchteile

1 a) $\frac{7}{12}$ b) $\frac{2}{7}$ c) $\frac{6}{16}$ d) $\frac{1}{3}$ e) $\frac{4}{5}$ f) $\frac{7}{10}$

2 zum Beispiel:

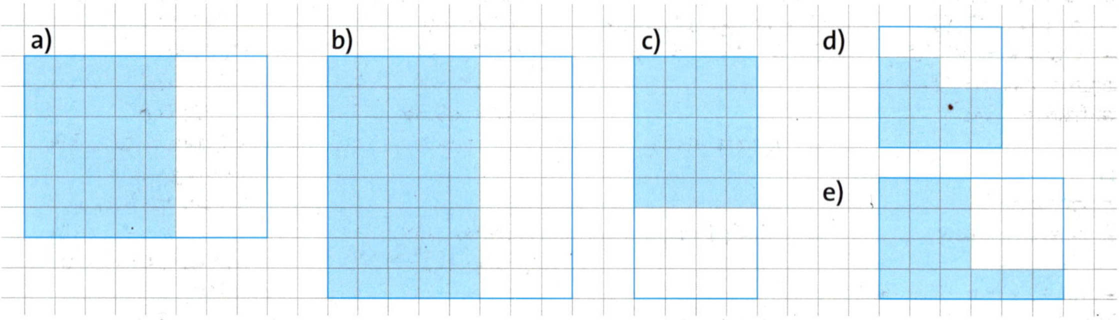

3 a) gelb: $\frac{1}{2}$ blau: $\frac{1}{4}$ rot: $\frac{1}{4}$
b) individuelle Lösung

4 a) 9 Kästchen gefärbt
b) 16 Kästchen gefärbt
c) 4 Kästchen gefärbt
d) 16 Kästchen gefärbt
e) 6 Kästchen gefärbt

5 a) $3\frac{1}{3}$ b) $2\frac{2}{16}$
c) $1\frac{5}{10}$ d) $1\frac{3}{4}$ e) $2\frac{1}{5}$

6 zum Beispiel:
a) Wie viele Mädchen (Jungen) sind in der Klasse?
4 Mädchen (16 Jungen)
b) Wie viele Jungen (Mädchen) sind in der Klasse?
16 Jungen (8 Mädchen)
c) Wie viele Schüler kommen mit (ohne) Fahrrad zur Schule?
450 Schüler mit dem Fahrrad (150 Schüler ohne Fahrrad)
d) Wie viele Fahrräder waren nicht verkehrsicher (verkehrssicher)?
75 Fahrräder nicht verkehrssicher (175 Fahrräder verkehrssicher)
e) Wie viel Geld bekommt Bastian von seiner Oma Doris?
Bastian bekommt 210 €.

7 a) $930\,\text{m} \xrightarrow{:3} 310\,\text{m}$
b) $108\,\text{kg} \xrightarrow{:4} 27\,\text{kg}$
c) $99\,\text{t} \xrightarrow{:3} 33\,\text{t}$
d) $77 \xrightarrow{:7} 11 \xrightarrow{\cdot 2}$ 22 Gläser
e) $72\,€ \xrightarrow{:6} 12\,€ \xrightarrow{\cdot 5} 60\,€$
f) 95 Tage $\xrightarrow{:5}$ 19 Tage $\xrightarrow{\cdot 4}$ 76 Tage

8 a) $18\,€ < 54\,€$
b) $440\,\text{kg} = 440\,\text{kg}$
c) $28\,\text{m} > 27\,\text{m}$
d) $90\,€ > 48\,€$
e) $48\,\text{kg} < 77\,\text{kg}$
f) $50\,\text{min} = 50\,\text{min}$

9 a) Miete: $\frac{10}{25}$ oder $\frac{2}{5}$
Telefon: $\frac{1}{25}$
Lebensmittel: $\frac{4}{25}$

b) Miete: $\frac{10}{25}$ von 1500 € = 600 €
Telefon: $\frac{1}{25}$ von 1500 € = 60 €
Lebensmittel: $\frac{4}{25}$ von 1500 € = 240 €

10 a) 500 g b) 200 kg c) 45 min
d) 30 ct e) 90 s f) 5750 m
g) $\frac{6}{10}\,\text{m}$ (oder $\frac{3}{5}\,\text{m}$)
h) $\frac{2}{6}\,\text{h}$ (oder $\frac{1}{3}\,\text{h}$)

11 a) $\frac{3}{9}$ b) $\frac{4}{18}$ c) $\frac{9}{27}$

Stichwortverzeichnis

Bildverzeichnis

Titel Keystone/Volkmar Schulz; **5** Peter Wirtz, Dormagen; **6** J. Hollatz, Heidelberg; **9/1** Bildart Volker Döring, Hohen Neuendorf; **9/2** Fotolia.com/Urbanhearts; **10** Peter Wirtz, Dormagen; **11** Gerald Zörner; **18/1** Bildart Volker Döring, Hohen Neuendorf; **18/2** Fotolia.com/Michael Pettigrew; **19** Cornelsen Verlagsarchiv, Berlin; **20/1** Fotolia.com/ Dusan Zidar; **20/2** Fotolia.com/blacksock; **20/3** Cornelsen Verlagsarchiv, Berlin; **20/4** Fotolia.com/Gina Sanders; **21** Ingram Publishing England („Ultimate Food Photography"); **22/1** Cornelsen Verlagsarchiv, Berlin; **22/2** Fotolia.com/Eric Isselée; **22/3** Fotolia.com/Eric Isselèe; **25** NASA JPL Gov.; **26/1** Helga Lade GmbH, Frankfurt/Main; **26/2** Cornelsen Verlagsarchiv/Corel Library; **29/1** Rainer Bamberg, Backnang; **29/2** Cornelsen Verlagsarchiv, Berlin; **33** TERZ!, Stefan Husch; **34/1** artur/Jochen Helle; **34/2** Fotolia.com/mkr berlin; **35/1** Fotolia.com/styleuneed; **35/2** Fotolia.com/FX Berlin; **35/3** Fotolia.com/nightlfy 84; **35** Cornelsen Verlagsarchiv, Berlin; **36/1** Corbis/Paul A. Souders; **36/2** Cornelsen Verlagsarchiv, Berlin; **36/2** Jens Schacht, Düsseldorf; **37/1** Haag & Kropp GbR/artpartner/images; **37/2** Bildart Volker Döring, Hohen Neuendorf; **37/3** Your Photo Today/Superbild/Sayama; **37/1** Wikipedia/GNU/Lienhard Schulz; **37/2** Bildart Volker Döring, Hohen Neuendorf; **38/1** Klaus König, Berlin; **38/2** Cornelsen Verlagsarchiv, Berlin; **38/3** Christoph Berten, Berlin; **38/4** Henrik Pohl, Berlin; **39/1** Christoph Berten, Berlin; **39/2** Peter Hartmann, Potsdam; **41/1** Lufthansa AG; **41/2** Bildart Volker Döring, Hohen Neuendorf; **41/3** Mauritius imagines/John Warburton/Lee; **42/1** Picture Press/Manfred Thonig; **42/2** Tony Angermayer, Hozkirchen; **43** Jona Diedler/design/media, Kiel; **45** Fotolia.com/DocRaBe; **46** Your Photo Today/Superbild/Sayama; **47** Picture/alliance/dpa; **50** Wikimedia/CC/Mesto Praha; **52** Jens Schacht, Düsseldorf; **53/1** www.hhistorische/tueren.de; **53/2** Schneider/Naturstein; **59** Torsten Feltes; **60** Jens Schacht, Düsseldorf; **61** Jürgen Hohmuth, Berlin; **64** Matthias Hamel, Berlin; **65/1** Bildart Volker Döring, Hohen Neuendorf; **65/2** Basiskarte: Ulrich Grebe/Grebemaps ®/ Kartografie Essen und mit freundlicher Genehmigung Landeshauptstadt Düsseldorf Tourismus; **69** Deutsche Bahn AG/Bahn im Bild; **76** Mathias Wosczyna, Rheinbreitenbach; **77** Bildart Volker Döring, Hohen Neuendorf; **79** Rainer Bamberg, Backnang; **83** Simone Lambert, Berlin; **84** Hotel Alice/Brezova ú Karlových; **87** Jens Schacht, Düsseldorf; **93** Digistock; **94/1** Bildart Volker Döring, Hohen Neuendorf; **94/2–3** Cornelsen Verlagsarchiv, Berlin; **94/4** Marktecke.com/Media; **94/5–6** Cornelsen Verlagsarchiv, Berlin; **95/1** Ludwig Heyder, Berlin; **95/2** Bildart Volker Döring, Hohen Neuendorf; **95/3** Silvesteris, Kastl; **95/5** Juniors Tierbildarchiv, Ruhpolding; **95/6** Picture/alliance/dpa/Göttert; **95/7** Airbus Industries/Press Images; **95/8** Hudora GmbH, Radevormwald; **95/9** Deutsche Renault, AG, Direktion Öffentlichkeitsarbeit und Presse, Brühl; **95/10** Daimler Chrysler AG; **95/11** Cornelsen Verlagsarchiv, Berlin; **95/12** wikipedia/public domain; **95/13** wikipedia/Jacob Seligmann; **96/1** picture/alliance/Gero Breloer; **96/2** Krumbholz, H., Berlin; **96/3** picture/alliance/dpa/epa/Julian Wainwright; **96/4** www.cycle/sport.de; **96/5** Superbild, Berlin (Superstock); **97/1** Cornelsen Verlagsarchiv, Berlin; **97/2** p/a//dpaweb/epa/Fabrice Coffrini; **98/1** Horst Müller GmbH, Düsseldorf; **98/2** Renate Seibold, München; **100/1–4** Bildart Volker Döring, Hohen Neuendorf; **102/1** IBN Ingenieur/Büro Nagy, Allna; **102/2** Arnulf Betzold GmbH, Lehrmittelverlag, Schulversand; **102/3** Fotocommunity/T/I/E/R/E/ sehen/dich/an; **104** Alimdi.net/Ulrich Niehoff; **105/1–3** Cornelsen Verlagsarchiv, Berlin; **106/1–4** W. Klaeber, Berlin; **107** BMW/Pressefoto; **110** Picture/alliance/dpa; **111/1** Jens Schacht, Düsseldorf; **111/2** Rhein/Ruhr/Hafen, Duisburg; **112** picture/alliance/ZB/Patrick Pleul; **113/1** Wikimedia/CC/Hansueli Krapf; **113/2** Adidas/Pressefoto; **113/3** Cornelsen Verlagsarchiv, Berlin/Kartografie; f. d. Verwendungsgen. d. Logos danken wir d. Fußballvereinen; **115/1** Scout 4YOU/Pressebild; **115/2** Deutsche Lufthansa AG; **115/3** Dr. Volkhard Binder, Berlin; **117** Peter Duddek/VISUM; **120/1–3** Bildart Volker Döring, Hohen Neuendorf; **121/3** Discovery Chanel IMAX, Berlin (Thomas Goethe); **122/4** Bildart Volker Döring, Hohen Neuendorf; **122/5** Cornelsen Verlagsarchiv, Berlin; **135/1** Bildart Volker Döring, Hohen Neuendorf; **135/2** Ullstein bild/JOKER/Petersen; **135/3** Bildart Volker Döring, Hohen Neuendorf; **143** Artothek, Weilheim/© VG Bild/Kunst, Bonn 2011; **145/1–2** Bildart Volker Döring, Hohen Neuendorf; **146/1** Victor Vasarely/© VG Bild/Kunst, Bonn 2011; **146/2** Paul Klee, Burg und Sonne, 1928, 201 Ölfarbe auf Leinwand, 50 × 59 cm, Privatbesitz; **147** Cornelsen Verlagsarchiv, Berlin; **148** Jens Schacht, Düsseldorf; **149/1** Ullsteinbild/iT, Berlin; **149/2** Ekkehard Nitschke, Berlin; **152/1** Kurt Kalvelage, Erftstadt/Ahrem; **152/2** Margarethenhof Jülich/Angi Wittfeld/Foto: Roland Gehrmann; **154/1** Ilona Gabriel, Dinslaken; **154/2** Mathias Wosczyna, Rheinbreitbach; **154/1** Ritterdienst; **154/2** Cornelsen Verlagsarchiv, Berlin; **155/1–2** Matthias Felsch, Berlin; **155/3** SanDisk (Pressebild); **155/4** Matthias Felsch, Berlin; **157/1** BMF/Deutsche Post AG/Philateliedienst; **157/2–3** Matthias Felsch, Berlin; **158/1** www.flaggenserver.de; **158/2** © VG Bild/Kunst, Bonn 2011; **160** artur images, Hamburg/Klaus Frahm; **161** Gerald Zörner, Berlin; **163** Cornelsen Verlagsarchiv, Berlin; **167** Fotolia.com; **168** Bildart Volker Döring, Hohen Neuendorf; **170/1** Matthias Hamel, Berlin; **170/2** Jens Schacht, Düsseldorf; **171/1/4** Bildart Volker Döring, Hohen Neuendorf; **173** Matthias Hamel, Berlin; **174/1** Matthias Hamel, Berlin; **174/2–4** Bildart Volker Döring, Hohen Neuendorf; **175/1–4** Bildart Volker Döring, Hohen Neuendorf; **177** Udo Wennekers, Goch; **178/1** Wolfgang Stockfood, Usbeck; **178/2** Jens Schacht, Düsseldorf; **180** Bildart Volker Döring, Hohen Neuendorf; **185** Tony Stone, Hamburg; **186** Bildart Volker Döring, Hohen Neuendorf; **187** Ullstein bild/Oberhäuser/CARO; **188/1** Cornelsen Verlagsarchiv, Berlin; **188/2** Bridgeman Art Library/Quill; **188/3–4** Bildart Volker Döring, Hohen Neuendorf; **188/5** M. C. Escher Foundation, Baarn

Größen und Einheiten

Gewicht

Einheiten	Zeichen	Umrechnung
Tonne	t	1 t = 1 000 kg
Kilogramm	kg	1 kg = 1 000 g
Gramm	g	

Geld

Einheiten	Zeichen	Umrechnung
Euro	€	1 € = 100 ct
Cent	ct	

Länge

Einheiten	Zeichen	Umrechnung
Kilometer	km	1 km = 1 000 m
Meter	m	1 m = 10 dm = 100 cm = 1 000 mm
Dezimeter	dm	1 dm = 10 cm = 100 mm
Zentimeter	cm	1 cm = 10 mm
Millimeter	mm	